名家视点 第 8 辑

数据管理的研究与实践

《图书情报工作》杂志社　编

海洋出版社

2018 年 · 北京

图书在版编目（CIP）数据

数据管理的研究与实践/《图书情报工作》杂志社编 . —北京：海洋出版社，2018.1

（名家视点 . 第 8 辑）

ISBN 978-7-5210-0015-3

Ⅰ.①数… Ⅱ.①图… Ⅲ.①数据管理-研究 Ⅳ.①TP274

中国版本图书馆 CIP 数据核字（2017）第 330694 号

责任编辑：杨海萍 张 欣
责任印制：赵麟苏

海洋出版社 出版发行

http://www.oceanpress.com.cn
北京市海淀区大慧寺路 8 号 邮编：100081
北京朝阳印刷厂有限责任公司印刷 新华书店北京发行所经销
2018 年 4 月第 1 版 2018 年 4 月第 1 次印刷
开本：787 mm×1092 mm 1/16 印张：23.5
字数：410 千字 定价：52.00 元
发行部：62132549 邮购部：68038093 总编室：62114335
海洋版图书印、装错误可随时退换

《名家视点丛书》编委会

序

伴随着"狗年"的来临，由《图书情报工作》杂志社策划编辑、海洋出版社正式出版的《名家视点：图书馆学情报学档案学理论与实践系列丛书》第 8 辑如约而至，就要与广大读者见面了。这也是《图书情报工作》杂志社和海洋出版社联袂在狗年为广大的读者献上的一份小小的礼物。

本辑丛书包括四本书：《阅读推广的进展与创新》《面向 MOOC 的图书馆嵌入式服务创新》《数据管理的研究与实践》《智慧城市与智慧图书馆》。四本书所有文章均是从《图书情报工作》近些年所发表的优秀论文中遴选出来的。可以说，这四个主题都是当下学界业界所关注的热点或前沿领域，是图书馆学情报学理论与实践的新发展，也是国内近些年关于这些领域研究成果的集中体现。

《阅读推广的进展与创新》共计收录 29 篇文章。阅读推广是图书馆的一种重要服务模式，既是图书馆馆藏资源宣传推广的一种策略，也是拉近图书馆及其馆藏与读者之间距离的一种重要手段，更是提升公众文化素质与阅读素养的一种重要机制。从学术的角度，阅读推广的研究主题并不是创新，但实践上的异常活跃给阅读推广研究带来了新的生机与活力。本专辑的内容不仅展现了关于阅读推广的若干基本理论研究成果和多个国家阅读推广的实践经验，还重点汇集了多个图书馆在阅读推广方面的成功案例，值得学习和借鉴。

《面向 MOOC 的图书馆嵌入式服务创新》收录 27 篇文章，分"理论篇""建设篇""服务篇""综述篇"四部分，阐述了图书馆的环境下 MOOC 的应用与发展。MOOC 在图书馆中的引入和应用已有数年的历史，但其意义和价值仍待不断地开发，其应用前景非常乐观。MOOC 以其独特的教学模式深刻地影响了大学教育，也为图书馆创新服务提供了新的手段和契机。国内外图书馆在 MOOC 教学与服务方面已经有了不少的探索。本书可以说是从一个侧面反映了这些探索所取得的成果。

《数据管理的研究与实践》共收录 27 篇文章，分"理论篇""国外篇""国内篇"，一定程度上客观总结了国内外在数据管理的研究与实践方面所取得的最新进展。数据管理（或称科研数据管理、科学数据管理、数据监护等）是数据密集型科研范式（第四范式）转变的必然要求，也为图书馆信息服务、知识服务从基于文献到基于数据提供了新的机遇与新的能力。但总体而言，对国内的图书情报工作而言，数据管理还是新生事物，我们对它的认识与应用的能力还非常有限。本书所介绍的相关内容对于我们更好地理解数据管理，推动数据管理融入图书馆业务体系，建立数据管理平台与服务能力，都是很有启发价值的，特别是国内外图书馆在数据管理方面的一些探索，表明数据管理已经不是概念层面的问题，而是在实践中已经有了长足的发展。

《智慧城市与智慧图书馆》共收录论文 26 篇。"智慧"是一个非常时髦的词汇。智能技术的发展与应用，使得"智慧城市""智慧社区""智慧校园"乃至"智慧地球"成为可能。可以说，智能无处不在，智慧无所不能。同样，如果城市是智慧的，校园是智慧的，图书馆如果还不是智慧的，那图书馆是否还有存在的必要？因此，加快智慧图书馆的建设绝不是口号和噱头，而是当务之急，具有迫切的需求。2017 年，国内对智慧图书馆的讨论异常热烈，许多会议都将智慧图书馆列入探讨主题，许多期刊发表了许多篇智慧图书馆的文章。如果说将 2017 年定为"智慧图书馆元年"，也不为过。本书将为智慧图书馆的研究与实践提供助推器，希望国内图书馆更多地关注智慧图书馆，更多地参与智慧图书馆的建设，尽早实现智慧图书馆的目标。

《图书情报工作》至今已经走过 62 个年头，也处于其历史发展的最好时期。2017 年各项计量指标均名列前茅，而且还首次获得中国科学院科技期刊排行榜奖励，特别是首次获得"全国百强科技期刊"。杂志社不仅立足办好期刊，更快地发表更多的优秀成果，还积极承担传播知识的社会责任，每年举办多场学术会议和培训。出版专辑也是这样一种责任的体现，使得分散的相关主题的研究成果得以通过图书的形式再次揭示与展现，推动所发表的成果的增值和再利用。

感谢收录本专辑的各篇论文的作者的贡献，感谢广大读者对本专辑和本刊多年来的关注、厚爱和支持。在许多人的观念里，图书情报是传统行业，但这一行业在需求与技术的双驱动下，正在焕发前所未有的青春。通过创新与变革，重新定位图书情报的专业角色，重新塑造图书情报的职业形象，重新构建图书情报的职业能力，是时代赋予我们这一代图情工作者的神圣责任。

祝大家狗年"旺，旺，旺"！

初景利
中国科学院大学经济与管理学院图书情报与档案管理系主任
《图书情报工作》杂志社社长、主编，教授，博士生导师
2018 年 2 月 9 日 北京 中关村

目　次

理　论　篇

国　外　篇

国　内　篇

理　论　篇

高校图书馆参与科学数据
验证的前景分析[*]

在大数据时代背景下，国家竞争焦点已从资本、人口、资源的竞争转向了数据竞争，世界各国越来越重视大数据。美国作为世界科技强国，已于2012年3月29日正式启动"Big Data Research and Development Initiative"计划[1]，正式将"大数据"提高到国家战略层面；我国也加快了大数据战略制定的步伐，2015年8月31日，国务院印发了《促进大数据发展行动纲要》的通知，提出了"全面推进我国大数据发展和应用，加快建设数据强国"的"决策部署"[2]。科学数据作为大数据的一种，有更高的科学价值和社会价值，但是科学数据质量参差不齐、科学数据审查核验机制不够完善等，严重影响了其价值的发挥。另外，我国目前尚没有对科学数据进行验证的权威机构，高校图书馆作为科学研究活动的重要信息服务机构，有开展科学数据验证业务的良好历史机遇。本文拟对高校图书馆参与科学数据验证的必要性、可行性和参与途径进行研究，旨在为高校图书馆未来拓展科学数据验证业务提供参考。

1　高校图书馆参与科学数据验证的必要性

科学数据验证是指对科学研究最终产生的科学数据的完整性和真实性进行复查核验的过程，完整性是指数据在思想上不随时间推移而改变，保证数据整个生命周期的准确性和一致性，真实性是指这些数据是基于事实、真实可信的，科学数据验证对科学研究的后续进程有重要影响。

1.1　净化学术环境

随着 E-science 的发展，科学研究已进入第四范式，即数据密集型科学研究[3]。科学研究产生的科学数据具有数量大、种类多、更为复杂的特点，在

＊ 本文系国家自然科学基金项目"开放数据下公共信息资源再利用体系的重构研究"（项目代号71373195）和武汉大学与中国科技信息研究所合作项目"科学文献的语义功能识别与深度利用"研究成果之一。

这种前提下，科学数据的完整性和真实性就显得十分重要。然而，现实生活中却时常发现科学数据造假的情况。如 2002 年"贝尔实验室科学家造假事件"，舍恩在《科学》、《自然》和《应用物理通讯》等全球著名学术期刊上发表了 10 余篇论文，而且涉及的都是超导、分子电路和分子晶体等前沿领域，但经过调查认定舍恩至少在 16 篇论文中进行了数据造假；2015 年 3 月，英国大型学术医疗科学文献出版商现代生物出版集团（BioMed Central）；因同行评议造假撤销了 43 篇论文；2015 年 5 月，美国社会科学界爆出轰动性的丑闻：加州大学洛杉矶分校（UCLA）的政治系教授 D. Green 和博士生 M. LaCour 半年前在《科学》杂志发表的一篇广受关注的论文数据造假。

世界顶尖信息学院联盟 iSchool 主席 M. Seadle 教授在第二届 iconference 亚太地区分会（The Second Asian Pacific iConference）上做了关于"科研诚信"主题的报告，报告中提到，从 2010 年 8 月到 2015 年 10 月，学术界已发生学术剽窃案例 310 件，数据伪造案例 249 件，研究人员数据出错 129 件，这些使用并发表虚假数据的行为造成了学术资源浪费，严重破坏了公平、公正的学术环境，危害了科学研究的进程。因此，目前迫切需要成立科学数据验证的中介机构，对科学数据发表前的验证也将成为一种必然趋势。高校图书馆作为重要的科学研究信息服务机构，拥有大量的科学数据资源，应主动拓展业务范围，开展科学数据验证业务。科学数据验证可以大大减少科研人员伪造科学数据的机会成本，净化学术环境，营造公平、公正的学术科研竞争氛围，保证科学研究进程的顺利进行和科学数据的后续使用；同时能够促进国家基金的有效利用，减少学术资源和科研基金的浪费；还可以进一步保护科研人员科研成果的知识产权，防止其科学数据被他人剽窃或抄袭事件的发生，提高科学研究的效率。

1.2 提高图书馆地位

《科学》杂志主编艾伯茨说，学术不端是天大的事；中国工程院院士、中国中医科学院院长曾撰文写道：科学研究应首重诚信；中国工程院院士郑哲敏提出：像保护生命一样呵护科学诚信。一个合理的科学研究过程要求必须具有可重复性，因此，科学数据也具有可重复性的特点[4]，为了避免学术不端行为，需要对科学数据进行验证：一方面，能够使科学研究人员重新反思自己的学术伦理和社会责任，端正学术态度并自觉接受社会监督；另一方面，也能保障并加快对于科学数据的分享和转化利用，提升科学数据的社会价值。高校图书馆应在已有的业务基础上，开展科学数据验证的新业务。

目前，国内外越来越多的高校图书馆都积极参与科学数据管理实践中，提供科学数据管理服务。英国数据存档（UK Data Archive，UKDA）数据生命周期管理模型指出[5]，科学数据生命周期包括数据管理、数据归档、数据格式化、数据存储、数据伦理验证 5 个阶段[6]，目前高校图书馆馆已开展的科学数据管理业务包含前 4 个阶段的服务，科学数据验证作为数据生命周期的最后一个阶段，高校图书馆也应参与其中并提供相应的验证服务。科学数据验证业务的主要功能是科研诚信的防范和补救，是科研不端行为的"事前预防"，以及在发现科研不端行为后及时采取相应的措施，尽量降低不端行为的危害和影响[7]。高校图书馆拓展科学数据验证业务有利于充分利用图书馆的信息资源和充分发挥图书馆的信息服务功能，扩大图书馆的影响力，提高图书馆的地位。

2 高校图书馆参与科学数据验证的可行性

在信息资源数字化背景下，高校图书馆职能已从传统的对图书采集、编目、收藏向为用户提供个性化信息服务转变，高校图书馆的角色也由参与数据生命周期的个别阶段向服务内容贯穿整个数据生命周期延伸。

2.1 越来越多地参与科学数据管理

目前很多科学数据验证都依赖于同行评议，但现实是科学数据错误、被伪造、被剽窃等现象日益显著，其原因之一是我国没有进行科学数据审查验证的中介机构，完全依赖于同行评议系统。然而在实际操作中，同行评议者会比较关注数据量是否足以得出显著性结果，而不太会去检测是否是欺骗性结果[8]，一方面，同行评议者往往很难发现科学数据不诚信的问题，他们缺乏科学数据验证的数据资源、没有足够的时间去调查验证，有时同行评议者甚至难以辨别是否是原始数据；另一方面，来自不同学科领域的同行评议者在判断数据是否不诚信时容易观点相歧，也在某种程度上影响了科学数据审查与验证的效果。

近来，越来越多的高校图书馆建立了科学数据管理服务平台，提供科学数据管理服务，科学数据管理服务为高校图书馆拓展数据验证业务提供了良好的机遇和优势。图书馆的科学数据管理内容包括推行数据管理政策和标准、完善信息资源建设结构和体系、进行数据加工、融合、挖掘和分析、建立数据存储系统等[9]。科学数据管理平台存有大量科研人员的原始数据为图书馆拓展科学数据验证业务提供了前提条件，弥补了现有的同行评议难以获得原始数据的缺陷，另外，图书馆拥有的多学科背景的专业数据管理人员，能够对数据进行定性定量分析、关联分析、数据挖掘等操作，易于发现数据错误并进行核查，一定程度上保证了图书馆科学数据验证业务开展的科学性。

2.2 具备数据验证的业务基础

高校是大量科学数据的产生地，图书馆是高校科学研究活动的重要服务支撑机构，也是高校参与科学数据验证的最佳部门，目前高校图书馆的科技查新业务越来越受重视，科技查新业务作为科研活动生命周期的开端，已成为理工科科研立项必不可少的重要环节之一，而科学数据验证作为科研活动生命周期的末端阶段，也受到了越来越多的关注。高校图书馆已开展的科技查新业务和学科服务是其参与科学数据验证的重要业务基础。

国内外越来越多的高校图书馆开展科研诚信和数据管理的教育课程和培训。英国剑桥大学[10]、牛津大学[11]网站都有专门的关于"research integrity"的介绍，内容包括关于科学研究实践的详细标准、学校对于科研活动的监管政策和数据管理的培训等，也有关于科学数据验证的部分内容。学校的图书馆、行政办公室、其他机构以及全校师生均是科学数据的监察者和验证者，可以对科学数据进行监护、提出质疑并要求验证数据，每位研究人员必须严格遵守学术道德和学校政策；牛津大学开设了"Research Integrity Online"课程[12]，剑桥大学图书馆非常重视对研究人员科学数据验证的培训，为了提高考古学一年级博士研究生管理科学数据的技巧，培养科学研究的学术道德规范，开设了科学数据管理培训课程（DataTrain：open access post-graduate teaching materials in managing research data in archaeology）[13]，学生通过课程学习可以拿到相应的学分。国内武汉大学图书馆在对研究人员进行学术道德教育方面走在前列，武汉大学图书馆面向全校硕士研究生新生，开设了1学分的必修课程《研究生学术道德和学术规范》[14]，这些课程内容都涉及数据验证。

2.3 反哺科研产出

目前我国尚无对科学数据验证的专业机构，科学数据的发布或发表缺乏统一的规范程序，只需经过专家审查程序即可，审查方式过于单一，虽然学术论文中的科学数据仍需同行评议，但是弊端依然很多，如上文中提及的同行评议造假行为等，极大程度地影响了科研成果的产出、分享和后续阶段的转化利用效果。高校科学研究活动依托于图书馆的资源和服务，图书馆也可以为科研人员提供科学数据验证服务，利用图书馆的大量资源对科学数据的完整性和真实性进行验证，既让科研人员重新复查自己的科研成果，也有效规避数据伪造等学术不端行为。科研人员可以对有问题的科学数据及时修改或删除，从而让高质量的科学数据得以保存、发表和转化利用。图书馆以此为基础创建高质量的科学数据库，反哺科研产出，可以让科研成果更具权威性和发挥更大的价值效用，提升科学研究的社会价值和经济效益，并进一步让我国学术成果走向国际，扩大我国学术的国际影响力。诚然，这也是高校图书馆主动承担部分学术不端责任的具体体现。

3 高校图书馆参与科学数据验证的途径

高校图书馆参与科学数据验证需要通过创建科学数据验证平台来实现，科学数据验证的具体途径应包括图书馆员角色的转变、提供科学数据验证服务和参与科学数据管理整个生命周期等。

3.1 从学科馆员到数据馆员

自 1998 年清华大学图书馆开始实行学科馆员制度，经过 10 余年的发展历程，学科化服务已在资源建设、队伍建设等诸多方面取得了长足的进步，2008 年中国科学院文献情报中心初景利、张冬荣提出"第二代学科馆员"概念，提供全程服务内容包括课题策划、创新性论证、研究过程、论文发表、成果评价等[15]；张晓林提出"学科馆员 3.0"的设想，是基于用户的、覆盖知识能力和嵌入科研过程的知识服务，强调的是用户需求服务[16]；武汉大学图书馆副馆长张洪元预测学科服务未来发展的最佳可能是：以文献为基础的科研分析、科研评价甚至科研指导将逐步变为现实，并成为高层次学科服务的主流内容[16]。高校图书馆参与科学数据验证将对图书馆员能力提出更高的要求，图书馆员要做好从学科馆员到数据馆员的角色的转变，在当前大数据科研环境背景下，数据能力是学科馆员的必备能力之一，数据验证将成为学科馆员的工作内容[17]。

科学数据验证对象通常是针对某一专业领域前沿科学的数据，因此，数据馆员除了熟悉图书馆员基本业务内容外，必须具备相关专业的学科知识背景，了解学科发展动态和学科发展前沿，具备学科服务能力；科学数据验证必然要运用数据分析和验证的工具，对大量的原始数据进行检索、组织、校对和存储，因此，数据馆员要具备使用数据验证工具的能力和对科学数据进行管理的能力；科学数据验证目的是为了帮助科研人员查找到错误数据和避免数据造假、剽窃、抄袭、伪造等学术不端行为，这要求数据馆员要十分熟稔学术道德和学术伦理并能严格遵守学术研究规范，相信科学但敢于怀疑权威，在数据审核时做到公平、公正；最后，数据馆员必须具备良好的科学数据素养，广义的科学数据素养包括对科学研究活动中数据的收集、描述、组织、管理、评价和利用数据的知识和能力，强调对科学数据产生、操作和评价的能力[18]。高校图书馆参与科学数据验证要求图书馆员主动做好角色的转变，不断加强自身业务能力建设和思想道德建设，自觉遵守学术道德伦理和学术规范，不断提高自身科学数据素养，为图书馆拓展科学数据验证业务做好准备。

3.2　提供科学数据验证服务

高校图书馆开展一项崭新的业务前必须做好业务规划，科学定位，明确目标，优化内部技术组合。图书馆开展数据验证业务：首先，需要政策法规的支持，只有用政策法规来确保图书馆的地位和业务的权威性，验证结果才能被科研人员信服；其次，图书馆要加强人力资源建设，做好人才贮备，招聘相关专业人员，一方面，开展数据验证服务需要图书馆各部门的通力协作，要提高图书馆各部门馆员的信息服务能力，另一方面，数据验证馆员的服务能力直接影响了数据验证服务的进程和效果，这也对图书馆人才贮备提出了更高的要求；最后，图书馆为适应科学数据验证业务的新需求，应当提前做好馆员的专业课程教育和业务培训[19]，快速提高馆员的科学数据验证业务能力。另外，图书馆科学数据管理服务尚处于起步阶段，图书馆从传统的文献服务到科学数据管理服务、科学数据验证服务仍然有很大的发展空间[20]。图书馆要继续加大现有的业务优势，对图书馆馆藏资源、网络资源和共享资源进行整合与揭示，优化馆藏结构，加强图书馆内部各部门的协调合作，引进新技术（如虚拟现实技术、无人机技术），不断优化图书馆技术组合，为研究人员提供科学数据验证服务。

3.3　参与科学数据管理的整个生命周期

高校图书馆为科学数据管理生命周期的不同阶段提供不同层次的服务内容，主要可分为传统业务层（包括参考咨询、科技查新业务等）、正在培养的业务层（包括学科化服务、科学数据管理服务）、待开发业务层（包括科学数据验证业务等）、学术环境层（包括学术不端检测、净化学术环境）和政策管理层（净化学术环境、科研政策导向）。高校图书馆参与科学数据管理生命周期流程见图1。

高校是大量科学数据的产生地，参考咨询、科技查新业务等是高校图书馆的基础业务内容，是高校图书馆参与科学数据管理的开端，参考咨询是科研活动的重要辅助手段之一，科技查新业务可以检测篡改数据、捏造事实等学术不端行为；近来越来越多的高校图书馆实行学科服务制度，学科服务是

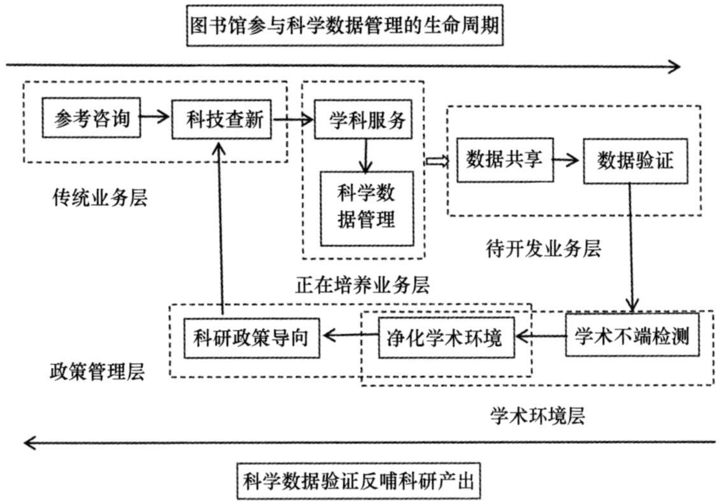

图 1　图书馆参与科学数据管理生命周期流程

高校图书馆各院系专业提供的创新服务内容，也是图书馆科学数据管理的重要阶段之一；图书馆海量的科学数据保存在数据库中，图书馆员可在图书馆数据共享平台中进行操作，实现科学数据共建共享，数据馆员对共享的科学数据进行完整性和真实性验证，将错误、模糊、重复的科学数据删除或剔除，确保正确、精准的数据得以保存和再利用；学术环境层是指图书馆数据馆员利用科学数据验证业务检测各种学术不端行为；政策管理层面，目前我国已有关于科学数据验证政策规范方面的支持，例如国家自然科学基金委员会"对科学基金资助工作中不端行为的处理办法（试行）"，第四章"处理细则"第四条指出："在申请书中伪造科学数据，或伪造国家机关、事业单位出具的证明等行为，撤销当年项目申请，并取消项目申请资格 3~4 年，给予通报批评；影响恶劣的，并取消项目申请资格 4 年以上至无限期，给予通报批评"[21]。

4　图书馆参与科学数据验证的案例分析

国外研究型大学图书馆十分重视研究人员的科研诚信和学术道德规范，在科学数据管理过程中注重对科学数据背景信息完整、准确的收集、组织和储存，目前已有较多高校图书馆业务内容涉及科学数据验证服务部分。

9

4.1　美国新墨西哥大学图书馆

新墨西哥大学图书馆主持的 DataONE（Data Observation Network for Earth）项目，是首批获得美国国家自然科学基金委员会（The National Natural Science Fund Committee，NSF）资助的项目之一，也是高校图书馆参与科学数据管理实践的成功案例之一，图书馆在科学数据管理生命周期的数据确认阶段、数据保存阶段的业务内容拓展到了科学数据验证阶段。

4.1.1　数据确认阶段　DataONE 项目是针对环境科学研究领域，目标是通过普及关于地球上生命和环境数据的获取渠道，促进科学知识的创新发现[22]。DataONE 项目为了满足研究人员对环境监测数据的多样化需求，目前已完善了数据生命周期管理，创新性地提出了 DataONE 环境科学数据生命周期管理模型[5]，主要内容包括图书馆员如何在整个数据生命周期对数据进行管理，例如在生命周期第三阶段，即数据确认阶段，图书馆建立数据输入质量确认原则和标准，数据输入质量是数据共享和数据重用的关键。新墨西哥大学图书馆通过 VertNet 工具包进行数据发布，通过 GitHub 工具进行数据问题跟踪和反馈，确保数据收集、录入正确无误。图书馆提供质量控制的最佳实践，对不同类型收集的数据采用不同的质量控制方式，对通过仪器获取的数据进行检查，确保数据值在合理范围内，例如浓度不能<0，风速不能超过的最大风速仪可以记录的速度等；分析结果数据或者在实验室获取的数据，应在分析方法的检出限以内并通过测量确保有效；观测数据则将其与现在和过去识别测量值对比，发现不可能事件，例如，树的周长不可能减少[23]。

4.1.2　数据保存阶段　DataONE 环境科学数据生命周期管理模型强调对数据不同阶段管理的说明和图书馆员参与数据生命周期不同阶段的指导作用[24]，在数据保存阶段，新墨西哥大学图书馆利用其数据中心保存科学数据，要求使用统一的元数据描述标准，准确、完整地描述科学数据，建立数据存储质量的标准规范，对实验产生的科学数据进行再次检查和测试，确保科学数据的质量和保存的精准度[6]；重视对不同来源的科学数据的整合与分析，发现异常数据、遗漏数据和错误数据并将其舍弃，将经过验证的有效数据提交给数据管理中心[25]；支持研究人员上传并保存完整的原始数据，要求用户提供原始数据文件的只读格式，不得对原始数据文件做任何修改；针对不同类型的关键数据，如数据公式、数据表格等，图书馆可使用相关软件测试数据的完整性和一致性，促进数据发现和数据引用[26]。

10

4.2　英国剑桥大学图书馆

剑桥大学图书馆非常重视对研究人员科学数据验证的培训，针对考古学领域科学数据的开放获取，为了提高考古学一年级博士研究生管理科学数据的技巧，培养科学研究的学术道德规范，图书馆开设了科学数据管理培训课程——DataTrain[13]。

4.2.1　数据选择和评估阶段　DataTrain 课程包括 8 个模块，分别是创建和管理考古领域科学数据的概述、数据生命周期、处理和分析数据、权利和数据、电子文档和补充科学数据、数据存档复查、博士研究生数据管理计划、数据管理项目和专业数据，内容贯穿科学数据管理的整个生命周期，也可视之为考古学数据生命周期管理模型[6]。其课程内容重点关注科学数据的选择与保存，认为涉及到图书馆参与验证科学数据的完整性内容[27]，认为没有关于科学数据完美管理的组织或系统，科学数据需要不断验证和完善，例如在数据生命周期管理的数据选择和评估阶段，内容包括博士研究生研究数据的复查，应该保存哪些科学数据，如何保存准确的、真实的科学数据，摒弃错误的、不准确的或虚假的研究数据[6]。

4.2.2　数据采集阶段　在数据生命管理周期的数据采集阶段，重点强调在科学数据收集时要确保研究活动背景信息的收集，保证科学数据的完整性，以便于科学数据的审核验证[28]。剑桥大学图书馆十分重视科研诚信，在官网主页界面上有关于"research integrity"的有效链接[29]，内容包括研究诚信（research integrity）、研究伦理（research ethics）、良好的研究实践清单（good research practice checklist）、外部引导（external guidance）、培训（traning）5 个部分的内容。其中，研究诚信主要包含科研诚信声明部分、科研实践质量规范部分、作者指南部分等，极力倡导科研诚信和研究数据的完整性及真实性。剑桥大学成立了专门的研究伦理（research ethics）委员会，负责研究伦理道德规范的专业组织；DataTrain 是剑桥大学图书馆提供科学数据验证培训的重要内容。

5　结语

在大数据时代，科学数据在科研活动中发挥着越来越重要的作用，科研诚信是科学数据质量的前提和保障。科学数据的完整性和真实性对科学数据的重复利用、数据引用、科研评价甚至科学发展的进程都有重要影响。高校是海量科学数据的产生地，科学数据的完整性和真实性亟待相关中立机构进行验证。国外一些高校图书馆在参与科学数据验证方面已做出一些探索和实践，并取得了良好的效果，国内高校图书馆作为参与科学数据验证的最佳机构，应该借鉴国外图书馆的相关经验，参与科学数据管理的整个生命周期，积极拓展科学数据验证业务，主动承担学术不端的部分责任，提高图书馆的地位并更好地服务科研，净化学术环境。

参考文献：

［1］ Big data is a big deal［EB/OL］.［2015-11-15］. https：//www. whitehouse. gov/blog/2012/03/29/big-data-big-deal.

［2］ 国务院关于印发促进大数据发展行动纲要的通知［EB/OL］.［2015-11-15］. http：//www. gov. cn /zhengce/content/2015-09/05/content_10137. htm.

［3］ 郎杨琴，孔丽华. 科学研究的第四范式 吉姆·格雷的报告"e-Science：一种科研模式的变革"简介［J］. 科研信息化技术与应用, 2010(2) ,92-94.

［4］ 陈孝政，李一军. 科学研究需要"慎独"——以古生物学研究中的科研诚信为例［J］. 中国科学基金, 2012(3) ：166-169.

［5］ CEOS. Data lifecycle models and concepts［EB/OL］.［2015-11-05］. http：//wgiss. ceos. org /dsig /whitepapers.

［6］ 丁宁，马浩琴. 国外高校科学数据生命周期管理模型比较研究及借鉴［J］. 图书情报工作,2013,57(6) ：18-22.

［7］ 张群，刘玉敏. 高校图书馆科研诚信保障体系研究［J］. 图书情报工作, 2014,58(22) ：19-22.

［8］ SCHROCK J R，杨文源. 科学研究和科研文章中的诚信(2)［J］. 生物学通报,2012,58(10) ：56-59.

［9］ 熊文龙，李瑞婻. 基于科学数据管理的图书馆数据服务研究［J］. 图书情报工作, 2014,58(22) ：48-53.

［10］ Research integrity［EB/OL］.［2015-11-17］. http：//www. research-integrity. admin. cam. ac. uk/.

［11］ Research support［EB/OL］.［2015-11-17］. http：//www. admin. ox. ac. uk/researchsupport/integrity/.

［12］ Weblearn［EB/OL］.［2015-11-17］. https：//weblearn. ox. ac. uk/portal/hierarchy/skills/ricourses.

［13］ Data lifecycles & management plans［EB/OL］.［2015-11-15］. http：//archaeologydata-service. ac. uk /learning /DataTrain.

［14］ 武汉大学超星慕课［EB/OL］.［2015-11-17］. http：//whu. mooc. chaoxing. com/.

［15］ 初景利，张冬荣. 第二代学科馆员与学科化服务［J］. 图书情报工作, 2008, 52(2) ：6-10.

［16］ 推动图书馆向知识服务转型——2012'学科馆员服务学术研讨会在武汉召开［EB/OL］.［2016-01-15］. http://manu44. magtech. com. cn/infotech_new/CN/item/showItemDetail. do? id=309.

［17］ 刘亚亚. 学科馆员职能演变研究［J］. 情报探索, 2015,（7）:113-115.

［18］ 孟祥保,李爱国. 国外高校图书馆科学数据素养教育研究［J］. 大学图书馆学报, 2014,（3）:11-16.

［19］ 刘霞,饶艳. 高校图书馆科学数据管理与服务初探——武汉大学图书馆案例分析［J］. 图书情报工作, 2013,57(6):33-38.

［20］ 李慧佳,马建玲,王楠,等. 国内外科学数据的组织与管理研究进展［J］. 图书情报工作,2013,57(23):130-136.

［21］ 国家自然科学基金委员会监督委员会［EB/OL］.［2015-11-18］. http://www. nsfc. gov. cn/nsfc/c en/lhbgs/zcfg/016. htm.

［22］ What is DataONE?［EB/OL］.［2015-11-15］. https://www. dataone. org/what-dataone.

［23］ Assure［EB/OL］.［2016-01-22］. https://www. dataone. org/best-practices/assure.

［24］ Data management planning tool. DMPTool［EB/OL］.［2015-11-16］. http://dmptool. org/.

［25］ DataONE education modules［EB/OL］.［2015-11-18］. https://www. dataone. org/education-modules.

［26］ Preserve［EB/OL］.［2016-01-22］. https://www. dataone. org/best-practices/preserve.

［27］ Data Trainarch Aeology:teaching material downloads［EB/OL］.［2015-11-18］. http://archaeologydataservice. ac. uk/learning/DataTrainDownload # section-DataTrainDownload-Module2.

［28］ Research integrity and good research practice checklist［EB/OL］.［2015-11-18］. http://www. research-integrity. admin. cam. ac. uk/research-integrity/research-integrity-and-good-research-practice-checklist.

［29］ Research integrity［EB/OL］.［2016-01-22］. http://www. research-integrity. admin. cam. ac. uk/research-integrity.

作者简介

黄如花：负责论文选题并指导论文修改；

李楠：负责相关资料的收集及论文撰写。

利益相关者视角下图书馆参与 科学数据管理的分析[*]

1 引言

科学数据是指收集、观察和创造的各种实验数据、观测数据、统计数据、仿真数据，通常表现为表格、数字、图像、多媒体等其他格式[1]，作为一种学术资源，其价值重要性的认可度越来越高。科学数据管理为图书馆服务的转型升级带来新契机，成为近年来图情领域的研究热点——介绍国外图书馆开展科学数据管理服务的进展[2]，讨论图书馆在科学数据管理中的角色承担问题[3-4]以及以具体高校为例分析其实践经验[5-6]。图书馆在科学数据管理中的职能逐渐凸显，美国大学与研究图书馆协会（Association of College & Research Libraries，ACRL）研究计划与评审委员会在 2015 年 3 月发布的《2015年环境扫描》中强调了科学数据服务是研究型图书馆未来发展的重要趋势[7]。目前的研究成果多孤立地探讨图书馆的角色及作用，而科学数据管理的全生命周期涉及社会多方利益相关机构，需要准确把握图书馆的定位并合理分析其与其他机构的利益互动关系。

本文引入利益相关者理论，首先介绍利益相关者理论并分析该理论对于图书馆科学数据管理服务的适用性，然后将图书馆作为科学数据管理服务的核心枢纽角色并构建其与利益相关机构的互动关系模型。最后基于利益相关者定位提出图书馆参与科学数据管理的策略建议，力求实现图书馆科学数据管理服务的突破性进展。

2 利益相关者理论及其适用性

2.1 利益相关者理论

利益相关者理论发端于企业管理中，通过平衡考虑各利益相关者的权益

---

 * 本文系国家自然科学基金项目"开放数据下公共信息资源再利用体系的重构研究"（项目编号：71373195）和武汉大学与中国科技信息研究所合作项目"科学文献的语义功能识别与深度利用"研究成果之一。

要求，谋求企业长久发展。1984 年美国研究经济伦理与战略管理的学者 R. E. Freeman 明确提出了利益相关者理论（stakeholder theory），并对利益相关者（stakeholder）做出了具体的阐释，即为"能够影响一个组织目标的实现，或者在一个组织实现目标过程中会受到影响的个体或群体"[8]。每一个社会组织在其运营的过程中都无法避免与其他机构产生利益互动，因而利益相关者理论是一个对于管理活动具有实践意义的理论分析框架。

2.2 利益相关者理论的适用性

根据英国数字保存中心（The Digital Curation Centre，DCC）制定的数据管理计划，数据管理的流程一般涉及 7 个要素[9]，包括数据收集（data collection）、文件和元数据（documentation and metadata）、数据伦理和法规（ethics and legal compliance）、数据存储和备份（storage and backup）、数据选择和长期保存（selection and preservation）、数据共享（data sharing）、数据管理责任者与资源需求（responsibilities and resources）。图书馆难以凭借自身力量覆盖全部要素，需要与其他社会机构展开合作，以保证科学数据管理实施的专业型与全面性。联机图书馆中心（Online Computer Library Center，OCLC）在探讨高校范围内科研数据管理政策时，就从利益相关者的角度分析了该问题的核心角色[10]，包括高校（university）、科研部门（the office of research）、研究合规办公室（the research compliance office）、信息技术部门（the information technology department）、科研人员（the researchers）、学术单位（the academic units）和图书馆（the library）。

目前，图书馆的业务开始越来越多地和其他机构交叉共存，将其他社会资本引入到图书馆管理中必然会带来相应的权力竞争与利益分配问题，符合利益相关者理论的应用环境。

3 以图书馆为核心的科学数据管理利益相关者角色模型

关于科学数据管理中涉及的利益主体，国内外均已开展相关研究。英国图书馆网络工程事务所（UK Office for Library Networking，UKOLN）L. Lyon 博士认为与科学数据服务相关的利益群体包括基金组织、数据中心、数据仓储、出版机构、数字化管理机构等[11]。顾立平曾构建了科研数据利益相关的基本框架，包括科研人员、学术社群、机构、研究资助者、出版商以及公众[12]。本文拟将图书馆作为科学数据管理的核心角色，通过借鉴利益相关者分析"effective stakeholder engagement"方法[13]，确定图书馆科学数据管理的利益相关机构主要包括数据中心、科研机构、政府及公共部门、政策制定机构、基金管理组织及数据出版商，根据利益相关者理论的"公司治理的利益相关者模型"，构建一个图书馆参与科学数据管理与利益相关者的互动关系模型，见图1。

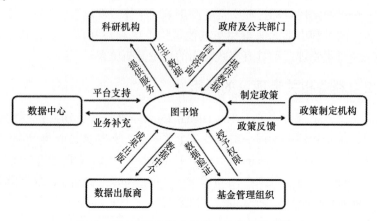

图1 以图书馆为核心的利益相关者角色模型

3.1 图书馆

高校图书馆拥有专业的数据管理团队，在馆藏资源数字化、数据库的建设及数字资源长期保存等方面有完善的理论体系及技术支撑，在元数据方案设计、数据标准化组织等业务领域有较多的实践经验。高校图书馆作为知识流转与共享的核心部门，有专业的学科馆员辅助提供个性化的学科服务，与科学数据管理学科性、专业性较强的要求相契合。此外，高校图书馆在数据库购买、信息资源共建共享的过程中与其他机构已产生较多的业务往来，有一定的合作基础，便于新业务的拓展。因此，在科学数据管理与传播共享的过程中，高校图书馆应主动承担沟通媒介的核心职能，积极主动与其他组织机构建立长期有效的合作关系，促进资源高效流转及合理配置，对各机构的业务优势进行优化整合，提升形式多样、存储分散的科学数据从产生到传播利用的流转速度。

3.2 数据中心

数据中心大多是政府主导建立的公益性质的数据整理和服务机构，较早意识到科学数据的价值并致力于其保存和利用，通过汇集一些国家基金支持的重大课题、专题研究的数据成果，为研究的可持续发展提供数据支持[4]。

16

这些数据中心大多以数据密集型的学科为导向，通过数据管理与共享服务于本学科的发展与进步，如美国航空航天局（National Aeronautics and Space Administration，NASA）数据库[14]、人类基因组计划[15]（Human Genome Project，HGP）、美国国家海洋与大气部[16]（National Oceanic and Atmospheric Administration，NOAA）等，均为各学科领域权威的数据监护中心。这些数据中心在数据管理的技术支持、工具平台的设计、标准法规的制定等方面都拥有坚实的业务基础，可以为图书馆科学数据管理服务提供成熟的模式与框架。而数据中心的数据监护也存在无法覆盖科学数据的全生命周期、无法充分挖掘其价值的局限性，图书馆可以发挥其枢纽的作用，在数据验证、数据引用、数据重用等后续环节弥补数据中心职能的不足之处。

3.3　科研机构

科研机构是科学数据的主要创造者和拥有者，同时经过系统组织整理后的科学数据又会对新的科研进程产生利用价值，因而科研人员在科研过程中需要形成数据管理的意识，并提升数据分享的自觉性。图书馆可以对科研机构提交的科学数据的整合加工作进一步的合理规划，并及时将成果反馈给科研机构，以便服务于相应的科研活动。科研机构作为数据产权的拥有者，需要制定合理的数据使用管理计划，对于科学数据是否涉及机密、是否可公开、是否可共享制定明确的标准，使数据的合法知识产权得到有效保护，以实现科学数据管理的良性循环发展。

3.4　政府及公共部门

在长期的经济发展与社会运行的过程中，有大量的科学数据累积并由政府部门掌握，这些数据对于国家创新发展、政策制定合理化具有重要意义。随着社会公众数据需求的增多、数据意识的增强，其对于政府主动开放并共享科学数据的愿望也越来越迫切。美国政府于 2013 年 12 月 5 日发布了《开放政府合作伙伴——美国第二次开放政府国家行动方案》，其中承诺将按照战略资产来管理政府数据，对 Data. gov 门户网站进行改进，开放农业、营养和与自然灾害相关的数据。2014 年 2 月 22 日，加拿大根据 G8 开放数据宪章（G8 Open Data Charter）发布了国家开放数据行动方案，计划在未来 3 年斥资300 万美元促进数字经济发展[17]。以行动计划驱动政府数据合理公开共享已成为世界多国的主要发展趋势。政府部门拥有的科学数据多与经济发展、民生需求密切相关，是重要的数据提供者。

3.5 政策制定机构

政府部门的政策导向是影响科学数据管理进程的重要环节。图书馆是协调各组织部门实现科学数据有效管理的关键机构，因此政府部门不仅要对科学数据的保存与管理制定合理的规范，同样需要出台相关政策，支持图书馆的角色地位。C. L. Borgman 提出图书馆在科学数据管理中的角色定位问题会影响研究人员是否会愿意分享其研究数据[18]。与此同时，政策制定部门可以根据图书馆实际开展业务中的问题反馈及时作出调整，不断优化政策导向，促进科学数据管理的协调有序进行，并实现图书馆事业的发展与进步。美国白宫科技与政策办公室就发布了强制性的行政命令："全部或部分受到联邦政府资助的科研项目，其产生的数字形式的科学数据应该进行存储，并用于公开的检索使用"[19]。

3.6 基金管理组织

基金管理组织是支持科研项目顺利进行的重要保障，除了肩负统筹和资助科研项目的职责外，还需要监督科研机构提供的科学数据的真实性与准确性。目前，科研不端、学术数据造假现象时有发生，2014 年 12 月 30 日，中国国家自然科学基金委员会通报了 2013 至 2014 年度基金委监督委员会受理科研不端行为的投诉举报及处理情况，并向社会通报了 7 个触碰学术"高压线"的典型案例[20]。由此可见，需要在科学数据管理中重视并增加数据验证的环节。相关基金管理机构可以将数据验证业务的权限赋予图书馆，由图书馆具备数据素养的高素质的学科馆员负责科学数据验证的业务，以保证学术规范及科学数据的质量。

3.7 数据出版商

将经过整序后的科学数据以公开发行的形式出版是对科学数据的学术价值及社会贡献的一种高度肯定。出版商希望通过合法的方式出版科学数据资源取得高额利润收入，科研机构将科学数据开放共享获得社会承认则可以提升该机构的社会公信力。高校图书馆可以根据与数据出版商的利益契合点展开合作，成为数据库商获取科学数据资源的媒介，并积极协助处理好此过程中的知识产权问题，使经过专家评议的高质量科研成果在更广泛的范围内发挥其学术价值。

4　图书馆科学数据管理利益相关者"权力–利益矩阵"分析

以图书馆为核心的科学数据管理模式涉及多方利益主体，每一利益相关机构的主要贡献与利益回报存在差异。本文拟用 A. Mendelow 提出的权力—利益矩阵[21]（power interest matrix），分析不同利益相关者角色地位的差异，如图 2 所示：

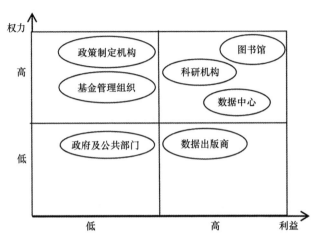

图 2　不同利益相关者"权力—利益矩阵"分析

科研机构是最主要的科学数据提供者、数据产权的拥有者及科学数据的重用者。数据中心成熟的数据管理模式与服务经验对于图书馆来说具有较高的参考价值，是图书馆不断优化科学数据管理业务的重要合作伙伴。因此，科研机构和数据中心关系密切，是图书馆需要着重关注的利益相关者。

政策制定机构和基金管理组织是影响力较强的主要外部因素。图书馆的核心地位想要得到认可，十分需要政策制定机构的政策导向支持，同时在业务开展时需要与基金管理组织在数据质量标准把控方面达成高度一致，并获得相应权限。而政策制定机构和基金管理组织都是主要的管控部门，对于科学数据本身的利用需求并不明显，相对获利较少，因此参与图书馆科学数据管理流程的积极性可能不高，需要图书馆主动配合。

高价值的科学数据为数据出版商的利润增值带来了新的机遇，数据出版商对这样的新型信息资源有迫切需求。图书馆的硬件环境不断改善，技术水平与存储能力不断提升，数据库商的技术优势不明显。电子资源利用方便快捷及时，出版商的成果出版存在一定的延后性，不利于科学数据的快速转化及利用。图书馆与数据出版商在信息资源开发与利用业务方面存在一定的竞争关系。政府部门的数据开放程度十分有限且图书馆在政府数据开放共享中的参与度较低。由此分析，数据出版商及政府公共部门在该利益相关者角色模型中的权力较弱。

5　基于利益相关者定位的图书馆发展策略

在学术和科研交流体系中，图书馆是一个重要的主体，图书馆及馆员需要在新的知识创造与传播模式以及学术环境中重新定位，创造更具社会可见度的价值。多方利益相关者驱动的科学数据管理服务是图书馆扩大自身影响力、提升社会地位的新机遇，需要图书馆不断提升自身业务素质，巩固核心地位，并做好各利益相关社会机构的统筹协调工作。

5.1　设立科学数据管理服务部门

科学数据管理服务的专业性强，业务量大，想要提供优质的品牌服务，需要图书馆从机构设置上加以重视，成立专门的业务部门以推动科学数据管理服务有序开展。约翰·霍普金斯大学图书馆在 2007 年就开启了美国国家自然科学基金委员会资助的科学数据管理项目 Data Conservancy 的研究，致力于跨机构和学科建立数据管理的服务和工具[22]。该图书馆专门建立了数字化研究与监管中心（Digital Research and Curation Center，DRCC），重视数字图书馆信息的获取和保存，并重视自动化工具、系统和软件的开发[23]。华盛顿大学设置数据服务与协调员（Data Services Coordinator）的岗位，并计划增设地理空间数据服务专门馆员[24]（Geospatial and Numeric Data Services Librarian）。专门机构的设置可以优化科学数据管理服务的制度和秩序，使其成为图书馆的常态职能之一。

5.2　开展科学数据管理业务培训

科学研究正在向数据密集型发展，对于科研人员自身的数据管理意识和能力提出了更高的要求，与此同时，图书馆本身在科学数据管理方面也处于初步探索阶段，专业馆员需要更加系统地学习数据管理计划的制定、数据分析工具的使用及元数据的标识等方面的知识，掌握相关技能。因此，图书馆可以面向图书馆员、科研人员及高校研究者开设有针对性的讲座或课程，为保证科学数据服务的质量打下坚实基础。美国国会图书馆设立"数字化保存外延服务与教育"（Digital Preservation Outreach & Education，DPOE）项目就是为了培训图书馆员的数字保存的能力[25]。加州大学圣地亚哥分校科学数据管理项目（The UC San Diego Library's Research Data Curation Program）则提供多样化的数据管理培训，包括使用 EZID 创建长期标识符、开展基础数据管理业务等[26]。

5.3 提供科学数据管理指导工具

传统的数据中心，如中国科学院资源环境数据中心[27]往往基于"大科学"研究产生，往往有完善的数据政策、数据标准，并有成熟的数据保存、利用与发布体系。与此同时，规模较小的科研机构、高校的项目实验室等也是科学数据产生和积累的主要来源，然而由于经费问题首先难以具备专业的数据管理团队。图书馆可以将科学数据管理着眼于服务本地的"小科学"，为科研人员打造可以在较短时间内掌握的数据管理模板。美国加州大学图书馆数据管理中心就专门打造了 DMPTool（Data Management Plan Tool）工具[28]，其中 DMP Requirements 总结发布全美各基金资助机构的政策与要求[29]，为科研人员提供参考。此外，该工具还为科研人员创建新的数据管理计划提供指南[30]。

5.4 发挥枢纽作用，协同利益相关机构共同参与

美国研究图书馆协会（Association of Research Libraries，ARL）在其报告中将图书馆员定位为科学数据基础设施建设的"最后一英里"，认为图书馆员在科学研究中担负着系统、科研人员及数据使用人员三者之间的桥梁与纽带作用，将数据联络服务（Data Liaison Service）作为图书馆未来发展的主要方向之一[31]。图书馆是重要的知识集成与服务机构，在开展科学数据管理服务时，需要积极发挥核心力量的作用，主动协同多方利益主体共同参与，整合各机构的业务优势，促进科学数据资源的高效运转，使科学数据的生产、采集、管理与利用实现良性循环。大英图书馆的 DataCite 是一个全球性的服务项目，致力于解决查找、访问和再利用科研结果的相关问题，首批参与合作的机构就有英国考古学数据库服务、英国国家资料库、英国环境研究委员会、英国科学技术实施委员会以及华大基因。其中的数据采用数字对象标示符（digital object identifier，DOI）进行标示，便于统一的检索和利用[32]。

参考文献：

[1] 黄永文,张建勇,黄金霞,等.国外开放科学数据研究综述[J].现代图书情报技术,2013,57(5):21-27.

［2］ 肖潇，吕俊生．E-science 环境下国外图书馆科学数据服务研究进展［J］．图书情报工作，2012,56(17):53-58.

［3］ NIELSEN H J, Hjørland B. Curating research data: the potential roles of libraries and information professionals［J］. Journal of documentation,2014,70(2):221-240.

［4］ 樊俊豪．图书馆在科学数据管理中的角色定位研究［J］．图书情报工作,2014,58(6): 37-41.

［5］ LAGE K, LOSOFF B, MANESS J. Receptivity to library involvement in scientific data curation: a case study at the university of colorado boulder［J］. Portal' libraries & the academy, 2011, 11(4):915-937.

［6］ 刘霞，饶艳．高校图书馆科学数据管理与服务初探——武汉大学图书馆案例分析 ［J］．图书情报工作, 2013, 57(6):33-38.

［7］ Environmental scan 2015 by the ACRL Research Planning and Review Committee March 2015［EB/OL］．［2016－01－23］. http://www. ala. org/acrl/sites/ala. org. acrl/files/ content/publications/whitepapers/EnvironmentalScan15. pdf.

［8］ 弗里曼．战略管理:利益相关者方法［M］．王彦华,梁豪,译．上海:上海译文出版 社,2006.

［9］ Checklist for a data management plan［EB/OL］.［2016-01-23］. http://www. dcc. ac. uk/ resources/data-management-plans/checklist.

［10］ Starting the conversation: university-wide research data management policy［EB/OL］. ［2016－01－23］. http://www. oclc. org/content/dam/research/publications/library/ 2013/2013-08. pdf.

［11］ LYON L. Dealing with data:roles,rights,responsibilities and relationships［EB/OL］.［2015 -11-17］. http://www. jisc. ac. uk/media /documents/events/2007/06/liz_lyon. pdf.

［12］ 顾立平．科学数据权益分析的基本框架［J］．图书情报知识,2014,(1):34-51.

［13］ Engaging stakeholders in the designing of a service: a case study in the B2B service context ［EB/OL］.［2016-01-23］. http://sidlaurea. com/2013/03/21/engaging-stakeholders-in- the-designing-of-a-service-a-case-study-in-the-b2b-service-context/.

［14］ NASA［EB/OL］.［2016-01-23］. http://www. nasa. gov/.

［15］ The Human Genome Project［EB/OL］.［2016-01-23］. http://www. knowledgene. com/.

［16］ NOAA - National Oceanic and Atmospheric Administration［EB/OL］.［2016-01-23］ http://www. noaa. gov/.

［17］ 我国数据开放进程亟待加快［EB/OL］.［2015－11－17］. http://www. js. xinhuanet. com/2014-09/09/c_1112411423. htm.

［18］ Research data:who will share what,with whom,when,and why?［EB/OL］.［2015-11- 17］http://works. bepress. com/borgman/238/.

［19］ Memorandum for the heads of executive departments and agencies［EB/OL］.［2015-11- 17］. https://www. whitehouse. gov/sites/default/files/microsites/ostp/ostp_public_access

_memo_2013. pdf.

［20］ 国家自然科学基金委通报7个科研不端典型案例［EB/OL］.［2015-11-17］. http://www. chinadaily. com. cn/dfpd/dfjyzc/2014-12-31/content_12965888_3. html.

［21］ Stakeholder matrix：a practical guide［EB/OL］.［2016-01-23］. http://businessanalystl-earnings. com/ba-techniques/2013/1/23/how-to-draw-a-stakeholder-matrix.

［22］ Data Conservancy［EB/OL］.［2015-11-17］. http://dataconservancy. org/.

［23］ Digital Research and Curation Center［EB/OL］.［2015-11-17］. https://ldp. librar-y. jhu. edu/dkc.

［24］ Collaboration and tension between institutions and units providing data management support ［EB/OL］.［2015-11-17］. http://www. asis. org/Bulletin/Aug-14/AugSep14 _ WrightEtAl. html.

［25］ Untitled document［EB/OL］.［2015-11-17］. http://ils. unc. edu/digccurr/institude. ht-ml.

［26］ Training and workshop schedule［EB/OL］.［2016-01-23］. http://libraries. ucsd. edu/services/data-curation/training-schedule/index. html.

［27］ 中国科学院资源环境科学数据中心［EB/OL］.［2016-01-23］. http://www. resdc. cn/.

［28］ Home：DMPTool［EB/OL］.［2016-01-23］. https://dmptool. org/.

［29］ DMP requirements［EB/OL］.［2016-01-23］. https://dmptool. org/guidance

［30］ Quick start guide［EB/OL］.［2016-01-23］. https://dmptool. org/quickstartg uide/.

［31］ 邱春艳. 美国图书馆参与科学数据管理的经验［J］. 国家图书馆学刊,2014,1(1):10-15.

［32］ Welcome to DataCite Metadata Store［EB/OL］.［2015-11-17］. https://mds. datacite. org/.

作者简介

黄如花：统筹文章结构，研究分析方法的可行性和论文创新点，修改论文；

赖彤：调研资料，构建模型，撰写论文。

图书馆在科学数据管理中的角色定位研究[*]

1 引　言

随着数据驱动时代的到来，科学数据管理不再仅仅是一些大型科研项目、传统数据密集型学科需要关注的问题，可以说每个科学数据产出机构都面临着科学数据管理的挑战。但以机构为单位的科学数据管理研究和实践都还处在起始阶段，其中涉及的主体和主体责任尚不明确。A. Gold 曾讨论了 E-science 环境下图书馆所面临的各种数据管理挑战，认为首要的问题就是图书馆在数据管理中的角色界定还不明确[1]。联合信息系统委员会（Joint Information Systems Committee，JISC）和美国国家科学基金会（National Science Foundation，NSF）发布的报告一致提到图书馆作为传统的信息保存机构能在科学数据管理中发挥非常重要的作用，但是对以什么样的角色参与、做什么工作都没有具体阐释。美国研究图书馆协会（Association of Research Libraries，ARL）和 NSF 在 2006 年专门成立了一个工作组探讨图书馆在科学数据管理中的角色，工作组在提交的报告中指出图书馆需要将他们的工作拓展到对科学数据的存储、长期保存以及监管（curation）中去[2]。2006 年 10 月，在美国国家自然科学基金委和研究图书馆协会联合召开的研讨会上，A. Gold 指出图书馆的角色从数据生命周期的下游（出版后）向上游（出版前）拓展和延伸，并指出：在上游的研究周期内，图书馆的关键在于加强与研究团体的合作。在研究初始阶段，图书馆与研究人员进行密切合作，以便使其能够在数据管理的原型、架构、标准规范甚至政策的制定中发挥作用[3]。此外，也有一些研究者在文章中提到过这个问题，如李晓辉在文章中提及数据获取服务、数据分析服务等[4]，丁培则提及科学数据保存服务以及与科学数据有关的学科服务[5]。这些分析都是简单地罗列了一些图书馆可以胜任的工作，没有结合整个学术交流体系中不同利益主体的角色分配展开深入的讨论。本文在阐

　＊ 本文系上海大学图书情报档案系学科建设与培育项目"基于科学数据管理的图书馆知识服务实现研究"研究成果之一。

明科学数据管理中不同主体利益诉求的基础上，结合既有的实践，明确提出了图书馆在科学数据管理中可以扮演的角色。

2　科学数据管理中的相关角色探析

科学数据作为一种学术交流资源，从产生到共享的过程中会有不同的主体参与进来，根据利益诉求的不同，这些主体各自扮演着不同的角色。为了规范科学数据管理活动，需要认清各个行为主体的位置，寻求和它们的合作。

2.1　政府和基金组织

政府和基金组织作为科技资源的分配主体属于科学数据管理的重要行为主体之一，是科学数据管理的发起者和重要推手。随着科学数据对于未来社会和国家发展的战略意义逐渐得到重视，政府和基金组织开始从国家层面来部署科学数据管理的基础设施，组织科学数据管理的相关研究和实践，制定相关的数据汇交和共享政策来鼓励或强制科学数据进入交流体系，构建新的数据驱动的经济社会发展范式。概括起来，政府和基金组织在科学数据管理中的角色主要包括以下 3 种：

2.1.1　统筹规划　科学数据管理是一个国家工程，需要政府从整体上来统筹管理，协调各方，引导发展。日本政府从 1994 年开始投入巨资建设政府部门、大学、科研机构的数据库和全国科研信息网络等以促进科学数据等科研成果能够得到有效的保存和共享[6]。我国则于 2001 年启动科学数据共享工程。目前已在资源环境、农业、人口与健康、基础与前沿等领域共 24 个部门开展了科学数据共享工作，并已初具规模。迄今为止，科学数据共享的理念已经在科技界得到广泛认可，形成了共享氛围和服务意识，逐渐改变了我国科学数据封闭独享的局面，带动了跨行业的数据交换，在科技界乃至国内外产生了较大的影响。

2.1.2　政策引导　政府和基金组织是科学研究资金的来源，其有权对项目所产生数据的提交和共享制定约束政策。欧美发达国家已经将数据共享提到战略高度，美国更是将"完全与开放"的数据共享政策作为一项基本国策：联邦政府资助的科学数据（即公共性、基础性的国有数据），必须在没有歧视的基础上以不超过复制和发行成本的费用被无限制地使用[7]。一些发达国家的政府机构、大学和科研院所已经制定了很多政策，希望通过正式的政策规范研究数据的保存活动，以使研究数据得到多次利用。

2.1.3　支持相关研究　英国的 JISC 在 2004 年专门设立了 DCC（Data

Curation Center），这是全球第一个专门从事科学数据管理相关研究和实践探索的机构，近 10 年来投入了大量资金，组织了大量的专题研究，不但产生了一大批诸如科学数据管理政策制定指南、科学数据管理成功案例介绍的理论成果，同时还为英国高等教育机构的科学数据管理提供数据管理工具以及数据管理能力、技巧培训等支持，极大地推动了英国国内科学数据管理的研究实践进程。美国的 NSF、NIH 作为政府的科研管理机构，一方面开始强制要求受资助者提交项目的数据，另一方面，拿出大量专项资金用于支持科学数据管理的相关研究，如寻求可持续数据管理办法的 DATANET 计划等[8]。在政府和基金组织的大力推动和领导下，目前英美两国的科学数据管理研究和实践都得到了很大的发展。

2.2 研究者和研究机构

研究者和研究机构既是科学数据的创造者也是使用者。从科学数据生产者角度来讲，为了满足政府和基金组织科学数据提交和管理的要求，他们需要在科研项目开始时就提交相应的科学数据管理计划，在项目进行中则要按照要求对科学数据进行实时管理，项目完成后还需要将数据进行规范化处理后提交。同时作为数据生产者，他们对数据的产生语境和产生流程有着独一无二的认识，这对后期科学数据的描述、组织、保存并保证能够最终被其他用户所理解、重用是至关重要的。他们还是数据产权的拥有者，能够对自己的数据做出保留权利或者放弃权利的决定，获得数据作为科研产出所带来的学术荣誉和经济回报。从数据的使用者角度来看，驱动科学数据管理和分享的动力不仅仅来自政府和基金组织"从上到下"的压力，那些通过科学数据重用体验到数据密集型研究推动创新和变革潜力的研究者，也希望科学数据能够尽可能地被开放、共享，能够用足够低的成本，方便地、尽可能多地查找并获取自己需要的科学数据。

不管是从生产者角度还是从使用者角度，随着科学数据逐渐成为科研过程的重要交流内容，其涉及的一系列工作如科学数据管理、科学数据保存、科学数据查找等，给已经被寻求基金支持、开展研究、撰写报告、书写论文压得喘不过气来的研究人员提出了更多的挑战。他们迫切需要科研支持机构如图书馆、IT 部门的支持。

2.3 数据中心

在整个科学界逐渐意识到科学数据的价值之前，已经有大量的数据保存在国家档案部门和政府数据中心。这些数据中心大多是政府主导建立的公益性质的数据整理和服务机构，通过汇集一些国家基金支持的重大课题、专题研究的数据成果，为研究的可持续发展提供数据支持。现有的各种学科数据中心是科学数据管理的先行者，目前世界范围内已产生了大量的数据中心，主要针对那些数据密集型学科如分子学、天文学、GIS、气候学等，以实现学科领域内科学数据的积累和重用。对于这些学科来讲，正如论文对于人文学科的重要性一样，数据一直是他们研究成果的主要部分，是业内交流的主要内容。可以说，在数据出版之前，数据中心是相关学科实现数据保存和数据共享的重要机构。现在，这些数据中心为机构科学数据管理积累了大量的经验，如领域本体的构建，数据组织方案，数据服务平台的构建策略等，同时这些数据中心作为学科领域已经存在的、成熟的科学数据管理机构在新时期将会继续作为科学数据管理的重要组成部分，是实现机构科学数据管理的现实基础，可以直接或者间接地加以整合利用。而图书馆和数据中心在数据保存和数据管理方面的合作如数据格式的协商、机构数据的提交等对于建立科学数据可持续管理是至关重要的。

2.4　数据出版机构

数据出版是学术登记和学术价值鉴定以及数据生产者的劳动成果得到学术界和社会承认的关键环节。它主要表现为科学研究人员学术优先权的确立、学术成果在学术层面的认可情况以及在政策层面的认可情况。数据出版机构是将科学数据整合进学术记录，从个人使用范畴进入学术团体，甚至整个学术界的核心环节。目前越来越多的学术期刊建议或者要求，研究数据必须作为论文发表条件的一部分，保存在可被其他人获取的机构库中。而且一些数据出版机构不但制作数据管理、发现的工具，还致力于构建同行评议的数据杂志。数据从出版到被引用，既可以使数据生产者付出的劳动得到认可和回报，也可以为研究者提供经过同行评审的高质量的科学数据[1]。最终推动科学数据进入学术评价体系和学术交流体系，促进科学数据作为科研成果发布和重用的常态化。

除了数据出版对科学数据管理的推动作用外，我们还要意识到，出版机构出版数据更大程度上受科学数据所蕴含的巨大商业价值所驱动。目前，许多出版商已经在积极"抓取"科研文献背后的科学数据，构建科学数据的商业经营模式，这对于正处在"期刊危机"中的图书馆和研究人员来说并不是个好消息，因此在新的数据出版模式尚未形成时，图书馆必须尽快行动，从源头开始，与科学家和科研机构合作，与科研资助和管理部门联合，一起构思和制定新的出版标准和系统，建立公共、开放、可靠和持续的科学数据资源基础设施，避免重蹈学术期刊成为出版商敛财工具的覆辙[9]。

2.5　机构的 IT 部门

随着 E-science 和 E-research 的形成，IT 部门作为机构科研基础设施的建设者，在机构内的重要性越来越明显。面对海量科学数据的管理，IT 部门不但需要提供大规模、高性能计算的能力，还需要海量数据存储和处理的能力以及便于研究人员交流和无缝协作的能力。在进行科学数据管理实践时，还需要开发和实施与之有关的技术，包括数据获取、存档、安全、完整性验证、存储、访问、分析、传播、迁移、交换等。其他的诸如软件开发、技能培训以及网络安全与认证等工作也都在 IT 部门的职责范围之内[10]。

2.6　图书馆

随着科学数据作为学术研究成果在学术交流中的重要性逐渐提升，既有的学术交流体系发生了很大的变革。这其中包括出现了新的学术交流主体（如数据中心）且学术交流的传统流程发生变化等。这对图书馆的影响是巨大的，尤其是在大数据时代，如果不能在新的学术交流体系中占据一席之地，那么图书馆的可持续发展将令人担忧。图书馆需要考虑在众多主体中的地位——是建立一个图书馆驱动的学术交流体系，还是一个第三方驱动的学术交流体系（数据中心、数据出版者等）。

从宏观上讲，图书馆将会成为全国分布式数据网络的一部分，成为科学数据管理基础设施的一部分。从微观上讲，图书馆是机构科学数据管理的重要参与者，要满足机构研究人员科学数据管理的需求，推动该机构科学数据管理的研究和实践。目前数据中心已经在科学数据管理方面形成了规模，建立了完善的数据采集、管理、服务体系。但是通过调查笔者发现，数据中心主要面对那些"大数据"。所谓"大数据"，是指通过工业化和标准化的数据和元数据的生产过程产生、有大量的研究者参与其中、并通过数据中心建立起了合适的学术承认体系的科学数据。与"大数据"相对应，存在一些"长尾数据"（long tail data）。这些数据主要产生自一些小学科或者新兴学科，没有统一的数据和元数据生产方法，有相对较少的研究者参与其中，没有与之相对应的数据中心对其进行管理，但是这部分数据的重要性不一定小，同样需要对其进行妥善管理和长期保存。笔者认为图书馆可以通过构建一个可以处理多学科数据的通用系统，承担这部分数据的管理工作。

3 科学数据管理中图书馆的角色定位

图书馆作为传统而专业的资源组织、管理、共享和长期保存机构，已经积累了许多有效的理论方法，并且具备相应的服务平台。随着数字时代图书馆的定位和服务逐渐发生变化，科学数据管理的出现为图书馆特别是高校以及专业图书馆提供了一个转型方向。

3.1 嵌入式科学数据管理专家

图书馆在数据管理方面的角色定位与其他科学数据管理机构相比，其优势之一是，能够参与到数据生命周期的上游——数据生产阶段，对该阶段产生的数据进行管理。从宏观角度看，图书馆需要与机构领导以及相关部门共同制定本机构的数据提交政策、数据管理方案、数据长期保存规划等，明确机构的阶段和长期的科学数据管理计划，构建数据管理架构和基础设施。在微观上，正如上文提到的，研究人员和研究机构希望图书馆能够协助他们完成数据管理工作，因此在科学数据产生之前，图书馆就需要参与到研究人员的项目中去，和研究人员一起对项目中将会产生的数据类型、数据量等进行评估，帮助他们拟定和提交项目数据管理计划，确定合适的元数据方案、数据筛选机制等，量身打造数据保存策略。在数据产生前的上游研究周期内，图书馆的关键作用在于定位其与研究团体的合作关系。通过从研究初始阶段就与研究人员的密切合作，确保后续工作的开展[3]。目前，普渡大学图书馆和伊利诺伊大学图书情报学院合作开展的 Data Curation Profiles 项目的目的就在于通过访问调查形式，探明各研究领域内包括数据共享者、科研各阶段文件格式、数据价值和用途、共享途径、期望保存年限、产权归属等在内的科研数据基本情况，为后期科学数据管理工作的开展奠定基础[11]。

另外，在科研过程中，图书馆还可以为研究人员提供科研过程中的支持服务，如帮助用户选择和获取科学数据、为用户提供资料处理和可视化工具、发布数据相关信息、提供指导和技术支持等[12]。

3.2 基于过程的科学数据监护机构

科学数据的管理有别于传统出版物的管理。传统出版物的管理是一种针对最终科研成果内容的管理（content curation），是一种静态的管理，只需对其建立索引，以方便用户查找和使用即可；科学数据管理是一种动态的管理，是贯穿科学数据整个生命周期的管理。这是由于原生的科学数据并不能像传统的科研成果论文、图书一样被直接拿来阅读和使用，只有通过知识化的过程加以完善，形成数据产品，其才能被理解、共享和重用。

这种基于过程的科学数据管理目前国外有专门的名词来表达——data curation，JISC 在 2004 年的相关报告中对其做了专门解释：data curation 是为确保数据当前使用目的，并能用于未来再发现及再利用，从数据产生伊始即对其进行管理和完善的活动。对于动态数据集而言，data curation 意味着需要进行持续性补充和更新，以使数据符合用户需求。国内目前对 data curation 的翻译主要有数据监护、数据策管、数据策展等几种，笔者在此使用数据监护。数据监护工作是科学数据管理工作的重要环节，其工作内容主要包括：科学数据格式转换、内容（包括元数据）标准的制定以及质量评估和控制等，确定所有数据的提交和更新符合所制定的标准；提供与其他数据资源和文献资源基于内容的关联服务[13]；创建更多的动态数据库，来推动数据出版前的交流，构建支持合作科研的环境等。近年来国外图书馆在数据监护服务研究方面十分积极，已开展了大量的实践工作。这种积极性源于图书馆是传统而专业的资源组织、管理、共享和长期保存机构，已经积累了许多有效的理论方法，并且具备相应的服务平台[5]。

3.3　科学数据存档、长期保存机构

首先，由于科学数据的动态性，从科学研究开始产生科学数据到科学研究结束提交最终的科学数据，这个过程中将会产生大量的中间数据，这部分数据是暂时性的、动态的，是科学研究可持续进行的保证，有些数据在科研结束后经过评估有可能具有长期保存价值，因此对这部分数据需要暂时性地进行维护和存档。其次，在整个科研过程结束后，一部分科学数据作为最终的科研成果需要得到长期保存。而且这些数据在存档和长期保存过程中都需要相应主体对其进行维护并保证其能够被发现和获得。

国际图书馆协会与机构联合会（International Federation of Library Associations and Institutions，简称 IFLA）与国际出版商协会（International Publishers Association，简称 IPA）在 2002 年联合发表的《永久保存世界记忆：关于保存数字化信息的联合声明》中明确规定："出版者应该担负短期保存的责任，长期保存的责任应由图书馆承担"。笔者认为科学数据作为人类智慧结晶的一部分，理应被纳入图书馆这一传统保存机构的保存范围。而且如果图书馆不能以高度的历史责任感主动承担起科学数据长期保存之责任，那么在数据驱动生活的大环境下，图书馆将丧失一个可持续发展的"生长点"。图书馆尤其是高校图书馆在科研资料的保存方面具有非常丰富的经验。目前许多高校、科研机构的图书馆都建立了机构库对机构的科研成果进行保存，下一步需要

探索如何基于现有的机构库实现对于科学数据的暂时存档和长期保存。

3.4 数据素养的教育机构

随着数据时代的到来，科学数据成为科研活动中的重要组成部分，一个研究者如果不具有收集数据、管理数据、分析数据、提交数据的意识和能力，那么他就不能被称为新时期合格的研究人员。借鉴信息素养的定义，姑且将这种能力称为"数据素养"。数据素养教育是我们应对"数据驱动"和"科研大数据"时代的基础。

图书馆一直是信息素养培训机构，目前在许多机构中都是由图书馆负责信息素养教育。从全国范围来看，图书馆也是信息素养教育体系的重要组成部分。科学数据作为一种新的管理对象，对于图书馆和用户来讲都是一个挑战。首先，图书馆自身在科学数据管理方面也处于学习阶段，需要不断学习和积累科学数据管理方面的经验，为机构内部工作人员提供数据素养教育。其次，图书馆应通过为科研人员提供课程培训，提高科研人员的数据意识，增强其收集数据、管理数据、分析数据的能力。最后，是对全民数据素质的培养。科研数据管理方法与素养教育应该被更多地纳入全民信息素养教育之中，培养全民的数据管理意识，使数据在各个领域都能够体现其作为机构资产的重要性，从而促使其在潜移默化的使用中发挥自身的科学创造力价值。

参考文献：

［1］ Gold A. Cyberinfrastructure, data, and libraries. Part 2：Libraries and the data challen ge：Roles and actions for libraries［J］. D-Lib Magazine,2007(9/10):1-10.

［2］ Jordan C, McDonald R H, Minor D, et al. Cyberinfrastructure collaboration for distributed digital preservation［C］. Fourth IEEE International Conference on e-Science. Indianapolis：IEEE xplore,2008:408-409.

［3］ 崔宇红. E-science 环境中研究图书馆的新角色:科学数据管理［J］. 图书馆杂志,2012(10):20-23.

［4］ 李晓辉. 图书馆科研数据管理与服务模式探讨［J］. 中国图书馆学报,2011,(5):46-52.

［5］ 丁培. 数据策展与图书馆［J］. 图书馆学研究,2013,(6):94-98.

［6］ 科学数据共享调研组.科学数据共享工程的总体框架［J］. 中国基础科学,2003,(1):63-68.

［7］ 李红星,王建,南卓铜,等. 西部数据中心的数据服务实践［J］. 中国科技资源导刊,2010,(3):24-29.

［8］ 程莲娟. 美国高校图书馆数据监护的实践及其启示［J］. 图书馆杂志,2012,(1):76

–78.

[9] 张晓林.研究图书馆2020:嵌入式协作化知识实验室?[J].中国图书馆学报,2012,(1):11–18.

[10] Haas J. E-Science and libraries:Finding the right path[EB/OL].[2014–02–20].http://www.istl.org/09–spring/viewpoint1.html.

[11] 赖剑菲,洪正国.对高校科学数据管理平台建设的建议[J].图书情报工作,2013,57(3):23–27.

[12] 王旻燕,臧海佳,邓莉.NASA地球科学数据分布式数据存档中心的数据和数据管理[J].气象科技合作动态,2009,(1):439–446.

[13] 钱鹏.高校科学数据管理研究[D].南京:南京大学,2012.

作者简介

樊俊豪,上海大学图书情报档案系硕士研究生。

面向科研第四范式的科学数据监管体系研究[*]

1 引言

E-Science 环境下，数据密集型科学发现成为科学研究的第四范式[1]。科学研究的第四范式是一种数据密集型范式，这种研究范式的一个显著特征是以数据考察为基础，也即是从科学数据中发现理论与知识。科研第四范式中，科学数据日益成为科学发现的核心。随着科学研究领域的拓展以及精密仪器的广泛使用，科学数据呈现出爆炸般增长的趋势，尤其在一些尖端科研领域，如基因组学、天文学、生态学、高能物理等领域，科学数据增长速度更为迅猛，目前已经要以 PB 计量。高通量的科研大数据对常规的数据采集、管理与分析工具形成巨大的挑战。为此，需要采取一系列数据监管工具和监管手段来支持科研数据从采集、验证到管理、保存、共享和利用等的整个流程。目前，国内外学术界和企业实践已经开展了广泛的科学数据监管理论研究和实践探索，取得了不少重大突破。近年来，科学数据监管也成为图书馆、情报学界重点关注的热点，陆续产生了科学数据管理、科学数据质量评估、科学数据成熟度评价等模型及体系构架。然而，多数研究从技术视角出发，关注数据处理过程，对于相关的其他内外部管理要素缺乏足够的重视。本文在梳理国内外科研数据监管相关研究的基础上，从管理的视角构建科学数据的监管体系，并详细解析每个管理职能模块的构成，包括输入、输出和主要管理活动，为促进我国科研机构、图书馆及企业开展数据监管提供理论和实践参考。

2 相关研究

数据监管不是一个新名词，但长期以来对数据监管都没有一个统一的定

---

    * 本文系国家社会科学基金青年项目"基于大数据的产业竞争态势动态预警机制研究"（项目编号：13CTQ033）和国家社会科学基金一般项目"跨学科科研协作行为的动态可视化跟踪与预测机制研究"（项目编号：14BTQ057）研究成果之一。

义。2004 年，英国联合信息系统委员会（Joint Information Systems Committee，JISC）对数据监管给出了一个明确的定义：数据监管是为确保数据当前使用目的，并能用于未来再发现及再利用，从数据产生伊始即对其进行管理和完善的活动，对于动态数据集而言，数据监管意味着需进行持续性补充和更新，以使数据符合用户需求[2]。该定义明确了数据监管的目标、过程和意义，得到了普遍的承认。此后，数据监管作为一个专有名词进入人们的视野，研究者们从各个方面对其展开了研究，涉及数据监管的定义[3-4]、数据监管的模式[5]、数据监管的发展战略[6]、数据监管的内容[7]、数据监管成熟度[8-10]及数据监管的技术平台建设[11-12]等。值得注意的是，近年来国内图书馆学情报学界对于数据监管的研究表现出强烈的兴趣，主要从高校数据监管或图书馆数据监管的视角出发，研究内容涵盖了科学数据共享[19]、科学数据组织[20]、科学数据服务[21]、科学数据整合[22]以及科学数据政策[23]等多个领域；同时由于理解不同，出现了对"data curation"不同的翻译，如"数据策管"[13]、"数据监护"[14]、"数据监管"[15]、"数据存管"[16]、"数据管护"[17]或者"数据管理"[18]等。其中，数据监管体系是当前研究中的一个重要组成部分。数据监管体系是将具体的数据监管过程概念化，构建出抽象的体系框架，有助于全面把握数据监管的内容。从目前的研究来看，所构建的数据监管体系（或者参考模型）主要有两类：

2.1　基于数据生命周期的数据监管参考模型

数据生命周期是指数据从产生到删除的一系列阶段。划分数据生命周期的目的是便于对数据进行细化管理，采取分解的策略将数据管理划分为若干个阶段，这些阶段共同组成了数据的生命周期。基于生命周期的数据监管模型以数据处理的过程为基线，详细地分解各阶段所要完成的数据监管工作。比较典型的参考模型有英国数据监管中心（Digital Curation Center，DCC）提出的数据监管模型，DCC 将数据监管生命周期划分为概念化、创造或接收、评估与选择、吸收、保存行为、储存、访问、使用与重用、转换等 8 个阶段。每个阶段定义了详细的操作步骤[24]。国内学者胡良霖等将科学数据生命期划分为数据采集、数据输入、数据存储与处理和数据服务 4 个阶段，详细描述了各个阶段需要做的数据管理任务；王芳教授等则在对国内外数据监管的调查中，将数据生命阶段划分为战略规划、数据收集、数据处理、数据保存、数据利用、服务质量评价 6 个阶段，分别介绍了每个阶段的研究成果[17]。还有其他一些基于数据生命周期的模型，如美国加州大学针对传感数据提出的数据生命周期模型[25]、牛津大学的机构数据监管基础设施模型[26]、国际性开放档案信息参考模型[27]等。这些模型虽然在内容、阶段划分、表现形式等方面存在诸多差异，但其基本思路都是一致的，并且由于与数据管理的工作过程结合比较紧密，具有较强的实践指导意义。

2.2 基于主题的数据监管模型

主题是指某一实体的信息集成，如关于客户、商品的所有信息都属于同一主题。这类参考模型按照数据监管职能为主题，将数据监管体系划分为若干个主题，然后针对每一个主题进行深入的描述，包括每一个职能所涵盖的工作范畴、所遵循的规范和使用的工具。具有代表性的是国际数据管理协会发布的数据管理知识体系。国际数据管理协会长期致力于企业信息和数据管理的研究、实践及相关知识体系的整理，于 2006 年开始着手数据管理知识体系（Data Management Body of Knowledge，DMBOK）的构建，目前该体系已经到 3.0 版本。DMBOK 将数据监管的职能划分为 10 个——数据治理、数据构架管理、数据开发、数据操作管理、数据安全管理、数据质量管理、主数据和参考数据管理、数据仓库和商务智能管理、文件和内容管理和元数据管理，并且详细定义了数据管理中用的词汇、概念、方法、工具以及主要的环境元素[28]。目前该知识体系逐渐成为数据管理行业的标准，国际数据管理协会在多个国家成立了分会，中国是其中的一员。与之类似的有 IBM 的数据治理模型[29]。基于主题的数据监管体系从职能的角度来细分数据监管的工作，使人们对数据监管有了更为系统的认识，有助于了解数据监管的整体，从而做好规划和准备工作。

如前所述，基于数据生命周期的数据监管模型以数据管理过程为主线，与实践工作结合得较为紧密，然而，同一类数据监管工作分布在不同的数据监管阶段，比如数据质量管理工作，贯穿于整个数据生命周期，但分散在各个阶段的工作并不相同，不利于整体把控。同时，由于不同学者划分的阶段各不相同，也给理解数据监管工作带来了混乱。基于主题的数据监管体系以数据监管职能为主线，有利于集中描述同一类工作。然而，当前研究涉及的主题比较凌乱，没有突出数据监管职能的主次，同时虽然每个主题的内容自成体系，但与数据监管过程结合不够紧密，不利于指导数据监管实践。另外，不管是基于数据生命周期还是基于主题的数据监管模型，其关注点在于数据本身，从技术的角度涉及数据监管的各个阶段或各个方面，却忽略了执行数据监管所必要的内外部资源的支持。实际上，数据监管是一个技术与管理相结合的持续改善过程，受到技术、流程、人力、机制以及内外部环境等多方面因素的制约。基于此，本文拟从管理的视角，将数据监管所需要的辅助支持要素纳入到数据监管体系之中，以数据监管主题的形式对数据监管工作进行归类，并按数据生命周期将各主题串联起来，形成一个主次分明的数据监管体系参考模型。

3 科研数据监管的知识体系框架

从科研第四范式的过程来看，数据密集型科学研究由数据的采集、管理和分析3个基本活动组成[30]，与一般的数据管理与应用并无太大的差别。然而，科研数据海啸式的暴涨对数据密集型科学研究带来了巨大挑战：领域科学家通常采用的小数据管理方法难以胜任。科学数据监管势必作为一项艰巨的任务独立出来，由数据科学家采用专业数据监管工具和手段进行系统化的管理。需要注意的是，科学数据监管不是一个单纯的技术问题，而是一个技术与管理相结合的持续完善的管理过程。它既需要持续利用元数据管理、主数据管理、数据质量管理等一系列IT技术来保证数据监管工作有序运转，也需要通过组织架构、政策制度、数据标准、监督及考核等管理措施来提高数据监管工作的效率和效用。

3.1 科学数据监管的基本框架

国际数据管理协会将数据管理的职能划分为十大类：数据治理、数据构架管理、数据开发、数据操作管理、数据安全管理、数据质量管理、主数据和参考数据管理、数据仓库和商务智能管理、文件和内容管理和元数据管理。然而，它更多的是从技术的视角对数据管理工作进行界定，关注数据本身，而忽略了相关的支持。本文从管理的视角，既关注数据处理过程，也将相关支持要素纳入到数据监管范畴中。本文对国际数据管理协会提出的数据管理知识体系进行了归类和精简，将数据监管的管理职能划分为核心管理职能、辅助管理职能。核心管理职能是与数据监管有直接关联的管理活动，包括数据监管范围管理、数据规划管理、数据操作管理以及数据质量管理。辅助管理职能是为了保证实现数据生命周期各项职能以及满足或超越科研人员对数据的期望所进行的管理活动，包括数据科学家管理、数据规范管理、数据安全管理和数据绩效管理。两大职能组作用于数据生命周期管理，经过集成、综合、优化，为科学数据提供高质量的服务。其基本结构如图1所示：

从图中可以看出，数据监管的驱动力来自科研工作人员对科学数据的期望，包括重复科学试验、验证科学过程、数据探索发现等。科学监管的目标是满足或超出科研工作人员对科学数据的期望，获得更多更好的科研成果。

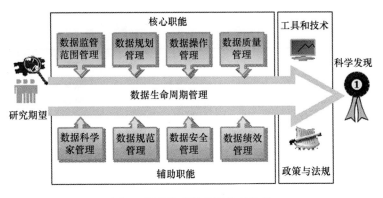

图 1   科学数据的监管体系构架

这个过程需要运用各种知识、技能、工具和技术，其中知识是指数据监管知识，包括数据处理知识、管理知识及社会环境知识；技能是指数据监管中积累的经验、技巧；工具和技术是指信息技术平台、数据处理方法、数据管理方法、人际管理方法等。这些知识、技能、工具和技术共同作用于数据生命周期的每一个阶段、每一个过程，获得数据监管的成功。

3.2 核心管理职能

核心管理域是指在科学数据监管中最重要的、具有鲜明特色的个性化的管理过程，是科学数据得以保存、共享、利用和创新的关键所在。科学数据的核心管理域由数据范围管理、数据规划管理、数据操作管理和数据质量管理 4 个管理过程构成。表 1 归纳了每个管理过程的主要输入、输出、管理活动。

表 1   核心管理域的主要输入、输出、管理活动

管理域	输入	管理活动	输出
数据范围管理	1. 科学数据战略 2. 数据业务流程 3. 干系人名单 4. 组织过程资产	1. 收集需求 2. 定义数据范围 3. 审核数据范围 4. 控制数据范围	1. 数据需求报告 2. 数据范围分解 3. 数据范围说明书 4. 数据范围基准
数据规划管理	1. 数据范围分解 2. 数据范围说明书 3. 科学数据战略 4. 组织资源配置	1. 数据资源规划 2. 管理系统构架 3. 数据流程设计 4. 组织结构设计 5. 数据费用规划	1. 数据管理系统构架 2. 数据资源配置矩阵 3. 数据监管流程 4. 数据管理费用计划 5. 数据管理组织构架

管理域	输入	管理活动	输出
数据操作管理	1. 数据范围分解 2. 数据范围说明书 3. 科研数据构架 4. 科研数据模型 5. 科研监管流程	1. 划分生命周期 2. 制作网络图 3. 定义数据处理字典 4. 分配工作责任	1. 数据生命周期 2. 数据管理网络图 3. 责任分配矩阵 4. 数据管理字典
数据质量管理	1. 数据范围分解 2. 数据范围说明 3. 数据质量标准 4. 数据质量目标 5. 数据质量战略	1. 数据质量规划 2. 数据质量保证 3. 数据质量审查 4. 数据质量控制	1. 数据质量检查表 2. 数据质量评估指标 3. 数据质量评估结果 4. 数据质量计划 5. 数据质量改进方案

3.2.1　数据监管范围管理　数据监管首先要明白要监管哪些数据、监管的对象是什么。数据范围管理解决的是"做什么"的问题。数据范围管理是在调查科研机构、科研人员以及科研数据管理者对科研数据管理的期望和要求的基础之上，确定数据监管的对象及其管理工作的过程。主要的管理活动包括需求调查、定义数据监管范围、审核数据监管范围、控制数据监管范围。数据范围管理是其他数据管理工作的前提条件，如果数据范围界定不清楚，出现疏忽、遗漏、错误、主次不清等混乱局面，将导致不能为科研活动提供合格的科学数据。在进行数据范围管理的过程中，需要注意：①数据范围分解必须是基于实际的科研数据业务流程。数据范围管理是其他数据管理工作的基础，它可以帮助数据管理人员明确需要管理的数据，排除不需要管理的数据。臆想的、杜撰的需求无法指导数据管理的实践。②数据范围分解的数据项不能出现重复。重复的数据项意味着资源的重复配置，也不利于安排其他的管理工作。③最终用户尽早参与。最终用户包括科研人员、管理人员、各级领导以及信息技术人员。一方面需要他们提供完整的业务资料，另一方面最终的管理工作由他们去完成，参与到数据范围管理过程中有助于每个用户了解自己的职责。

3.2.2　数据规划管理　数据规划解决的是科学数据管理的"如何做"问题。数据规划管理是根据科学数据战略和业务战略，制定科学数据蓝图和数据标准的规划活动。主要的管理活动包括数据监管方案设计、数据构架规划、数据监管流程设计、数据模型设计、数据资源配置等。数据规划管理是科研机构进行系统、完整、标准、规范的数据资产管理的基础工程，需要遵循以下几条原则：①价值驱动的原则。科研机构的资源和资金都有限，需要将主要的资源配置到重点关注的领域，选择科学价值比较高的数据或者能够快速产生价值的数据进行重点管理，先建立起这些数据管理的模型和技术构架，然后逐渐推广到其他领域。②渐进的原则。数据规划不是一蹴而就的过程，而是一个渐进明细、不断深化的过程，需要不断地调整、优化，后一阶段的实施规划需要根据前一阶段的效果做出必要的变化，最终才能形成一个全局最优的规划方案。③灵活性原则。随着科研大数据的发展，数据内容、数据类型快速演变，与之相对应的数据标准、格式、工具、方法等也会产生很大变化，因此，在数据规划管理中要能与时俱进，及时反映这些变化。④统一性原则。在组织内需要使用统一的数据构架、数据标准、数据监管流程，使用标准的数据接口和数据传输机制，以便从多元的结构化数据源建立起整合能力。

3.2.3 数据操作管理　数据操作管理解决的是"怎么做"的问题，即采取什么措施去实现科学数据监管的职能。数据操作管理是对科学数据的获取、传输、处理、存储、维护、使用、存档、消除等数据处理进行详细的定义，明确每个数据处理的实施过程以及管理活动要采用的技术、方法和工具。主要的管理活动包括分解数据处理步骤、定义数据处理实施要求、制定数据处理实施路线图、制作数据处理词典。

其中一项重要的工作就是完成数据处理词典的定义。数据的获取、传输、处理、存储、维护、使用、存档、消除等过程是科学数据监管最底层、最基本，同时也是直接关系着数据监管成败的数据处理活动。要规范地完成每一个最基本的数据处理活动，需要对它们有一个全面、详细和明确的规定，这些规定构成了数据处理词典。数据处理词典里要记录数据处理的编号、流程、要求、参考的技术文献、依据的标准规范、投入的资源、需要的时间与成本、采用的方法、工具、执行者、与其他数据处理任务之间的关系等。数据处理词典的详细描述，可以降低数据监管的学习成本，提高数据监管的规范性和有序性。

3.2.4 数据质量管理　科学活动是一项精密探索的活动，对于数据的质量要求更为严格，略有瑕疵就可能导致科研发现的错失。数据质量管理就是对数据生命周期的每个阶段里可能引发的各类数据质量问题，进行识别、度量、监控、预警等一系列管理活动，目的在于提高科学数据的质量。数据质量管理活动主要包括数据质量规划、数据质量保证、数据质量审查和数据质量控制等。与一般信息生成系统相比较，科学数据具有类型多样、学科复杂等特点，因此，对科学数据质量管理要遵循全面质量管理的思想，形成一套科学严密高效的质量体系：①全面质量管理。将质量管理 PDCA 循环与科学数据管理过程相结合，同时贯彻全面质量管理的思想，将科学数据质量管理相关的政策、标准、法规以及人力资源等因素纳入数据质量管理范畴。②全员参与。数据质量管理不是一个部门的事，需要组织的高层、中层和基层全员参与。高层负责数据质量管理战略和质量方针，中层管理者规划和干预质量管理过程，基层员工负责数据质量管理方案实施。③持续改进。数据错误检测和修正是数据质量管理的核心功能，然而，检测和修正错误不是最重要的，重要的是发现错误后能够追踪可能发生错误的过程，找出错误的根本原因，并做出过程改进的措施和方案，避免发生同样的数据错误，持续地改进科学数据的质量。④重视预防。重视科学数据的质量预防，体现了现代质量管理的事前预防的基本理念，通过不断的循环，逐步改进科学数据质量的规划和预防措施，确保在数据生产过程中少出现质量问题。

3.3 辅助管理职能

辅助管理域是指在科学数据监管过程中不直接参与数据处理过程，但为核心管理过程提供必要的支持职能的管理活动。同样，本文将辅助管理域划分为 4 个部分：数据科学家管理、数据规范管理、数据安全管理和数据评价管理。表 2 是辅助管理域中各个管理过程的输入、输出以及管理活动的列表。

表 2　辅助管理域的主要输入、输出、管理活动

管理域	输入	管理活动	输出
数据科学家管理	数据组织构架 数据系统构架 管理知识经验	制定 DS 计划 组建 DS 团队 建设 DS 团队 管理 DS 团队	DS 管理计划 角色和责任矩阵 培训计划 DS 团队
数据规范管理	数据管理计划 数据质量计划 数据管理流程 外部环境因素	收集规范 分类和整理 关联和索引 规范数据建设	规范管理计划 规范数据库 索引列表 规范文件
数据安全管理	数据安全要求 数据质量目标 数据管理流程 外部环境因素	数据安全计划 数据安全识别 数据安全评估 数据安全处理 安全威胁控制	数据安全隐患清单 数据安全防范措施 数据安全补救措施 数据安全控制措施 数据安全评估结果

管理域	输入	管理活动	输出
数据评价管理	评价指标 数据管理目标 数据管理绩效 数据资产清单	制定评价计划 实施评价 结果分析与对策	数据价值 数据质量值 数据监管绩效 数据管理成熟度

注：DS 是数据科学家的英文首字母缩写

3.3.1 数据科学家管理 本文的数据科学家是指专业从事科学数据管理的人员，主要职责是监管科学数据的定义、质量、访问和保留，包括定义业务数据的名称、识别和解决数据问题、定义数据质量需求和度量指标、定义数据安全和访问规则等。数据科学家管理是运用现代化的人力资源管理方法，组建适合科学数据监管的数据管理人员组织结构，并采取一系列科学规划、开发培训、合理调配、适当激励等措施，组建、开发和管理数据科学家团队。主要的管理活动是设计组织结构、组建数据科学家团队、建设数据科学家团队（包括教育和培训）、管理数据科学家团队。

数据科学家管理首要的一个管理活动就是构建适合数据监管的组织结构。数据监管专业性强，同时任务复杂，从组织形式上来看，适宜采用团队的管理模式来组织，在团队设置多种数据监管职务和角色，包括首席信息官、数据架构师、数据集成专家等。同时，需要整合科研机构中其他技术人员、管理人员，构建多层级的数据管理组织机构，协同数据科学家制定数据管理的制度和规程。如在国际数据管理协会的数据管理知识体系中，数据管理制度相关机构包括数据治理委员会、数据管理制度指导委员会、数据管理制度团队等多个层级。

3.3.2 数据规范管理 数据规范管理是指在科学数据管理过程中将涉及的标准、规范和文档进行收集管理的过程。数据标准和规范包括数据质量ISO 标准、元数据标准、数据安全标准、数据建模标准、数据构架标准、数据模型、代码设计标准、行业术语标准以及组织的规章制度、管理规范等。数据规范管理的主要管理活动是规范收集、规范分类、关联和索引以及规范数据建设。

在 e-Science 环境下，协同已经成为数据密集型科学活动的基本特征之一，科学研究活动通常需要若干个科研机构相互协作才能完成，科学数据经常在这些机构之间相互流动，因此，需要有标准化的规范来统一科学数据的交流过程，减少科学交流中存在的障碍。通过科学数据规范管理，可以统一数据定义，确保具有一致性、规范性和完整性的科研数据在科学联盟范围内有序流动，同时，完整的标准规范也使得科学数据管理有了可以遵循的可靠依据。

3.3.3 数据安全管理　数据安全管理是对科学数据管理中存在的安全问题进行管理的过程。数据安全包括物理安全、数据内容安全、共享网络安全以及管理制度安全。数据安全管理的主要管理活动包括科学数据安全管理的计划、安全隐患识别、安全问题的定性定量评估、安全威胁的应对措施以及安全威胁控制等。

大数据时代，数据安全管理面临着更多的风险，除了加强数据访问权限控制、用户 ID 和密码管理、用户数据访问监控及日志保持记录、安全标准的数据访问权限设置、数据安全审计等数据库安全管理工作之外，也需要防范新的信息技术带来的安全威胁，如无线网、蓝牙以及其他不需要物理的、强制性侵入的安全威胁。另外，数据安全管理不能等发生了问题才去弥补，而是要以预防为主，及时进行数据安全评估，不断发现数据管理系统中存在的完全隐患，提前提出有针对性的数据安全解决方法，提高数据安全管理的水平，减少因安全问题带来的损失。

3.3.4 数据绩效管理　数据绩效管理是指对数据及数据监管过程、监管组织进行评价的一系列管理活动，包括数据价值评价、数据质量评价、数据监管绩效评价以及数据管理成熟度评价等。从管理过程来看，主要的管理活动由数据评价管理计划（包括评价周期、评价指标、评价人员等）、实施评价措施（包括绩效信息采集、评价数据处理、运行评价算法等）、结果分析与应对措施 5 个连续的过程组成。

科学数据绩效管理是科学数据监管一个重要的支持环节，虽然不直接参与到数据的分析、处理、清洗和使用等数据生命周期的各个环节，但是在数据监管的各个过程中，必须通过各种评价和评估活动，了解数据监管的状态。其中，科学数据价值评价主要从成本效益的角度来衡量数据保存和管理的意义，是组织制定数据监管战略和选择数据监管方案的重要依据之一。数据质量评价是对应用系统的整体或部分数据质量进行评估的方法和过程，帮助数据用户了解应用系统的数据质量水平。数据监管绩效评价是对数据监管模型的实施效果进行审核，衡量数据监管取得的成绩，为进一步完善数据监管方案提供度量的基准。数据管理成熟度是一个组织的数据监管能力的表现，有助于组织持续提升和完善组织自身数据监管能力。

4 数据生命周期与管理职能的集成

数据监管职能的划分，是从管理的视角来归纳所要做的数据监管活动，这种划分方法有利于系统化地理解和学习相关职能的管理任务。然而，从实践的角度来看，基于职能的划分不能直接作用于数据监管实践，因为职能是同一类管理活动的集成，而这些管理活动分散在不同的数据监管过程之中。数据生命周期是对数据监管的过程进行细分，因其与数据监管过程结合得比较紧密，从而得到广泛的认可。因此，本文将数据监管职能与数据生命周期相结合，将数据监管的各项管理活动明确分配到数据生命周期的各个阶段，以便更好地理解和指导数据监管的实践。如前所述，对于数据生命周期的阶段划分各不相同，本文比较认同王芳教授提出的六阶段划分方法[17]，并以该六阶段数据生命周期为基础，构建数据生命周期–管理职能的关联矩阵。如表3所示：

表 3　数据生命周期与数据监管职能的关联矩阵

管理域		战略规划	数据收集	数据处理	数据保存	数据利用	数据服务
核心职能	数据范围管理	▲	▲				▲
	数据规划管理	▲	▲				▲
	数据操作管理		▲	▲	▲	▲	
	数据质量管理	▲	▲	▲	▲	▲	▲
辅助职能	数据科学家管理		▲	▲			
	数据规范管理	▲		▲	▲		
	数据安全管理	▲			▲	▲	▲
	数据绩效管理	▲				▲	▲

注：▲表示有用

纵轴上：①数据质量管理贯穿了整个数据生命周期，这与科学活动的特性有着密切的关联。科学活动是一项精密探索的活动，对于数据的质量要求更为严格，略有瑕疵就可能导致科研发现的错失。然而从目前的研究现状来看，对于科学数据质量管理方面的研究较为欠缺，亟须在这方面加强深入研究。②数据科学家在数据监管中起着很重要的作用，贯穿于数据生命周期的大部分阶段。在大数据时代，数据科学家的作用越来越重要，需要注意对数据科学家的教育和培训。甚至可以采取人才租借或者众包的方式，从外部获取智力支持。③数据规范管理同样贯穿多个生命周期，这与数据质量管理有关联，同时，也与 e-Science 协同式科研环境有关联，需要加强对标准和规范的管理，采用标准的数据处理、存储机制，设置通用的接口，促进科学数据无障碍的交流。

横轴上：①战略规划涉及的知识域最多，这说明数据监管需要做好预先规划，不管是数据质量还是数据安全，都需要做好预防性的工作，减少数据资产的浪费。②数据保存、数据利用和数据服务涉及的知识域也比较多，这与大数据带来的冲击有关联。科研大数据给科学研究带来了巨大的价值，数据成为资产，然而又带来了冲击：如何保存、开发这些宝贵的数据资产，挖掘其蕴含的价值，是数据密集型科学活动面临的最现实的问题。

5　结语

本文根据科学数据的特性以及数据监管的主要要素，对国际数据管理协会划分的数据管理知识体系进行了归类和精简，从管理视角归纳整理和构建了一个科学数据监管体系构架，将数据监管的管理职能划分为两大类：核心管理职能和辅助管理职能。与 DMBOK 不同的是，本文所提出模型不仅考虑了数据生命周期的数据管理职能，而且认为数据监管是一个技术与管理相结合的持续改进过程，将战略规划、标准规范、组织人才等外部要素纳入数据监管知识体系，构成该体系的辅助管理职能，更加全面地描述了数据监管的管理职能。同时，从更高的层次——管理视角来构建数据监管的知识体系，有利于科研机构组织从总体上来布局科学数据的监管工作。然而，由于数据监管的复杂性，本文的研究尚有很多不足之处，今后的研究工作将对每个监管职能进行深化细致的研究，提出更加具体、更加系统的科学数据监管方案。

参考文献：

［1］　Hey T,Tansley S,Tolle K. 第四范式:数据密集型科学发现［M］. 潘教峰,张晓林,译. 北京:科学出版社,2012.

［2］　Lord P, Macdonald A. e-Science curation report:Data curation for e-Science in the UK: An audit to establish requirements for future curation and provision［EB/OL］.［2015−03−20］. http://www. jisc. ac. uk/uploaded_documents/e-ScienceReportFinal. pdf.

［3］　Shreeves S, Cragin M. Introduction:Institutional repositories:Current state and future［J］. Library Trends, 2008,57(2):89−97.

［4］ Choudhury S. Data curation：An ecological perspective［J］. College & Research Libraries News,2010, 71(4)：194-196.

［5］ Laughton P. OAIS functional model conformance test：A proposed measurement［J］. Program：Electronic Library and Information Systems,2012,46(3)：308-320.

［6］ Testi D, Quadrani P, Viceconti M. Physiome space：Digital library service for biomedical data［J］. Philosophical Transactions of the Royal Society-A Mathematical Physical and Engineering Sciences,2010,368(1921)：2853-2861.

［7］ Shreeves S,Cragin M. Data curation profiles［EB/OL］.［2014-12-03］. http：//www. datacurationprofiles. org.

［8］ Kirkland A. A capability maturity model for scientific data management［EB/OL］.［2015-04-15］. http://rdm. ischool. syr. edu/xwiki/bin/view/CMM+for+RDM/WebHome.

［9］ ANDS. Research data management framework capability maturity guide［EB/OL］.［2015-04-15］. http://ands. org. au/guides/dmframework/dmf-capability-maturity-guide. pdf.

［10］ Ray L. Research data management：Practical strategies for information professionals［M］. West Lafayette：Purdue University Press,2014：34-37.

［11］ DataONE. What is DataONE?［EB/OL］.［2014-12-09］. http：//www. dataone. org/.

［12］ Greenberg J. Introduction metadata for scientific data：Historical considerations, current practice and prospects［J］. Journal of Library Metadata, 2010,10(2/3)：75-78.

［13］ 时婉璐,任树怀. 数据策管:图书馆服务的新创举［J］. 图书馆杂志,2012,(10):15-18.

［14］ 杨鹤林. 数据监护美国高校图书馆的新探索［J］. 大学图书馆学报,2011,(2):18-22.

［15］ 沈婷婷,卢志国. 数据监管在我国高校图书馆的应用展望［J］. 图书情报工作,2012,56(7):54-57,87.

［16］ 刘雄洲,王菲. 国外数据存管实施现状及其对国内高校图书馆的启示［J］. 图书馆,2012,(5):81-83.

［17］ 王芳,慎金花. 国外数据管护(Data Curation)研究与实践进展［J］. 中国图书馆学报,2014,(4):116-128.

［18］ 钱鹏. 高校科学数据管理研究［D］. 南京:南京大学信息管理学院,2012.

［19］ 王晴. 论科学数据开放共享的运行模式、保障机制及优化策略［J］. 国家图书馆学刊,2014,(2):5-11.

［20］ 房小可. 基于关联数据的高校图书馆科学数据组织研究［J］. 图书馆建设,2013,(10):56-61.

［21］ 陈大庆. 国外高校数据管理服务实施框架体系研究［J］. 大学图书馆学报,2013,(6):10-17.

［22］ 白如江,冷伏海."大数据"时代科学数据整合研究［J］. 情报理论与实践,2014,(1):94-99.

［23］ 唐义,张晓蒙,郑燃. 国际科学数据共享政策法规体系:Linked Science 制度基础［J］.
图书情报知识,2013,(5):110-114.

［24］ DCC. The DCC Curation Lifecyele Model［EB/OL］.［2015-04-20］. http://www. dcc.
ac. uk/docs/publications/DCCLifecycle. pdf.［25］ Wallis J C. Moving archival practices
upstream:An exploration of the life cycle of ecological sensing data in collaborative field re-
search［J］. International Journal of Digital Curation,2008,3(1):114-126.

［26］ Wilson J A J,Martinez-Uribe L,Fraser M A,et al. An institutional approach to developing
research data management infrastructure［J］. International Journal of Digital Curation,
2011,6(2):274-287.

［27］ Laughton P. OAIS functional model conformance test:A proposed measurement［J］. Pro-
gram:Electronic Library and Information Systems,2012,46(3):308-320.

［28］ DAMA International. Body of Knowledge［EB/OL］.［2015-04-05］. http://www. dama.
org/content/body-knowledge.

［29］ IBM DeveloperWorks. 大数据治理统一流程参考模型［EB/OL］.［2015-04-06］.
http://www. ibm. com/developerworks/cn/data/library/bd － 1503bigdatagovernance4/
index. html.

［30］ 陈明. 数据密集型科研第四范式［J］. 计算机教育,2013,(9):103-106.

作者简介

吴金红 （ORCID：0000-0003-2930-6372）, 副教授, 博士;

陈勇跃 （ORCID：0000-0002-5251-3516）, 副教授, 博士。

国内外高校科学数据管理
和机制建设研究*

随着 e-Science 的发展，在全球范围内，研究者及其学术机构、政府管理部门和投资者越来越意识到，整合集成后的科学数据是非常有价值的资源，管理和共享研究数据可以加快科学进程，允许对科研成果的可靠性进行证实，促进建立在现有信息基础上的创新性研究，对于实现公共投资的全部价值至关重要。

1　国外科学数据管理现状

1.1　科学数据管理已有比较成熟的管理和运行模式

国外科学数据管理一般采取两种模式：①研究机构将日常研究工作中得到的数据建成结构化的数据集合，供大众共享。如约翰霍普金斯大学图书馆建立的国家虚拟天文台（NVO）将积累的全球基于地面和空间望远镜的天文数据建成数据集合，使天文学研究者能够发现和分析这些数据[1]。②数据管理平台或中心与政府、科研机构、高校等部门合作，鼓励其研究人员将数据文件上传到数据平台或数据中心加以共享。如美国国家地理数据中心与研究人员紧密合作，建立文件和可靠数据集，并与政府机构、非营利机构、高校积极开展合作项目，鼓励数据交换[2]。日本社会科学数据存档中心（SSJDA）从无法自己单独分发数据但又愿将数据存放在 SSJDA 的组织和研究人员那里收集数据，同时鼓励有能力分发数据的组织和研究人员将数据进行共享[3]。

1.2　世界组织致力于科学数据共享机制的建立与实现

国际科技数据委员会（CODATA）是享有"科学界联合国"盛名的国际科学理事会，致力在全球范围内推动科技数据的编辑、评估和分布，其政策、制度及对数据共享的约束和规范使数据共享能够顺利实现。世界经济与合作

---

　　* 本文系 CALIS 三期预研项目"高校科学数据管理机制及管理平台研究"（项目编号：03-3304）研究成果之一。

组织（OECD）在2004年开始研究普遍共识原则基础上的准则，以促进来自公共投资研究数据的获取符合成本效益。OECD2007年发布了"关于获取来自公共投资研究数据的原则和指导方针"，旨在帮助所有试图改善研究数据国际共享和获取的行动，增加"公共投资在科学研究领域的回报率"。OECD秘书长A. Gurria呼吁"各国政界和科学界领导人彻底采纳这一原则和方针。其使用无疑将促进科学的发展，并带来社会进步"。[4]

1.3 科学数据公开和共享的法规比较完善，社会环境比较成熟

20世纪90年代，美国开始在科学数据方面实行"国有科学数据完全与开放共享国策"，由联邦政府统筹规划科学数据的管理，利用行政、财政、政策和法规全面推进数据共享。采取三种科学数据共享管理机制：将有可能危及国家安全、影响政府政务、涉及个人隐私的数据和信息纳入保密性运行机制中；将政府拥有、生产和资助生产的数据，纳入"完全与开放"的共享管理机制中；将私营公司投资产生的数据将纳入到"平等竞争"的市场化共享管理机制中[5]。

英国2000年的《信息自由法》规定政府有权管理所拥有的信息或科学数据。基于《人权法》和《数据保护法》的相关规定，2003年英国又对公共部门的数据共享提出指南。荷兰《政府信息自由法》规定，组织有义务向与公民、公共部门和企业提供对科学数据的访问权限[6]。2004年英国财政部、贸易工业部和教育技能部共同出台了《科学与创新投资框架2004-2014》，认为未来10年里，越来越多的英国研究基地必须有准备并有效地访问包括实验数据集在内的各类数字化信息，这将是科学研究与创新的血液[7]。2007年澳大利亚联邦政府出台了"澳大利亚负责任研究行为准则"，要求研究者对数据管理的所有权、伦理、保留和处置等进行清楚的阐述[8]。这个行为准则成为澳大利亚许多研究机构和大学制定数据管理政策的依据。

1.4 资助机构采取强制性措施加以推进

1999年，美国管理及预算办公室（OMB）A-110修订通知要求联邦政府颁奖机构确保某一奖项下产生的所有数据根据《信息自由法案》公布给公众使用[9]。美国国家卫生研究院（NIH）公布了《NIH数据共享政策和执行规范》，2003年2月NIH指南中包含了"NIH关于共享研究数据的最终声明"，从当年10月1日起，研究人员提交NIH项目申请时，若任何一年直接成本达

到或超过 50 万美元，将需提交一份数据共享计划或说明不能进行数据共享的理由。

美国国家科学基金会（NSF）确定自 2011 年 1 月 18 日起，所有向 NSF 提出的申请要详细说明对所收集数据的管理计划[10]。美国国家人文科学捐赠基金会（NEH）数字人文办公室要求 2011 年起所有拨款申请须附上数据管理计划。明尼苏达州大学数据管理网站上[9]列出了美国主要资助机构的数据指南，除 NSF 和 NIH 外，还包括疾病控制和预防中心的发布和共享数据政策、能源部信息管理政策、国防部科学和技术信息计划的原则和操作参数、美国宇航局地球科学数据管理声明等。

2007 年英国研究信息网络（RIN）发布了研究成果管理政策报告，表明许多研究资助机构开始要求申请者在数据发布、共享、保存及管理上提出需要遵循的责任义务和数据共享政策[2]。澳大利亚国家数据服务中心 2011 年 8 月发布数据管理计划，包括所有与数据相关的活动及对数据的直接使用，一些基金会已开始要求申请者提供数据管理计划[11]。

2 国外高校科学数据管理特点

高校科学数据是科学数据资源的重要组成部分。在英美等发达国家，政府、学术团体、大学、图书馆等机构和组织对高校科学数据管理已有了明确认识，纷纷采取一系列行动以应对变化的科学环境需要，将高校科学数据管理引入一个新的发展阶段。

2.1 高校管理层积极应对科学数据管理和共享的需求

早在 NSF 要求所有申请提交数据管理计划前，国外许多大学都制定有数据管理政策和指南，只是自 2011 年 NSF 强制性政策出台后，高校对于科学数据管理的支持和服务更为明确。康奈尔大学研究数据管理服务小组成立于 2010 年，发布了《满足基金会的数据政策：研究数据管理服务小组蓝皮书》，总结了数据管理计划中的元素，提出一种虚拟组织结构，构建校内各机构组织之间的合作[12]。2011 年 5 月爱丁堡大学制定"研究数据管理政策"作为对科研质量的承诺。新的研究计划自采纳之日起必须包括数据管理计划或协议，大学提供培训、建议、指导和模板，并为数据资产的存储、备份、登记、托管、保留和获取提供配套机制和服务[13]。

牛津大学制定了"研究数据及记录的管理政策"，提供存储、备份、托管、保留研究数据和记录的服务和存储设施，为研究人员提供培训及数据管理的支持和建议[14]。澳大利亚墨尔本大学 2005 年通过了"墨尔本大学研究数据和记录的管理政策"，协助部门和研究人员履行存储和保留数据和记录的职责，界定研究者和部门（学院）负责人对于科学数据管理的不同责任[15]。莫纳什大学研究数据管理网站对常见的数据管理问题提供指导，鼓励所有人员（包括申请高等学位的学生）在研究项目开始时就进行数据管理，并开始考虑要求申请内部研究经费和博士的候选人也制定一个正式的数据管理计划[16]。

2.2　科学数据管理的合作与联盟机制已经形成

许多科学数据资源并非某一高校所特有，往往由多个研究中心或高校合作产生。因此，国外许多高校已开始探索科学数据管理的校际合作机制。成立于 1962 年的美国校际政治和社会科学研究联盟（ICPSR）储存了超过 50 万种社会科学领域的调查研究资料，是世界上最大的社会科学数据中心。为支持研究人员满足 NIH/NSF 等数据管理计划要求，ICPSR 发布了"有效的数据管理计划指南"，包括如何生成一份数据管理计划、如何存储数据等。其网站上列出了数据管理计划案例、模板和最佳行动指南[17]。

NEH 数字人文办公室在 2012 年制订数据管理计划时，考虑到许多大学和其他机构已制定了相应的数据管理政策和指南，许多研究者又都同时申请了 NEH 和 NSF，因此与 NSF 协商，使用 NSF 数据管理计划指南中的大部分语言，使 NEH 与 NSF 保持一致，也使申请者能更好地利用其机构的数据管理资源[18]。为保证数据长期保存，由加州大学圣地亚哥分校图书馆和圣地亚哥超级计算机中心（SDSC）发起、美国国会图书馆提供最初资助的离线存储数据项目 Chronopolis 得以启动，目前美国国家大气研究中心和马里兰大学也参与其中，共同提供全美规模最大、拥有 100tb 联邦存储的保存环境，在分布广泛的站点和不同硬件平台上实施数据的监控、维护和管理[19]。

2.3　科学数据管理的方式在逐步演进

国外高校科学数据管理的方式经历了从机构知识库到数据存储中心再到数据监管中心的演变。最初高校机构知识库或机构仓储仅限于保存研究论文、报告或灰色文献，随着公众和科学界对科学数据管理和共享需求越来越高，一些机构仓储开始保存研究数据。

英国数据信息专家委员会（DISC-UK）认识到，越来越多的机构将他们的数字仓储服务领域扩大到研究数据以满足研究人员的需求。联合信息系统委员会（JISC）制定了"为仓储中研究数据制定的政策指南"，为拥有数字仓储的或考虑添加研究数据到数字馆藏中的机构制定决策和规划工具。DISC－UK 数据共享项目已在爱丁堡大学、牛津大学和南安普顿大学等合作机构建立了机构数据仓储和相关服务[20]。

随着科学数据管理的发展以及信息管理人员的介入，国外图书情报界提出了"数据监管"概念。如康奈尔大学研究数据管理服务团队、佐治亚理工学院图书馆数据监管服务项目和普渡大学分布式数据监管中心等将数据管理视为关键目标。2003 年 JISC 发布《e-Science 数据监管报告》，指出科学数据从档案管理到整个科研活动过程管理的方式变化，提出要对科学数据进行生命周期管理，并资助建立了数字化监管中心（DCC）[21]。

2.4　图书馆在高校科学数据管理中发挥着越来越积极的作用

2006 年，研究图书馆协会（ARL）指导委员会成立特别小组，与 NSF 共同召集图书馆员、科学家及数据管理项目代表召开研讨会，最终形成"科学与工程领域数字科学数据长期保存"研究报告，强调将出现前所未有的科学数据量，提出科学数据模式、科学数据再利用要求、长期保存数据及可持续发展的经济模式等亟待解决的问题及学术图书馆角色[22]。NSF 宣布改变数据共享政策后，ARL 制定了"研究图书馆指南：NSF 数据共享政策"，帮助图书馆员理解 NSF 的新要求。该指南还提供了一个资源页面，汇集了 ARL 成员馆案例、NSF 理事会设计的数据管理规划指导及获取国际数据档案和管理中心各种规则的途径[23]。

普渡大学分布式数据监管中心（D2C2）设在图书馆研究部，与学科馆员及专业学者密切配合，共同研究数据存储库建设，开发元数据搜索和数据监护流程，使所有学科馆员都能承担起相应领域的数据监护任务[24]。俄勒冈大学图书馆设立科学数据服务馆员新职位，请研究人员对科学数据服务试点项目进行评估[25]。麻省理工学院图书馆制定了"数据管理和发布指南"，评估项目数据管理需求，帮助确认数据管理和归档方案。蒙纳什大学图书馆针对教工和研究生设计不同的研究数据计划备忘录，便于研究者确定其数据管理适用哪些政策、程序和指南[8]。

3　我国高校科学数据管理现状

国内高校是科学研究的重要阵地。"十一五"期间，我国高校新建国家级科技创新平台 141 个；建设国家重大科技基础设施 2 项；全面参与国家 16 个重大专项研究任务，承担了 50% 以上的"973 计划"和重大科学研究计划项目；5 年来高校获得国家自然科学奖、技术发明奖、科技进步奖数量占总数的65%[26]。这些项目和成果所产生的数据，是开展科研创新的基础。然而，由于缺乏明确的管理制度和统一的数据保存管理要求，大部分科学数据仍保存在基层单位或个人手中，导致数据毁坏或濒临丢失。

3.1 政府主管部门开始关注科学数据管理问题

2003 年科技部拟定了《国家科技计划项目科学数据汇交暂行办法（草案）》[27]，对以中央财政投入为主的科研项目产生的科学数据汇交、保管、管理和监督工作提出要求。但由于在政府层面缺乏科学数据管理的制度设计，此办法一直未正式颁布，我国科技资源目前还处于分散管理、相互封闭、开放共享程度较低的状况。2011 年 12 月，科技部、财政部对《国家重点基础研究发展计划管理办法》（国科发计字［2006］330 号）进行了修订，其第 43 条明确规定，项目（课题）承担单位应建立规范、健全的项目科学数据和科技报告档案，按照科技部有关科学数据共享和科技计划项目信息管理的规定和要求，按时上报项目和课题的有关数据[28]。

在科技部的推动下，国内一些行业系统的科学数据共享取得较大进展，如水利、地震及资源环境领域的科学数据共享和数据汇交已初见规模。2012 年 9 月，973 计划资源环境领域 2012 年立项项目数据汇交计划培训会议在南京召开。科技部基础司处长张军在讲话中指出，未来科技部要在多个领域继续推进数据汇交工作，进一步从条例层面完善数据共享环境[29]。

3.2 中国科学院系统的科学数据管理有实质性进展

中国科学院（以下简称"中科院"）系统也进行了这方面的尝试，2010 年启动了中国科学院科学数据网格示范项目，这是中科院"十一五"数据应用环境建设与服务项目科学数据库建设子项目中的项目，目标是基于丰富的科学数据资源、海量存储环境和计算资源，利用网格技术，整合物理上分布的科学数据资源，为科研工作者提供可靠、易用的数据服务平台，加速科学研究进程，推动我国科研水平的提升。

结合我国项目数据汇交的现实状况，中科院地理所孙九林院士牵头起草了《973 计划资源环境领域项目数据汇交方案》。2008 年，国家重点基础研究发展计划（973）资源环境领域项目数据汇交工作正式启动，依托中科院地理资源所资源与环境信息系统国家重点实验室成立"973 计划资源环境领域项目数据汇交管理中心"，开展项目数据的接收、保存、管理和服务，截至 2010

年，2010 年以前结题的 29 个项目均已完成了数据汇交，汇交的数据总量将近 1TB[30]。

3.3　各类基金项目主管部门未对科学数据汇交提出明确要求

高校科学研究大多得到政府部门、科研机构及各类基金或专项资金资助。如英美等国一样，我国各类国家基金资助的科研项目（俗称纵向项目），级别高、资助力度大、范围广，代表国内某一时期科学研究的重点和方向，在高校科学研究中所占比例大，每年均会产生大量的科学数据。但迄今为止未见这几大基金项目主管部门对申请者在科学数据汇交上有明确要求。如国家社会科学基金对项目成果默认专著类成果、研究报告和论文等三种类型；国家自然科学基金要求项目结题时提交结题报告和研究成果报告；教育部人文社会科学研究项目管理办法指出"最终成果形式可以是论文、专著、咨询报告、软件、数据库、专利等"。上述状况导致这些重要项目的科研数据一直保存在科研人员或团队的手中，很难共享或重用，未能充分实现公共投资的全部价值。

3.4　高校内部对科学数据管理还没有成形的制度

国内高校系统内目前都未对科学数据的保存与利用制定相关条例或规定。由于高校对于科学数据管理的主体还不明确，虽然科学数据与科学文献同属于高校机构内的科研产出，却分散在各个科研人员或课题组中，无法实现良好的组织、共享与再利用。

对于高校自主科研产生的科学数据，笔者浏览了国内著名大学网站，在这些学校社科部或科技部网上关于科研项目管理办法等条款中，对项目成果的界定基本上沿用纵向项目的要求，均未对项目产生的科学数据汇交提出具体要求。对于横向项目产出的数据，由于涉及投资方的利益，这部分科学数据的管理更难被纳入到高校科学数据管理范畴中来。

国内高校图书馆目前所建立的机构知识库，以保存机构科学文献产出为主，尚未有严格意义上的科学数据管理平台或数据中心。香港和台湾的机构知识库建设虽然发展较早，也多以期刊论文、学位论文和预印本为主。香港科技大学机构知识库开始有少量科学数据的收录，台湾学术机构典藏未见有科学数据收录。

3.5　CALIS 三期已设科学数据管理项目

CALIS 机构知识库项目是"CALIS 三期机构知识库建设及推广"项目成果，由北京大学图书馆、北京理工大学图书馆、重庆大学图书馆、清华大学图书馆和厦门大学图书馆 5 个示范馆联合建设，2010 年启动。北京大学机构知识库收集的文献类型包括期刊论文、会议论文、书籍、计划或蓝图、数据集和图片等，开始出现数据库和数据集，但并非严格意义上的科学数据。厦门大学机构知识库收集的目标文献类型有学术著作、期刊论文、工作文稿、会议论文、科研数据资料等，但目前限于人力、财力等诸多限制，以期刊论文、会议论文等易收集的数字资源为主。CALIS 三期设立了科学数据管理预研项目，已着手开展高校科学数据管理相关问题研究。

4 对我国高校科学数据管理机制的建议

4.1 建立和完善科学数据管理的政策法规体系

与技术攻克相比，政府、研究机构、大学等组织的政策、文化、管理机制及研究人员的数据共享意识、接受程度等"软因素"可能更为关键。只有深刻认识到科学数据管理对国家科学进步与创新发展的重要性，制定与实施相关支持政策与法规，加强多方协调共同合作，才能解决科学数据管理和开放获取面临的挑战与问题。我国科学数据共享管理的法规建设还停留在行业规范层面，目前已制定了《气象资料共享管理办法》、《农业科学数据共享管理办法》、《水文水资源资料共享管理办法实施细则》、《测绘科学数据共享实施办法》、《地震科学数据共享管理办法》、《林业科学数据共享管理办法》等，还没有正式的国家层面的科学数据共享管理法规，致使各高校在实施科学数据管理时，很难寻求到相关管理规范和专业数据管理条例的支持，无法避免研究人员从保护研究成果角度，对科学数据共享、协作和再利用采取抵触行为。

我国可以结合实际情况，总结建设经验，寻找并实施评估、资助和监督相关研究项目与实施计划；建立公共资助科学数据管理的原则与标准；开发科学数据公共获取的技术标准与元数据，对科学数据管理涉及的著作权问题、保密问题和政治纪律问题进行系统研究。

4.2 营造各机构团体共同推动的学术环境和氛围

在英、美、澳等发达国家，高校科学数据管理之所以在这几年有突飞猛进的发展，与各基金项目的强制要求和推动密不可分。正是 NSF、NIH 等资助机构科学数据管理政策的出台，促使研究工作者、高校及高校图书馆进行了一系列合作，各行业组织、联盟、高校行政管理部门和学术机构也纷纷制定相关措施和指南，指导帮助研究人员进行科学数据管理规划，启动实施项目，建立科学数据管理平台或中心。

我们应学习和借鉴国外科学数据管理的服务与实践，加快培养和提高政府部门、资助机构、研究机构、大学、研究人员及公众的科学数据管理意识，从科学数据产生的大环境中寻找推动科学数据管理的政策、方法与机制。如果主管部门在纵向项目管理上提出科学数据管理强制性要求，高校对校内资助所产生的科学数据规定汇交管理政策，行业协会及专业团体在科研行为自律上对科学数据汇交和共享提出倡议并就数据管理标准规范进行研究，企业在横向项目上对科学数据管理进行约定，那么国内高校科学数据管理水平将有极大的提升。

4.3　加强科学数据管理校级层面的设计与规划

NSF 在其报告中也提到，要在一个机构成功实施科学数据管理，需要通过政策强调及确立数据管理者在机构中的地位和被信任的程度。这也是高校科学数据管理过程中的非技术因素[14]。国内高校科学数据管理首先要通过学校整体规划，确立系统实施的管理体系，整合资源，优化机构布局，确立协调领导与隶属关系及管理权限划分等制度和方法。其次，在校级层面制定强制性的科学数据汇交和管理政策，规范科学数据采集、标引、提交、归档、授权、发布与使用等环节的管理，对科学数据管理的责任主体、管理对象、管理职责逐一明确，实现全校科学数据管理的统筹协调。建立专门的管理和技术队伍，将科学数据纳入高校统一规划和管理范畴；成立高校科学数据管理工作领导小组，组建科学数据专家委员会，逐步建立高校科学数据建设、管理、应用与服务体系。第三，构建开放、合作、共享的科学数据管理平台，制定高校科学数据管理平台或中心的发展规划，吸纳全校各层面科学数据建设与应用团队参与，满足不同研究团体的个性化需求。

4.4　发挥高校图书馆在科学数据管理中的专业优势

"数据泛滥"在一系列领域已经给研究人员带来了困扰。在国外，图书馆员已经被 NSF、NEH 和其他管理者确认为能帮助研究人员、机构和组织解决问题的关键角色之一。NSF 的要求为图书馆提供了创建与研究数据管理服务的动力，并已有现成的数据管理模型可供学习，如康奈尔大学图书馆的 DataStaR 项目——研究者在学科馆员协助下完成了元数据处理、检索、提交和共享。

在国内，高校图书馆已经意识到科学数据管理的重要性，在机构知识库建设过程中已经开始了知识组织、数据管理方面的探索，如 CALIS 机构知识库和厦门大学机构知识库。经中科院国家科学图书馆邀请，14 家科研院所图书馆在 2012 年 9 月达成共识，组成中国机构知识库推进专家组[31]。国内高校图书馆应主动与学校信息中心、科研管理部门及科研工作者沟通，发挥专业优势，积极组织建设科学数据管理平台或机构知识库，设立专门的科学数据服务岗位，了解需求，制定服务对策和方法。

4.5　探索合作共享、多方共建的校际合作管理机制

许多高校科学数据资源并非某一高校所独有。某些国家级资助项目或重大攻关项目，往往采用多个研究中心或高校合作完成的模式，这部分数据资源属于共有资源，如果各自独占，可能会出现重复建设、浪费资源的情况。另一方面，我国高校管理模式接近，各学科领域的数据类型、结构相似，为开展高校间数据管理合作机制提供了可能。开展校际合作，将增强高校科学数据资源的互补性，扩展数据资源体系，最大化地发挥科学数据的使用价值。同时，良好的校际合作将能够弥补个体不足，最大限度地增强合作高校及国内高校整体科学数据管理水平和对科研的支撑能力，避免科学数据的分散、丢失和重复建设，提高科学数据再利用效率，为科研工作者提供一个诠释数据、解读数据、分析数据的新视角。

参考文献：

[1]　US National Virtual Observatory. What is the NVO？［EB/OL］.［2012-03-24］. http://www.us-vo. org/what. cfm.

[2]　National Geophysical Data Center. About NGDC［EB/OL］.［2012-03-24］. http://www. ngdc. noaa. gov/ngdcinfo/aboutngdc. html.

[3]　Social Science Japan Data Archive. About SSJDA［EB/OL］.［2012-03-24］. http://ssjda. iss. u-tokyo. ac. jp/en/ssjda/about/.

[4]　The OECD principles and guidelines for access to research data from public funding 2007［EB/OL］.［2012 - 11 - 02］.http://www. oecd. org/science/scienceandtechnologypolicy/38500813. pdf.

[5]　刘细文,熊瑞. 国外科学数据开放获取政策特点分析［J］. 情报理论与实践,2009,(9):5-9,18.

[6]　任红娟. 科学研究数据共享保障体系研究［J］. 科学管理研究,2008(4):107-109.

[7]　Science & innovation investment framework 2004-2014［EB/OL］.［2012-11-10］. http://www. hm-treasury. gov. uk/d/spend04_sciencedoc_annexes_090704. pdf.

[8]　Australian government,NHMRC, ARC. The Australian code for responsible conduct of research［EB/OL］.［2012 - 11 - 10］. http://www. nhmrc. gov. au/_ files _ nhmrc/publications/attachments/r39. pdf.

［9］　University of Minnesota. Funding agency and data management guidelines［EB/OL］.［2012 -11-02］. https：//www. lib. umn. edu/datamanagement/funding.

［10］　Pienta A. Guidance on preparing a data management plan［EB/OL］.［2012-11-02］. http：//www. rochester. edu/ORPA/policies/.

［11］　Australian National Data Service. Data management planning［EB/OL］.［2012-11-02］ http：//ands. org. au/guides/data-management-planning-awareness. pdf.

［12］　Cornell University. The research data management service group［EB/OL］.［2012-11-02］. https：//confluence. cornell. edu/display/rdmsgweb/About.

［13］　The University of Edinburgh. Research data management policy［EB/OL］.［2012-11-02］. http：/www. ed. ac. uk/schools-departments/information-services/about/policies-and-regulations/research-data-policy.

［14］　Policy on the management of research data and records［EB/OL］.［2012-05-24］. http：//www. unimelb. edu. au/records/research. html.

［15］　The University of Melbourne. Policy on the management of research data and records, approved by：Academic board［EB/OL］.［2012-11-02］. http：//www. unimelb. edu. au/records/pdf/research. pdf.

［16］　Monash University. Research data management［EB/OL］.［2012-11-02］. http：//www. researchdata. monash. edu. au/.

［17］　ICPSR. Guidelines for effective data management plans［EB/OL］.［2012-11-07］. http：//www. icpsr. umich. edu/files/datamanagement/DataManagementPlans-All. pdf.

［18］　Data management plans for NEH office of digital humanities proposals and awards［EB/OL］.［2012-11-20］. http：//www. neh. gov/files/grants/data_management_plans_2012. pdf.

［19］　UC San Diego. Data curation［EB/OL］.［2012-11-02］. http：//rci. ucsd. edu/data-curation/definition. html.

［20］　Policy-making for research data in repositories：A guide［EB/OL］.［2012-11-02］. http：//www. coar-repositories. org/files/guide. pdf, May 2009, Version 1. 2.

［21］　Lord P, Macdonald A. E-Science curation report［EB/OL］.［2012-11-02］. http：//www. jisc. ac. uk/uploaded_documents/e-ScienceReportFinal. pdf.

［22］　钱鹏. 高校科学数据管理研究［D］. 南京：南京大学,2012.

［23］　Hswe P, Holt A. Guide for research libraries：The NSF data sharing policy［EB/OL］.［2012-11-02］. http：//www. arl. org/rtl/eresearch/escien/nsf/index. shtml.

［24］　Purdue University's D2C2. About us［EB/OL］.［2012-11-02］. http：//d2c2. lib. purdue. edu/about.

［25］　Westra B. Conducting a science data services needs assessment-more［EB/OL］.［2012-11-10］. http：//www. academia. edu/269977/Conducting_a_Science_Data_Services_Needs_Assessment.

[26] 教育部. 高等学校"十二五"科学和技术发展规划[EB/OL]. [2012-11-14]. http://www. moe. gov. cn/publicfiles/business/htmlfiles/moe/s6578/201203/xxgk_133135. html.

[27] 国家科技计划项目科学数据汇交暂行办法(草案)[EB/OL]. [2012-11-14]. http://www. chinasafety. ac. cn/item/Article_Show. asp? ArticleID=3710.

[28] 科技部发布973计划管理办法[EB/OL]. [2012-11-14]. http://www. antpedia. com/news/94/n-189194. html.

[29] 973计划资环领域2012年立项项目数据汇交计划培训会在南京召开[EB/OL]. [2012-11-14]. http://www. escience. gov. cn/article/article_14458. html.

[30] 张晶. 科技部拟继续推动科技计划数据汇交. 科学数据通讯,2010,(5):16.

[31] 张晓林. 开放协同创新、推进机构知识库发展[EB/OL]. [2012-11-20]. http://ir. las. ac. cn/handle/12502/5503.

作者简介

谢春枝,武汉大学图书馆研究馆员,医学分馆馆长;

燕今伟,武汉大学图书馆研究馆员,馆长。

高校科研数据管理服务实践研究及建议

1 引言

近年来，要求重视科研数据（research data）价值和促进数据开放共享的声音在科学界越来越多。G. P. Clement[1]等人在《图书馆与学术交流杂志》2015 年度科研数据议题中指出："越来越多的人认识到，构成知识的基本材料应该和那些综合和解释这些原始材料的科研文章获得同样的关注"。这种重视也体现在其他很多领域。美国国立卫生研究院、国家科学基金会以及英国 AHRC（Arts and Humanities Research Council，艺术与人文研究委员会）、MRC（medical research council，医学研究委员会）等诸多科研资助机构出台了明确的开放数据和数据共享政策。盖茨、福特和斯隆基金会等私人机构也纷纷效仿，均提出数据开放和数据共享的要求。*PLOS ONE*、*Nature* 等各类学术期刊也开始将数据共享作为出版的条件之一。在这种大环境的驱动下，很多高校开始推出科研数据管理服务，以便更好地符合数据开放的要求。美国半数以上的大学图书馆开展了数据支持相关的服务；在 Jisc（Joint Information Systems Committee，联合信息系统委员会）、DCC（the Digital Curation Centre，数字管理中心）等机构的帮助下，英国 30 余所高校开展数据管理相关项目；在 ADNS（Australian National Data Service，澳大利亚国家数据服务）的推动下，澳大利亚也有 30 余所高校开展科研数据管理服务。国内虽然鲜有高校开展科研数据管理服务实践，但在研究领域，已有不少文献针对国外的科研数据管理服务模式进行了多角度的探讨，主要包括基于网络调研的科研数据管理服务内容分析[2-3]或更为深入的具体服务案例分析[4-6]，数据管理政策分析[7-8]，科研数据管理系统平台分析[9-10]，理论研究[11-12]，数据素养培养研究[13-14]。但科研数据管理服务是一个系统化和长期的工程，影响因素众多，而这些研究大都只注重科研数据管理的某一环节或者浅层的网络调研，对于服务真正的实施过程及影响因素，缺乏深入和系统的挖掘。本文则从整体的角度出发，以国内外高校已开展的服务实践经验为基础，探究科研数据管理服务开展的过程，系统地梳理出国外高校科研数据管理项目实践的基本要素及发展现状，为我国高校开展科研数据管理服务项目提供借鉴。

2　高校科研数据管理概述

2.1　科研数据管理的概念与发展

关于科研数据管理的定义，A. Whyte 与 J. Tedds 认为其是"贯穿整个科研生命周期的一次数据组织过程"[15]。A. M. Cox 和 S. Pinfield 认为科研数据管理包含"科研生命周期中的一系列活动和过程，包括数据构造与生成、存储、安全、保存、共享和重用，还涉及了技术、道德、法律与监管等问题"[16]。笔者认为，科研数据管理不是单纯的数据管理行为，而是从数据描述、数据存储、数据长期保存到数据出版、共享、重用的一次完整的数据处理过程的管理和监控。

科研数据管理对于科学研究有着诸多的益处，例如便于研究验证、促进科学交流与理解[17]、便于数据长期保存等。真正促进科研数据管理发展的则是科学数据范式的转变以及开放获取运动的蓬勃发展，高校也由此成为开展数据管理服务的主要阵地。

2.2　高校科研数据管理的特点

2.2.1　多元性　高校科研数据管理的多元性体现在多方面。第一，数据格式的多样化。M. Henty[18]、A. L. Whitmire 等[19]针对高校科学管理实践的调研发现，高校生成的数据几乎涵盖了所有类型，主要包括电子表格、数据库数据、文本、SPSS、XML、实验数据、数字图像、文档报告等，而不同的数据格式，其处理方式、存储规模都相差很大。第二，学科的广泛性。相对于其他研究机构学科的单一性，大学作为综合性的研究机构，涉及的学科较多，各自的领域特点也不同，科研数据管理服务需要对症下药。第三，科研群体的丰富性。大学内的科研用户包括教师、本科生、研究生等，不同群体的职业发展阶段、科研数据管理意识及技能水平不同，对科研数据管理的需求也不同。

2.2.2　跨部门性　科研数据管理包含一系列活动和服务，涉及许多领域的专业知识和工作流程，没有哪一个部门能够单独开展科研数据管理服务。而相对于其他类型机构，大学设置了诸多大型部门，每个部门都能够在其中发挥各自的优势，并整合资源，形成一个统一、完整的服务系统。例如，图书馆擅长咨询培训类服务，而 IT 部门擅长技术类服务等。

2.2.3 价值密度低 高校作为开展科学活动的初级科研机构，教师有教研任务，学生有学习任务，科研活动成了辅助性任务，导致科研水平参差不齐，对数据的重视程度低，数据管理散乱、不规范，所以整体的数据价值密度较低。因此要开展高校科研数据管理服务，除了提升高校科研用户的科研数据管理意识和水平之外，还要引入有效的科研数据价值评估体系，剔除大量研究水平较低的数据，甄别出真正有价值的部分，这对于减轻管理系统的负载、降低预算也很有意义。

3 高校科研数据管理服务实践的构成要素

在一系列政策和科研资助机构的驱动下，不少高校开始开展综合性的科研数据管理服务或将其提上正式议程。在这些高校中，有的通过借鉴已有的实践经验，独自开展服务探索；有的在相关机构的资助下，建立试点项目。目前该领域发展得较好的国家有美国、英国、澳大利亚，国内也有一些高校进行了初步尝试。国外有不少学者从实证的角度对这些科研数据管理试验项目进行了研究，如 S. Jones 等[20]基于科研生命周期的简单框架建立了科研数据管理服务要素模型，包括数据管理计划、动态数据管理、数据选择与移交、数据共享与保存、科研数据管理指导与培训等；M. Mayernik 等[21]从技术角度（例如软件与基础设施）和组织角度（例如政策和资金方案）建立了科研数据服务的"数据保护"模型。笔者则将科研数据管理服务项目分为政策、基础设施、服务内容、利益相关者以及资金模式五个要素，以此来对高校科研数据管理服务实践现状进行研究。表 1 列举了部分国内外高校科研数据管理服务的典型案例。

3.1 政策制定

制定科研数据管理政策是大学等学术机构开展科研数据管理的第一步，用以规范科研数据管理服务和明确未来的发展方向。目前大部分参与科研数据管理的高校都处在政策制定这一阶段，2012 年中期的一份调查显示[25]，澳大利亚有 1/3 的大学参与了科研数据管理政策的制定，活跃程度为全球之首，其在科研数据管理政策发展历史、内容的成熟度等方面也走在世界前列，其次是英国（17.3%）与爱尔兰（12.5%）。

政策制定的过程一般按照以下步骤进行：首先，参照 DCC、ANDC 等国际知名数据服务组织的政策，这些组织或机构在科研数据管理方面已经有了长久和专业的发展，大都形成了一套完整的政策框架，能为其他想要进入科研数据管理领域的机构提供基础性参考意见。其次，通过采访、会议等方式咨询机构内各个团体的意见，例如教师、研究人员、图书馆员、信息人员等，深入了解各类利益相关者对于科研数据管理的需求。最后，充分了解各类科研资助机构的科研数据管理要求。例如，DCC 曾总结了 AHRC、BBSRC（Biotechnology and Biological Sciences Research Council，生物技术与生命科学研究理事会）、Wellcome Trust 等英国九大科研资助机构的数据政策内容，为有关大学和人员提供参考（见图 1），并计划未来扩大合作规模，向全世界延伸。

在政策内容上，科研数据管理的定义与目标、数据获取、获取保存、数据管理计划（data management plans，DMP）、数据共享是最常提及的部分，此外，科研数据管理政策也常常与其他政策内容联系在一起（例如研究道德、数据安全、知识产权等问题）。国内外不少学者[7,27]针对各国高校的数据管理政策开展过调研，主要集中在英国、澳大利亚、美国等国家。总体上，澳大利亚的高校数据管理政策最为全面和成熟，修订次数最多；英国高校的数据政策最为简短，大都阐明政策制定的方向和目标，缺乏细节说明和具体性；美国高校数据政策十分注重数据获取、数据存储等主体服务。

表 1　高校科研数据管理服务部分案例

高校名称	科研数据管理服务发展情况
俄勒冈州立大学（OSU）	2000 年，建立 Virtual Oregon 数据仓储，随后建立 Oregon Explorer 数据门户网站（http：//oregonexplorer.info/）；2012 年，OSU 图书馆设置数据管理专家岗位，随后明确了 OSU 科研数据服务的战略性议程[19]
伦敦卫生与热带医学院（LSHTM）	2009 年，建立研究数据工作小组（RDWG）；2012 年，在 Wellcome Trust 基金会的资助下，建立 LSHTM 科研数据管理服务部门并发布数据管理政策；2013 年，开展用户数据存储与共享需求调研；2015 年，建立基于 EPrints 平台的科研数据存储系统[22]
布里斯托大学	2011 年 10 月~2013 年 4 月，在 Jisc 科研数据管理计划的资助下，开展"data.bris"项目，建设数据管理平台（https：//www.acrc.bris.ac.uk/acrc/storage.htm）。2013 年，项目结束后，开展试点服务，组建服务团队，设置数据馆员岗位，提供数据存储、出版、数据管理协助、咨询培训等服务[23]，并建立专门的网站（http：//data.bris.ac.uk）、社交网络账户来提供相关的服务资料
牛津大学	2008 年，建立跨部门的"科研数据管理数据仓储服务"项目工作小组，开展需求调研和数据资产审计，制定服务框架[24]。其后在 Jisc 和 DCC 的指导下，完成 ORDS（http：//ords.ox.ac.uk/index.xml）、DataBank（https：//databank.ora.ox.ac.uk/）等一系列基础设施的建设

高校名称	科研数据管理服务发展情况
武汉大学	2011 年，在 CALIS 项目的支持下，武汉大学图书馆在校内组织开展科学数据管理服务，确定了试点院系，基于开源软件 DSpace 搭建了"高校科学数据共享平台（http：//sdm. lib. whu. edu. cn/jspui/）"。目前已建成了生命科学学院、社会学系、信息管理学院、图书馆等院系或部门的科学数据管理平台，并初步明确了数据提交、数据组织、数据保存、数据共享、数据使用的规范
复旦大学	2011 年，成立社会科学数据研究中心。2013 年，与哈佛大学-麻省理工数据中心合作，进行 Dataverse 的汉化、二次开发与推广。2014 年，数据平台正式上线（http：//dvn. fudan. edu. cn/dvn/），成为中国第一个高校社会科学数据平台，提供数据监护、数据共享、数据引证、数据分析的功能
北京大学	2014 年，北京大学图书馆对"研究数据管理平台"进行前期调研和平台选择。2015 年，基于开源软件 Dataverse 的北京大学开放研究数据平台（http：//opendata. pku. edu. cn）测试版上线运行，除了面向本校师生外，也面向国内外用户。数据来源方面，除了鼓励自行提交外，也有针对性地主动征集科研数据

资助机构	政策范围		政策条款					支持服务			
	出版成果	数据	时间限制	数据计划	访问/共享	长期监护	监测	指导	知识库	数据中心	费用
AHRC	●	●	●	●	●	◎	○	●	○	◎	◎
BBSRC	●	●	●	●	●	●	●	●	●	◎	◎
CRUK	●	●	●	●	●	●	◎	●	●	◎	◎
EPSRC	●	●	●	◎	●	●	●	◎	○	●	●
ESRC	●	●	●	●	●	●	●	●	●	●	◎
MRC	●	●	●	●	●	●	○	●	●	◎	●
NERC	●	●	●	●	●	●	●	●	●	●	◎
STFC	●	●	●	●	●	●	◎	●	◎	◎	◎
Wellcome Trust	●	●	●	●	●	●	●	●	●	◎	●

注：● 全面涉及　◎ 涉及部分　○ 没有涉及

图 1　DCC 关于资助机构数据政策的总结[26]

3.2　基础设施

这里的基础设施是指用来管理和存储科研数据的存储系统，包括技术平台和数据仓储。基础设施是有效管理科研数据的前提，尤其对以学术研究为主、数据密集度高的机构来说，缺乏专门用来存放数据的平台，就无法实现对数据有效的组织、保存和安全保障。基础设施的建设需要投入大量的资金。

目前，主要有以下三种建设科研数据管理基础设施的方案：①用机构知识库已有的基础设施、技术和管理方法来开展科研数据管理服务，这对于科研数据规模较小的大学来说，是一种合理的选择，能够避免重复工作，节省大量经济成本。②建立专门的数据仓储（data repository，DR）。建立专门的DR也有两种方式，一种是自主设计、自主研发，另一种是利用已有的成熟的软件（如 Alfresco、CKAN、DSpace、EPrints 等）进行构建。这些软件通过模块化的方式，形成微服务架构，便于使用者开发利用新功能以满足特定需求。③利用先进的云存储技术，例如 Google Drive、Microsoft OneDrive、ownCloud等。云存储系统的优点是安全、可复制、性价比高，并且能免于物理损坏和突发事件的破坏，还能在任何地方进行下载，便于进行远程操作和合作。缺点是由于网速的原因会出现上传或下载的瓶颈，不能满足数据量大的科研任务的需求，而机构内独立的存储系统则具有网速上的相对优势。从基础设施的类型上来看，可以分为通用型和定制化的数据管理平台，通用性的管理平台具有成本和效率优势，但要深入满足不同学科、不同领域的需求，则定制化的数据管理平台更具有发展潜力。通用型平台面向定制化的转变通常采用渐进式的开源式开发方法。目前，随着需求的深入，国外一些高校的科研数据管理系统已经集成了各类功能协作平台或者个性化学科管理平台，形成了层次性或者协作性的系统结构，例如美国数据管理联盟 DATA-PASS 建设的平台群[28]。

3.3　服务内容

在政策的指导下，提供满足科研人员需求的服务是科研数据管理服务实践的核心。科研数据管理服务包含的内容很多，不同高校基于自身的条件、学科领域以及研究人员水平，提供的科研数据管理服务也各有特色。因此，高校在确定科研数据管理服务内容时，要依据自身的情形来进行。总体而言，基础性的服务包括数据管理计划、元数据、数据保存、数据共享传播服务以及技能发展、信息咨询等支撑性服务。数据分析、数据可视化等其他服务类型也出现在一些高校的科研数据管理服务实践和未来计划中。

3.3.1 数据管理服务 （1）数据管理计划。每个科研项目在开始前，都必须拟定一份数据管理计划，以便减少风险、抓住机遇和合理地分配资源。DMP 几乎是所有资助机构都会提及的一项要求，在机构政策的内容中也占有很大比重。为了帮助研究人员制定有效、合格的管理计划，许多机构都开发了 DMP 相关工具。例如，DMPonline 是 DCC 发布的第一款用于制定 DMP 的在线工具，DMPonline 的注册用户可以从一系列模板中选择符合学科研究特点、满足数据需求的模板，高校管理人员也可以增添新的模板来满足一个机构具体的数据管理需求。对于大学的管理人员来说，要积极为研究人员提供指导，搜寻各类 DMP 工具的链接，并对研究人员提交的 DMP 进行审核和评估，对不满足可行性的 DMP 要予以驳回。

（2）元数据服务。元数据服务主要是帮助研究人员建立符合某一标准的元数据，增强数据集之间的可操作性，提高数据被发现的概率，提供更为全面和细致的数据描述。在建立元数据的标准上，可以综合学科领域的元数据标准（例如 EML、ISO 19115、Dryad、TEODOOR、PANGAEA 等）以及 Data-Cite、DC 等通行的元数据标准，形成多层次、个性化的元数据方案。例如，CRC/TR32 项目[60]归纳了 4 套国际流行的元数据标准，形成了基于一般信息、项目特定信息和数据类型特定信息的三层要素系统，既保留了自己的独特性，又能维持与其他元数据标准的互通性。除了人工信息处理，也有一些元数据服务会提供信息自动提取功能。例如，布里斯托大学利用内容分析工具 Apache Tika，提炼出内容类型、规模、校验以及一些嵌入信息等[23]。在元数据的服务方式中，主要有两种选择，一是针对特定的元数据标准建立专门的培训班；二是通过系统一步步的引导或者元数据工具（例如 Morpho）来为用户自动建立元数据记录。前者繁琐但灵活性大，后者便捷但固定性强，适用于特定项目或者特定学科。

（3）数据保存服务。数据保存服务是指协助科研人员进行科研数据的提交、存储、备份、更新等，是科研数据管理服务的核心功能。除了建设和推广满足用户需求的内部存储系统之外，也要适当了解适合科研人员使用的外部仓储。目前诸如 re3data. org、OpenDoAR、ROAR、OAD 等数据仓储登记系统的建立为科研人员了解机构外部的数据仓储提供了便捷。表 2 列举了目前存在的主要数据仓储类型及其案例。管理人员应该积极了解这些数据仓储，并加以适当推荐。推荐的标准主要有以下 4 个：主题领域、机密性、内容类型、数据规模。数据保存服务具有时间的限制，分为过渡性保存和长期保存服务，管理人员需要参考项目周期的长度和数据再利用的价值为科研人员的数据设定保存年限，这样既能缓解数据资源增长与空间有限的矛盾，也能提升整体的数据质量。

表 2　数据仓储分类

数据仓储类型	案例
基于学科的数据仓储	GenBank（基因序列）、PANGAEA（地球环境科学）
基于机构的数据仓储	DataShare（爱丁堡大学）、Open Data LMU（慕尼黑大学）
综合性/多学科数据仓储	Figshare、LabArchives，大部分是商业性数据仓储，由特定企业管理
基于项目的数据仓储	SDDB、ICDP

（4）数据共享传播服务。数据共享传播服务包括数据的发布、发现、检索、下载等服务。数据共享涉及科研人员的权益问题，创作者可以对自己的数据设定共享权限，不同的数据和不同的人群，例如机构内与机构外的用户、项目内与项目外的用户、机密数据与非机密数据，共享权限会相差很大。其中数据发布包括面向项目组、面向机构内部的对内发布和对外的正式出版，对外发布需要面对更为广泛的人群，因而元数据描述要求更为严格。管理人员需要为科研用户建立稳定的出版发布流程，帮助其获取 DOI 号，以便于数据的规范引用。数据发现服务是指增加数据的可见性，帮助科研人员发现和定位所需数据，促进数据的传播和利用。数据发现服务一般由特定组织面向各类数据仓储开展数据信息的收集，例如 RDA、RDRDS、DCI、DataCite 等，它们本身并不是数据存储场所，而是收录各大数据仓储内数据的元数据。用户通过检索这些元数据，得到相关数据的记录后，就可以进一步挖掘和引用数据。目前，这些组织主要以与国内研究机构合作为主，通过签订合同、向机构分配数字标识号的前缀来对区域的科研数据进行统一管理[30]。因此要提高机构内部数据的利用率，管理部门必需要与这些组织通力合作，增加数据可见性，例如 ANDS 要求接受其科研数据管理项目资助的高校提交元数据信息。

（5）其他数据管理服务。此外，一些高校还开展或计划开展质量控制与评估、数据加工与分析、数据格式转换管理、数据关联管理、异构数据整合、数据转移管理等服务。这些服务能够虽然目前只有部分高校正在开展或试探，但却能够极大促进对数据的理解和利用，提升用户体验，吸引用户，是未来科研数据管理服务发展的重点。

3.3.2 支撑性服务 除了上述基础的数据管理服务内容外，科研人员本身也需要提升自己的数据素养和对服务的了解程度，才能有效地利用这些服务。因此围绕着服务内容，有针对性地开展科研人员科研数据管理技能培训、信息咨询等支撑性服务，也是目前许多高校科研数据管理部门正在努力推进的方向。

（1）技能发展服务。一些国际知名组织开始积极开发面向研究人员的培训材料。例如 Jisc 科研数据管理计划资助了大量项目用以开发面向学科的培训材料，这些材料必须在开放教育资源平台 Jorum 上实行免费开放[31]。DCC 也与 RIN（Research Information Network，研究信息网络）、Jorum 合作开展了项目 DaMSSI-ABC，建立了科研数据管理资源的分类体系和评估标准。在培训的形式上，从网络教程、在线指导、网络会议到各类面对面的研讨会、会议都逐一开展。有的高校还开设了科研数据管理的相关课程，例如爱丁堡大学的 MANTRA、墨尔本大学的 Immersive Informatics、谢菲尔德大学的 RDMRose、雪城大学的 SDL 等课程。在培训的内容上，从科研数据管理的入门指导到深层次的科研数据管理问题的辅导，一般根据在校研究人员、学生所处的水平和需求来制定。目前的训练内容一般都有广泛性、普适性的特点，随着科研数据管理的深入，针对具体学科或者特定科研活动的科研数据管理培训的需求会不断增长。在培训的对象上，除了重点提高研究人员、学生、教师等人群的科研数据管理技能水平之外，为图书馆员、IT 人员等群体提供职业发展的机会也非常重要。展望未来，有不少学者建议将科研数据管理技能培训嵌入科研方法训练的过程中去或者建立一套综合性、成熟的培训体系。

（2）信息咨询服务。信息咨询服务是指向个人或团队提供各种信息资源、建议以及顾问等。咨询服务主要有两种方式，一种是主动式的提供资源，主要是指通过网站、社交媒体、论坛等形式主动发布和科研数据管理密切相关的信息资源。通常，收集其他机构的最佳实践案例和各类工具资料，建立关于科研数据管理的门户网站，提供一站式的信息服务，是让用户全面了解和开展科研数据管理最常见的信息提供的方法。第二种则是被动式咨询帮助，一般由个人或团队主动提出具体困惑，服务人员给予适当的咨询建议。

3.4 利益相关者

科研数据管理系统中的利益相关者包括服务团队、用户等内部利益相关者以及科研资助机构、标准机构、期刊出版商、政府等外部利益相关者。外部利益相关者，关系着科研的直接利益，需要时刻关注其要求和标准的变化。

服务团队，一般指高校图书馆、IT 服务部门以及科研办等部门。其中，图书馆在科研数据管理服务中发挥了重要作用，大量文献从理论和实践两个角度探讨了图书馆在科研数据管理中扮演的角色和开展的活动内容。根据大量实践案例，图书馆主要在政策制定、技能发展、问题咨询、提高数据管理意识等辅助性服务方面占据主导地位；IT 部门在数据存储、访问、安全、系统支持等技术性服务方面占据主导地位。此外，高校的科研办、法律咨询部门也会在服务推广、政策方针制定等方面给予支持。在服务团队的组建方面，有些高校会让这些部门开展松散的协作并开展职业培训，有些则会建立专门的科研数据管理部门，并招聘专业人员，开展深度合作，提供专业服务。S. Pinfield 等[32]指出如何整合不同部门的资源、平衡各方的利益诉求、将各自开展的活动整合成一个综合性、标准化的服务是机构关注的主要议题之一。

内部利益相关者中的用户主要是指高校的研究人员、教师、学生等。科研用户是服务的核心目标，是否了解用户的实际需求、用户对科研数据管理的态度以及心理因素等，是服务能否获得成功的关键因素。根据目前的情况，许多科研人员对使用高校开展的科研数据管理服务的热情并不高，原因是多方面的，例如数据管理意识低、成本高、担心知识产权受侵害等。而相关研究表明[27]，在资助机构、科研期刊的强制性要求下以及开放获取文化较为盛行的环境下，用户对于科研数据管理的接受程度会提升，这说明外部环境和有效的文化宣传与渗透非常重要。

3.5　资金模式

资金投入也是科研数据管理服务开展的必备条件，针对科研数据管理的讨论焦点也从如何开展服务变为如何维持服务。M. Lewis 曾指出建立可持续的商业模型来维持科研数据管理的运转是满足 21 世纪科学研究的关键[33]。目前，科研数据管理项目主要有以下几大财政来源。在项目初始阶段，一些诸如 Jisc、DCC、ANDS 这样致力于推广科研数据管理的机构会提供资金支持。目前，大部分高校科研数据管理项目均以这种方式获取资金来源。但一旦项目结束，资金链断裂，服务的维持成为许多高校的发展难题。此时，除了从高校本身的财务部门获取有限拨款之外，也有一些高校采用向研究人员收取服务费用的方式来减轻经济负担，而研究人员通常借助科研资助机构的项目经费来缴纳这笔费用。收取费用的方式也多种多样，例如按年度支付、一次性支付所有可能费用等。预估数据保存可能产生的费用，能够实现精准有效的资金投入，例如 DCC 就提出评估项目阶段内的数据服务费用以及未来长期数据保存的潜在费用，并参与了用以估算数据监护费用的 4C 项目（Collaboration to Clarify the Cost of Curation)[31]。

以上梳理了国内外高校科研数据管理项目中的几大基本要素（见图2）和各自的发展现状，其中政策为高校科研数据管理服务未来的发展方向与规划布局指明道路，资金是决定服务能否可持续发展的关键因素，基础设施的建设、科研用户需求的挖掘、服务人员的配置是服务开展的前提和基础，服务内容的具体制定直接面向最终用户，是吸引用户的关键，也是整个科研数据管理项目的核心和最终成果。科研数据管理项目的顺利实施，需要全面地考虑这些基本要素。

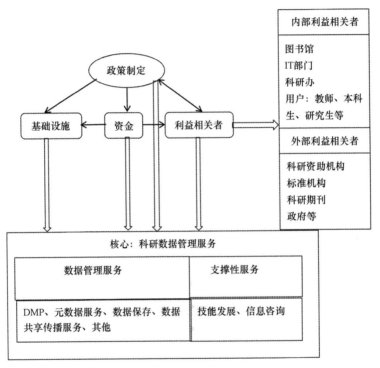

图2　高校科研数据管理实践要素构成

4　对我国高校开展科研数据管理的启示和建议

4.1　我国高校科研数据管理服务与国外的差距

从上述对国内外高校的科研数据管理服务实践中可以发现，我国高校科研数据管理的发展水平与国外发达国家还有很大的差距。

69

首先，从宏观环境来讲，国内缺乏促进高校开展科研数据管理的土壤：①虽然我国在国家层面上实施了科学数据共享工程，布局了各类数据共享平台，但却鲜少涉及高校领域，而且这些平台多是提供数据下载的单向平台，缺乏提供用户数据上传、数据管理的功能，互动性的缺失使得数据更新需要人工进行，可用性并不高。②目前关于科研数据管理的法规仅仅停留在行业层面，缺乏完善的国家法规来规范和促进科研数据管理服务的发展，同时国内重要的科研资助机构均未明确要求科研人员进行数据管理和数据提交，强制性力量缺失，无法引起国内高校对数据管理的重视。③缺乏专业的相关组织来对科研数据管理实践进行研究、规范、评估，从而引导和推动高校科研数据管理服务的发展。国外高校科研数据管理项目的开展大部分在诸如ANDS、DCC这样专业的数据机构的资助下开展，它们制定了一系列科研数据管理服务的框架、标准、服务工具、服务协议等，为高校服务提供了典范。

其次，从微观层面来说，国内高校科研数据管理服务发展极为落后：①在思想意识上，国内高校的管理层面缺乏发展科研数据管理服务的意识，将科研数据管理服务纳入高校发展战略议程并制定相关政策的高校屈指可数。②在服务实践领域，提供科研数据管理服务的高校更是罕见，主要包括面向特定领域的复旦大学社会科学数据平台、中国人民大学中国调查与数据中心等和面向高校不限领域的北京大学的"开放数据研究平台"、武汉大学高校科学数据共享平台等。即使在这些已有的实践中，也只注重系统平台的单点建设，缺乏概念推广、需求调研、服务团队建设等系统化的保障，导致用户吸引力差、数据更新慢等问题，效果不甚理想，与国外相距甚大。

4.2 对我国高校开展科研数据管理服务的建议

无论在宏观发展环境，还是微观的高校科研数据管理服务的发展现状方面，国内都还有很大的发展空间。宏观环境需要国内各大学术团体、组织机构的通力合作和推进，而对于每个独立的高校来说，也要力所能及地不断提高服务水平，借鉴国内外已有的最佳实践，同时也要避免发展过程中的不足之处，从中吸取教训。

4.2.1 从政策层面提升数据管理的重要性　国外高校在学术期刊、科研资助机构、国家法律政策的合力推动下，纷纷出台了科研数据管理的相关政策，从战略角度明确了科研数据管理的重要性和发展方向。国内高校则普遍不太重视科研人员的数据管理问题：首先，缺乏对科研数据价值的认知；其次，缺乏期刊、资助机构等外部环境的硬性要求；最后，也缺少开展科研数据管理服务的硬件条件。因此，高校必须在思想意识上提升对科研数据管理重要性的认识，从政策层面将科研数据管理纳入发展议程，并从宏观角度设定科研数据管理服务的内容、标准、目标，为未来铺平道路。

4.2.2　营造开放获取氛围，加强推广，多手段激励科研人员　根据多所高校科研数据管理服务的实际开展经验发现，国内外的科研人员对待科研数据管理服务的热情普遍较低：俄亥俄州立大学图书馆[19]曾针对校内科研数据管理的利用情况进行调研，发现只有13%的用户了解到服务的存在；武汉大学、复旦大学等高校的数据管理试验平台更新频率极低。要改善这一问题，首先需要向科研人员普及科研数据管理的概念及其重要性，营造开放获取运动的环境，加强与用户的沟通，多管齐下宣传推广科研数据管理服务。其次，面对管理成本、版权利益等问题，要建立各种奖励机制或政策要求，来促进科研人员数据的管理与共享，例如跨学科研究项目CRC/TR32通过给向科研数据管理系统提交数据的研究人员颁发IRTG证书来鼓励项目组成员提交与分享数据[29]。

4.2.3　注重部门协作，充分利用资源　充分利用高校多部门的优势，展开部门合作，有效整合不同部门的资源，能为高校开展科研数据管理服务提供捷径。例如，图书馆在数字资源建设、保存、分类、编目、搜索等方面积累了深厚的经验，能够帮助组织和建设科学数据资源。同时图书馆的学科馆员也能深入科研用户群体，从而更好地展开推广、需求挖掘、咨询、培训等工作。IT部门则可以发挥自己擅长复杂的系统开发与维护的优势。目前，除了伦敦卫生与热带医学院等少数建立独立的科研数据管理服务部门的高校外，布里斯托大学、牛津大学、开奈尔大学等大部分高校都通过协调校内图书馆、信息技术服务部、e-Research中心等部门来共同评估需求、推进项目。

4.2.4　合理解决资源和资金投入问题　科学数据管理无论是基础设施的建设还是人力资源的投入，都需要极高的成本。而图书馆经费紧张，使不少高校的科研数据管理服务发展后程无力，也有一些高校，例如伦敦卫生与热带医学院、布里斯托大学、普林斯顿大学等，通过寻求科研数据管理项目资助、借助本校的财政经费或收取合理的服务费用等逐渐实现服务的可持续发展。因此，解决资源、资金的长期投入问题是维持科研数据管理运行的关键。

首先要明确用于开展科研数据管理服务的资源，包括人力资源安排和技术资源的开发与获取。在人力资源方面，除了对在职员工进行再发展的培训之外，还可以吸纳新的专业员工，例如数据馆员等，需要学校根据自身的条件和需求进行选择和整合资源。在技术资源方面，在开展科研数据管理活动的初期，可以参照已有的最佳实践，并利用发展较为成熟的工具软件，例如 DART（Data management as A Research Tool）、DMPonline 等，来暂时渡过难关。在有条件的情况下，还可以开发或改造成本地化的工具，来满足自身特定的需求。

其次，在资金方面，需要多渠道解决所需经费问题，除寻求科研数据管理项目基金、数据管理组织的支持、收取一定的服务费用外，还可以针对数据价值、科研价值有选择性地提供服务，使服务效益最大化。R. Higman 等认为针对数据长期保存的费用问题，甄别出"重要数据"来开展服务是数据管理政策和方针是否能够实现延续的关键[27]。

4.2.5　提供特色化服务，满足差异性要求　不同的学科，不仅数据生成方式、分析方式、元数据标准以及互操作协议等技术领域差别很大，而且在数据共用和共享意识方面也不同。而目前的培训服务则通常面向所有的学科和科研人员，内容围绕着更为广泛的科研环境、数据生成、存储、组织、描述和出版展开。随着数据管理意识的提升，深入具体学科或项目的服务需求逐渐增加，一般性的服务内容已无法继续发挥优势，只有进一步地嵌入用户的科研活动，提供定制化的特色服务，才能满足高层次的需求。目前，虽然提供定制化科研数据管理服务的高校并不多，但已有不少高校开始积极探索，主要有以下几种方式可供借鉴：①通过嵌入用户科研活动、熟悉科研人员的研究领域、研究习惯等来提供个性化的服务，例如康奈尔大学图书馆安排数据馆员在科研人员研究活动过程中协助其进行数据的采集、质量保证、标引、保存、整合、分析等[34]。②渐进式地改善服务平台，以满足多样化的需求，例如莫纳什大学每次通过对管理平台的渐进式改进，来满足不同科研小组或科研领域的需求[35]。③根据科研活动的特点或主题来划分科研群体，并针对这些主题或特点给予特殊服务。这种情况一般是有一定数量的科研人员存在着某种相似的需求，例如对于"地理信息数据""机密数据""图片数据"的管理需求。④与其他机构或部门合作，例如与其他高校合作参与科研数据管理项目、将部分科研数据管理任务移交给学术主管部门等，既有利于缓解服务压力，也有助于贴近用户需求。

5　结论

科研数据价值的日益凸显、科学研究范式的转变以及开放获取运动的发展，孕育了开放数据和数据管理的需求，世界各大高校纷纷参与到这股潮流

72

中来，同时也为图书馆等传统机构创新服务、融入到新型科研革命中提供了机会。但整体上高校科研数据管理服务还处于起步阶段，它的开展是循序渐进的，需要经历政策制定、基础设施建设、服务内容设计、服务团队组建、服务用户挖掘、服务资金筹措等环节。这些环节共同组成了科研数据管理的实践发展过程。高校及其图书馆需要深刻了解每个环节的运作过程、最佳实践以及影响因素，并结合自身的发展，建立持续、有效的科研数据管理服务模式，推动开放获取运动的进一步发展。

参考文献：

［1］ CLEMENT G P，SCHIFF L R. Mapping the landscape of research data：how JLSC contributors view this rapidly emerging terrain［J/OL］. Journal of lbrarianship and scholarly communication，2015，3（2）.［2016-08-30］. http://doi. org/10. 7710/2162-3309. 1279.

［2］ 邢文明，吴方枝，司莉. 高校图书馆开展科研数据管理与共享服务调查分析［J］. 图书馆论坛，2013，33（6）：19-25.

［3］ 吴新年. 学术图书馆的科研数据管理服务［J］. 情报资料工作，2014，（5）：74-78.

［4］ 邓佳，詹华清. 莫纳什大学科研数据管理实践及对我国机构知识库建设的启示［J］. 情报理论与实践，2014，37（5）：136-139.

［5］ 李娜，瞿海燕，鲁景亮. 美国研究型图书馆基于科学数据的知识服务实践［J］. 情报资料工作，2015，（3）：79-82.

［6］ 孟祥保，叶兰，常娥. 高校图书馆科研数据联盟建设策略——以荷兰 3TU. Datacetrum 为例［J］. 图书情报工作，2015，59（2）：31-57.

［7］ 完颜邓邓. 澳大利亚高校科学数据管理与共享政策研究［J］. 信息资源管理学报，2016，（1）：30-37.

［8］ 丁培. 国外大学科研数据管理政策研究［J］. 图书馆论坛，2014，（5）：99-106.

［9］ 穆卫国，史艳芬. 高校图书馆开展社会科学数据管理的对策研究［J］. 图书馆，2015，（7）：55-60.

［10］ 赖剑菲，洪正国. 对高校科学数据管理平台建设的建议［J］. 图书情报工作，2013，57（6）：23-27.

［11］ 李晓辉. 图书馆科研数据管理与服务模式探讨［J］. 中国图书馆学报，2011，37（5）：46-52.

［12］ 师荣华，刘细文. 基于数据生命周期的图书馆科学数据服务研究［J］. 图书情报工作，2011，55（1）：39-42.

［13］ 张群，刘玉敏. 高校图书馆科学数据素养教育体系模型构建研究［J］. 大学图书馆学报，2016，（1）：101-102.

［14］ 孟祥保，李爱国. 国外高校图书馆科学数据素养教育研究［J］. 大学图书馆学报，2014，（3）：11-16.

[15] WHYTE A, TEDDS J. Making the case for research data management[R/OL]. [2016-04-12]. http://www. dcc. ac. uk/webfm_send/487.

[16] COX A M, PINFIELD S. Research data management and libraries: current activities and future priorities[J]. Journal of librarianship and information science, 2014, 46(4):299-316.

[17] SAYOGO D, PARDO T. Exploring the determinants of scientific data sharing: understanding the motivation to publish research data [J]. Government information quarterly, 2013, 30:S19-S31.

[18] HENTY M. Dreaming of data: the library's role in supporting e-research and data management[EB/OL]. [2016-04-30]. http://apsr. anu. edu. au/presentations/henty_alia_08. pdf.

[19] WHITMIRE A L, BOOCK M, SUTTON S C. Variability in academic research data management practices-implications for dada services development from a faculty survey[J]. Program: electronic library and information systems, 2015, 49(4):382-407.

[20] JONES S. The range and components of RDM infrastructure and services[M]// PRYOR G, JONES S, WHYTE A. Delivering research data management services. London: Facet Publishing, 2014: 89-114.

[21] MAYERNIK M, CHOUDHURY G, DILAURO T, et al. The data conservancy instance: infrastructure and organizational services for research data curation[J/OL]. D-Lib magazine, 2012, 18(9). [2016-08-30]. http://www. dlib. org/dlib/september12/mayernik/09mayernik. html.

[22] KNIGHT G. Building a research data management service for the London School of Hygiene & Tropical Medicine[J]. Program: electronic library and information systems, 2015, 49(4):424-439.

[23] HIOM D, FRIPP D, GRAY S, et al. Research data management at the University of Bristol[J]. Program: electronic library and information systems, 2015, 49(4):475-493.

[24] MARTINEZ L. Finding of the scoping study interviews and research data management workshop[EB/OL]. [2016-04-25]. http://www. ict. ox. ac. uk/odit/odit/projects/digitalrepository/.

[25] EARLE S, WOLSKI M, SIMONS N, et al. Librarians as partners in research data service development at Griffith University[J]. Program: electronic library and information systems, 2015, 49(4). 440-460.

[26] Digital Curation Centre. Overview of funders' data policies[EB/OL]. [2016-04-30]. http://www. dcc. ac. uk/resources/policy-and-legal/overview-funders-data-policies.

[27] HIGMAN R, PINFIELD S. Research data management and openness[J]. Program: electronic library and information systems, 2015, 49(4):364-381.

[28] 彭建波. 美国社会科学数据管理联盟(DATA-PASS) 的发展与借鉴[J]. 图书情报与

工作,2014,58(10):117-121.

[29]　　CURDT C, HOFFMEISTER D. Research data management services for a multidisciplinary, collaborative research project[J]. Program: electronic library and information systems, 2015, 49(4):494-512.

[30]　沈梦轩. 国外科学数据资源服务实践研究. 图书馆学研究[J]. 2014,(15):89-93.

[31]　DAVIDSON J, JONES S, MOLLOY L, et al. Emerging good practice in managing research data and research information within UK universities [J]. Procedia computer science, 2014,33:215-222.

[32]　PINFIELD S, COX A M, SMITH J. Research data management and libraries: relationships, activities, drivers and influences[J/OL]. PLOS ONE,2014, 9(12). [2016-08-30]. doi:10. 1371/journal. pone. 0114734.

[33]　LEWIS M. Libraries and the management of research data[M]// McKnight S. Envisioning future academic library services. London: Facet Publishing,2010:145-168.

[34]　Research Data Management Service Group. The RDMSG: data management planning and more [R]. Ithaca: RDMSG, 2015:40.

[35]　Monash University. Data collection, storage and dissemination[EB/OL]. [2016-08-30]. http://www. monash. edu/library/researchdata.

作者简介

唐燕花 (ORCID: 0000-0002-2292-2757), 硕士研究生。

基于科学数据管理的图书馆数据服务研究*

1 引 言

20 世纪末产生了一种崭新的科研协作模式和大科学工程——E-Science。"E-Science" 的概念是在 2000 年英国人首先提出来的，它是建立在新一代网络技术（Internet）和广域分布式高性能计算环境（Grid）基础上的全新科学研究模式[1]。在 E-Science 环境下，科学研究利用网络实现了全球化科学数据开放获取和共享。

当代科技创新和发展越来越依靠对海量科学数据的再利用，对数据进行分析和循环利用产生新科学成果的模式已经开始付诸实践，这使得科研信息需求从传统的文献服务转向科学数据服务，具体表现为科学数据的组织管理、创新服务方式及知识发现等方面[2]。图书馆作为信息的发源地，收集、整理和传播知识资源是它的特征。在科学数据管理方面，越来越多的科学家和信息专家认为图书馆将会在这个领域扮演重要角色，发挥更大的作用。霍普金斯大学图书馆馆长 W. Tabb 这样描述 E-Science 环境中的图书馆："图书馆是分布式网络的一部分，数据成为馆藏，提供数据服务，图书馆员是数据科学家，数据中心是新的图书馆书库"[3]。因而在数据共享和开放的大趋势下，图书馆发展数据服务，提取和存储海量科学数据，进行数据分析、整理和加工，提供科学数据服务，提高针对科研用户服务的能力，是推动图书馆在转型期发展的需要。

2 科学数据的内涵及特点

在《OECD 关于公共资助科学数据获取的原则和方针》中，科学数据是指来源于科学研究的事实记录，如实验数值、图像等，并被科学团体或科学研究者所共同认为对研究结果有用的数据，但不包括实验室笔记、初步分析、

———————

* 本文系江西省社会科学研究"十二五"规划立项课题"基于云计算的高校云联邦图书馆建设与资源共享模式的研究"（项目编号：11TW12）研究成果之一。

科学论文的草稿、未来的研究计划、同行评议和个人与同行的交流以及实物（例如实验样本、细菌和测试的动物等[4]）。而在我国，《科学数据共享工程技术标准研究报告》指出，科学数据是指在科技活动（实验、观测、检测、调查、研究等）中或通过其他的方式所获取的反映客观世界的本质、特征、变化规律等的原始基本数据，以及根据不同科技活动需要进行系统加工整理的各类数据集[5]。因而科学数据可以简单地理解为在科学过程中产生的原始数据或者经处理加工产生的再生数据集。

科学数据资源具有准确性、可靠性、非排他性、可无限复制等特点[6]。科学数据的原始性和准确性、可靠性结合起来要求我们要对原始科学数据进行加工处理，进而使数据实现共享并得到最有效的利用与创新，发挥最大的价值。

3　科学数据管理流程

随着科技的日益发展，科学研究产生的数据越来越多，增长得越来越快，海量数据信息充斥着整个科研过程，此时科研人员对数据管理的需求愈发强烈。一般科研人员主要管理实验室实验、网络采集、同行提供、社会调查等活动所产生的数据，其中实验数据是主要部分，网络采集主要是指所参考的其他科研人员的研究论文，同行提供是指熟悉的朋友所提供的材料[7]。这些科学数据量多、组织形式多样、存储分散，人们难以对它们进行再利用。虽然科研人员有科学数据管理的需求，也希望得到其他部门的辅助，实现全球化的科学数据共享，但是他们对于如何保障数据的安全、真实以及作者本身的权益还是存在一定的怀疑。因此，现行的科学数据管理模式是以满足科研人员的需求为基础的，其工作流程[7]如图1所示：

科学数据共享中心一般由文献情报中心建立。进行科学数据管理的第一步就是采集数据。一般数据中心管理的科学数据的来源分为3种：①研究人员通过实验研究产生的数据；②图书情报人员收集的开放数据；③公众上传的网络数据。实现共享的关键就在于标准化，统一的元数据标准能使资源具有互操作性，统一的标准化协议则能使异构信息变为同构信息[8]。所以，研究人员直接提交科学数据时，必须按照学科属性和元数据完整的描述形式上传数据，保证元数据的一致性和可操作性，以满足不同图书馆和数据中心共享数据资源时对互操作性和可扩展性的要求。

为了保证数据的真实性，科研人员上传的数据暂时被保存在临时存储库中，上传到长期存储库之前，还必须通过专家筛选，即同行评议。因为数据在上传的那一刻，它将接受任何人任何时间的检测，因此必须保证真实可用

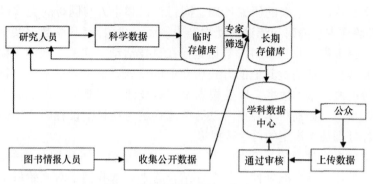

图 1　科学数据管理的工作流程

性。相对来说，同行评议是保证数据真实性的最好方法。通过同行的检测，数据将进入长期存储库，进行永久保存。最后，数据成为学科数据中心的一部分，数据中心将它们分享给用户，拥有权限的人将可以再次利用该数据。当然，图书情报人员以及公众如果想要上传数据集或者元数据，也必须通过专家的审核。在此过程中，图书情报人员和数据中心的另一职责就是不断地进行数据整合、分析和融合，其中最简单的办法就是做数据链接，以满足科研人员对数据的需求。

尽管科学数据正在逐步实现共享，但是对科学数据的引用一直没有很明确的规范，这将无法保证数据作者的合法利益。可以预测，随着科学数据引用的规范化，被引用次数将与科研人员的科研贡献率挂钩，以对科研人员贡献数据予以鼓励。相反，如果科学数据引用规范没有达到和文献引用相同的标准化，这将会对科学数据的共享造成一定的阻碍。

4　基于科学数据管理的图书馆数据服务体系

图书馆作为信息资源中心，是教学和科学研究领域信息资源的聚集地，具备开发和提供信息资源、倡导资源开放获取和合理使用的职能。理应充分利用已有的数据收集、组织及开发利用相关成果，将之应用于图书馆科学数据管理[9]。但是，图书馆要融入科研过程，为科研提供科学数据管理与服务，其实现过程复杂繁琐，只有各个部门相互协调配合，才能将科学数据管理与服务实现好、完成好。根据国内外图书馆科学数据管理与服务的实践以及图书馆内部的运作，笔者认为，基于科学数据管理的图书馆数据服务体系结构如图 2 所示：

在网络技术如此发展、数字图书馆蓬勃发展的时代，首先，图书馆应根

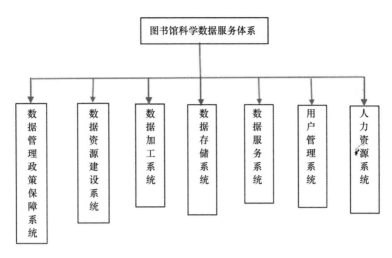

图 2   基于科学数据管理的图书馆服务体系结构

据科学数据管理的要求，利用云计算等相关计算机技术以及图书馆本身的数据库技术，来对大量的科学数据进行收集、整理和存储。然后，大力创建智慧图书馆的新制度，培养特色图书馆员，来对数据做进一步的管理、分析和加工，使得数据中隐藏的价值能被挖掘出来并实现增值。最终，在信息共享和开放的基础上，通过构建基于科学数据管理的图书馆数据服务平台或者各种嵌入式服务、个性化服务来实现科学数据的共享和更广泛的利用。图书馆的这种数据服务方式既能使科研人员轻松获取数据分析服务，也可以使科研数据管理被纳入到用户信息素养教育中，对科研人员进行科研数据管理意识、知识和技能的培训。

4.1   数据管理政策保障系统

4.1.1   数据管理规范和政策   作为科学数据管理与服务体系的管理部门，要积极研究和推行良好的数据管理规范，注意协调好各方利益，明确划定各个角色的权利和责任，在实践中摸索出一套相适合的数据管理规范和政策，促进科学数据管理的蓬勃发展。数据管理政策主要规范研究人员及图书馆的责任与义务，如谢菲尔德大学的数据管理政策规定大学图书馆应该为数据管理提供支持，包括数据管理培训、数据管理指导与咨询、数据管理基础设施与服务等[10]。

4.1.2   数据开放获取政策保障   科学数据共享的研究起源于欧美等发达国家，这些国家目前也已经制定、发布了许多有关科学数据共享利用的规范和政策并提出科学数据的开放获取政策，应就如下一些问题进行探讨[11]：①如何定义科学数据的类型以及何种类型的科学数据应该开放获取；②如何进行科学数据的开放性限制；③如何解决科学数据的再利用问题；④科学数据的存储和获取问题；⑤如何提高"数据意识"和"文化共享意识"；⑥数据版权政策、数据共享政策等问题。针对这些问题，很多图书馆进行了积极的实践，例如明尼苏达大学已针对版权政策、数据合理使用问题，开展了有关知识产权、开放数据、开放科研等多主题的培训和讲座以与相关人员共同探讨数据版权政策问题。

4.1.3　数据管理服务的可持续发展　为了确保科学数据管理与服务能够在图书馆中正常运转，首先，科学数据管理部门必须制定一系列的计划，用经济运转的方式从各个方面进行规划，来促进数据管理服务的可持续发展，构建科学数据的商业经营模式。

4.2　数据资源建设系统

4.2.1　直接获取　在开放的环境下数据资源的需求量大和来源广，因而图书馆在获取资源方面不可能完全依赖免费开放获取或者图书馆内部资源。此时首先想到的办法就是直接通过有偿或者互助的方式获取数据资源，即图书馆与产生科研数据的作者形成合作，图书馆数据服务人员提供数据咨询帮助，科研人员自愿提交数据，以此来获得原始科研数据的版权。

4.2.2　共享联盟　将本地区的各高校图书馆联合起来，形成基于云计算的高校云联邦图书馆，实现区域资源共享[12]。在此基础上，加强图书馆之间的合作，连点成面，共享数据资源，促进科学数据管理与服务的发展。

4.3　数据加工系统

4.3.1　研究相关的外部数据集　图书馆进行数据加工，即在原始数据的基础上进行数据增值和价值扩充。数据密集型科学研究的完整周期包括数据获取、管理、分析和可视化4个过程，数据管理涵盖了制定标准、数据映射到不同仓储、元数据创建、语义注释和文献链接等广泛的活动[13]。相关外部集的研究是数据融合、数据挖掘和数据可视化的基础，因而在数据加工过程中，不可避免地会利用统计分析软件及专业数据工具研究科学数据的相关外部集。

4.3.2　数据融合、链接　数据加工系统就是要将原始数据进行初次加工和再加工。在初次加工中，主要是将数据从收集的过程中过渡到长期保存和数据发现及获取服务。在再加工的过程中，主要是研究相关的外部数据集，进行数据融合、链接。具体内容一般是图书馆员可以给科学数据添加注释、标明来源与文献链接等工作，优化数据，充实数据，使数据具体化、人性化。维护不同版本数据之间的链接、保障数据源的可信性以及管理与操作、解释数据相关的信息已成为数据管理研究和实践的主要内容[2]。

4.3.3　数据挖掘、分析　在科学数据的组织管理服务基础上，未来图书馆科学数据服务大趋势是服务中附加更多的智力活动，融入数据分析、数据关联等，使用户能更好地利用数据[14]。

同时数据分析已不再是纸上谈兵，例如哈佛大学的"Dataverse 网络"项目包括科研数据的出版、共享、提取与分析各个方面，为大学或其他相关机构提供数据出版的全部解决方案以及数据分析处理服务[15]。

4.4　数据存储系统

4.4.1　建设数据存储库　对于大量的、复杂的数字化形式的科研数据进行管理和服务，数据的保存是数据再利用的基础，需要依靠一定的基础设施和软件工具，主要是大型存储设备，高性能服务器及服务终端搭建、软件系统等[16]。在软件方面，图书馆需建设数据储存库或机构库来提供数据保存服务。

4.4.2　构建基于科学数据的知识库　图书馆应将单方面进行知识库建设转变为与院系共建知识库，将各自的资源进行融合，并嵌入教学科研阶段建设一个基于学科读者需要的、系统完善的、检索利用方便的学科知识库。同时要对国内外相关数据库和网络资源进行检索和挖掘，结合科研各阶段提供全程文献跟踪服务，并对相关文献进行分类和标引，建立专业知识库，提供浏览和检索功能，实时更新相关文献，为项目每一步的推进提供支持。

4.5　数据服务系统

4.5.1　提供文档和元数据服务　图书馆首先可以给科研用户在数据文档撰写、存储及元数据标准的制定等方面提供帮助。根据对英国、美国、澳大利亚等国 30 家高校的调研，元数据服务支持的行为有数据集标识、相关元数据标准的应用、按学科要求创建元数据记录、按保存要求创建元数据记录、与其他平台分享元数据、数据出版和使用统计信息等[10]。

4.5.2　协助制定数据管理计划　图书馆可以提供一份数据管理计划书给科研人员作为参考，指出在数据管理生命周期各个阶段需要重点关注的一系列问题，介绍数据管理计划工具，提供数据管理计划指南服务。数据管理指南提供针对一系列问题的指导，主要涉及数据管理计划、文档和元数据、文件格式、数据组织、数据安全和备份、引用数据、数据集成、基金要求、法律问题以及数据共享和存档问题等[17]，以此来协助研究人员制定数据管理计划，授之以渔，培训科研人员怎样处理和有效管理尚未发表的研究数据。

4.5.3　提供数据资源导航　数据资源导航主要可以提供很多有优秀研究数据管理指南的大学导航以及关于教育资源数据管理的相关研究项目导航，利于科研人员查询相关的外部数据集，引导科研人员对可以参考的数据信息进行利用。

4.5.4　提供个性化数据服务　图书馆可以提供个性化数据定制服务和推送服务。例如，可以利用知识管理平台和技术，为科研提供持续的增值服务：①为用户提供单一的信息、平台和检索工具，使用户能够方便快捷地获取各种科学、技术、医学（STM）全文资源；②对用户科研活动中产生的科研数据进行收集、整理、存储和传递，以促进用户对科学数据的长期获取与利用；③利用知识地图构建工具，为用户提供知识及其相互关联的链接组织方法，帮助他们按照自己的需求并根据需求的变化构造个性化的、灵活动态的知识地图[18]。另外，也帮助用户评估和了解自己的数据管理需求，就如何保持数据在现在和未来的可用性为其提出建议。

4.5.5　提供嵌入式数据服务　嵌入式数据服务要求图书馆员融入科研人员的课题或项目中，参与学术交流。深入用户的科研环境，了解他们的数据需求，并通过和他们的密切合作来解决用户的问题，进而提高服务质量。例如，可以和科学家密切合作，将专业知识用于建立元数据和数据库结构，来帮助他们搜索和归档其数据集。

4.5.6　构建科学数据管理服务平台　通过科学数据管理服务平台，利用各种数据管理技术帮助用户解决学习过程和系统中出现的各种问题，加强对数据的创造、获取、加工和应用。同时，通过提供检索工具帮助用户快速、方便地获取所需学习资料。馆员也可在平台中添加图书馆页面链接，直接回答用户关于数据资源检索的问题，或为科研课题提供研究策略和解决问题的方案。

4.6　用户管理系统

4.6.1　用户需求分析　图书馆在数据管理服务方面要尊重用户，根据用户浏览的有关数据信息来分析用户的数据资源需求，及时改进服务，制定数据管理政策。研究分析方法除了定期开展用户调查，还可以利用大数据技术分析浏览记录。

4.6.2　引导用户需求　改善服务的另一种方式就是引导用户需求。如可以针对科研用户的专业数据需求，当该领域有新的调研数据、实验数据或新闻时，提供推送信息服务，以实现数据的有效利用，提升图书馆的服务品质。

4.6.3　服务评价反馈　进行反馈的目的就是发现图书馆数据服务的优缺点，发扬长处，改善缺陷，了解用户意见，为数据服务提供改良策略。正确对待科研人员的数据管理需求与图书馆提供的数据管理服务之间的差异性，为下一步制定改善措施提供参考，如加大数据基础设施建设的投入力度、改变数据管理培训的侧重点、增加数据管理服务的具体内容等。

4.7　人力资源系统

4.7.1　引进多背景人才　提供科学数据管理服务的图书馆员不仅需要良好的计算机操作及外语能力和图书馆专业技能，更需要具备多学科知识背景，这样才能更好地为用户提供服务，所以图书馆应积极引进多学科背景人才。

4.7.2　加强馆员数据素养教育　科学数据加工和服务过程中的重要技能是寻找现有的数据信息、过滤次要和额外的数据信息以及进行更多的数据融合操作。如果得不到信息素养方面的帮助和指导，很多图书馆员可能刚开始没有能力完成这个任务，因此图书馆应重视工作人员的培训和数据素养教育，不断提高馆员的数据管理服务能力。

4.7.3　培训科研人员管理数据　为了使科研人员顺利进行数据获取和再利用，图书馆员应对科研人员进行科研数据管理意识、知识和技能等方面的培训，使他们具备对数据进行管理的相关能力，能利用系统，安全有效地管理数据。

5　图书馆提供数据服务的几点思考

5.1　制订版权政策

作为一项实现高效数据利用的新型服务，数据管理与服务在图书馆中的实现仍然需要更多政策的支持。科研数据可能需要花费大量经费购置，才能被图书馆开发和利用，那么图书馆又将如何用经济运转的方式来平衡各方利益，以达到可持续发展？在当今特别重视知识产权的时代，图书馆要获取、出版和利用数据资源，要解决的其中一个问题就是数据资源的版权问题。针对公开网络环境下科学数据资源的版权问题，图书馆可以针对数据资源方面，形成合作联盟与出版商进行谈判，通过平衡出版商、科研人员和图书馆之间的利益关系，扩大数据资源的许可范围。

5.2　关注存储模式

大多数图书馆都已进入数字图书馆时代，所以可以直接利用已经具备的服务器及相关硬件设备等基础设施。但是数据存储主要关注数据的存储效率、可用性和存储能力以及一定的安全保障措施。在云计算时代，图书馆相互联合且共享数据资源，大大降低了图书馆之间的重复劳动。只要一处进行数据更新，所有的图书馆都将受益。但是同时也存在一定的数据风险，如图书馆本地并没有建立存储库，而是租用了远程的存储器，将所有的信息全都存放在云端，这就可能造成数据的不安全。因而，图书馆现在应该持续关注数据保护，即图书馆在数据存储方面需要考虑数据的本地备份和恢复问题，需要存储大量的数据。数据存储方式需具备高性能存储能力以及可扩展的存储模式等特点，笔者认为，数据资源的最佳存储方式可能是关系型数据库与云存储方式的有机结合，即在云计算的条件下，建立关系数据库进行管理，并关注数据的异地保护。

5.3　培养数据馆员

目前图书馆员在知识、能力和信心等方面存在不足是拓展数据服务的最大障碍，应接受专业教育和培训，从多层次深入了解科学研究的流程和环境。具体应在熟悉数据资源、熟悉领域研究过程中的数据利用、熟悉数据格式、熟悉数据分析工具的使用、熟悉数据共享方案的编写等方面做出努力。图书馆员是提供数据服务的主体，数据馆员的培养是服务质量的保障。在实施数据管理服务的初期，图书馆可以采取多培训、多交流、多学习的方式来提升馆员的服务能力与水平。

6　结　语

不断增长的数据共享和数据管理需求加快了科学数据管理的发展，而图书馆作为教学和科研工作的有力信息资源支撑，应抓住这个机遇，改革创新，完善内部制度，真正建立基于科学数据管理的图书馆数据服务体系。对于科学研究来说，图书馆通过管理科学数据、整理信息，并嵌入科学研究过程中为科研提供服务，利于科学的创新；对于图书馆来说，这正是图书馆改善自身条件，将文献服务转向知识服务，提供更广泛服务的重要转型。因此，图书馆应积极开展数据服务，拓展支持科学研究的服务内容和能力，使图书馆员成为数据服务的支撑者、领导者，促进图书馆数据服务的快速发展。

参考文献：

［1］ 姚松涛.E-Science 环境下科学数据的整合与共享［J］.现代情报，2009，29（5）：128-130.

［2］ 肖潇，吕俊生.E-science 环境下国外图书馆科学数据服务研究进展［J］.图书情报工作，2012，56（17）：53-58，114.

［3］ 崔宇红.E-Science 环境中研究图书馆的新角色：科学数据管理［J］.图书馆杂志，2012（10）：20-23.

［4］ Distributed Active Archive Centers［EB/OL］.［2014-08-15］.http：//en. wikipedia. org/wiki/Distributed_ Active_ Archive_ Center.

［5］ 中国科学数据共享工程技术标准［S/OL］.［2013-05-10］.http：//www. Sciencedata. cn/pdf/2. pdf.

［6］ 李慧佳，马建玲，王楠，等.国内外科学数据的组织与管理研究进展［J］.图书情报工作，2013，57（23）：130-136.

［7］ 徐坤，曹锦丹.高校图书馆参与科学数据管理研究［J］.图书馆论坛，2014（5）：92-98.

［8］ 姚松涛.E-Science 环境下科学数据的整合与共享［J］.现代情报，2009（5）：128-131.

［9］ 钱鹏，郑建明.高校科学数据组织与服务初探［J］.情报理论与实践，2011（2）：27-29.

［10］ 陈大庆.国外高校数据管理服务实施框架体系研究［J］.大学图书馆学报，2013（6）：10-17.

［11］ Velichka. Open access to research data：The European commission's consultation in progress［EB/OL］.［2014-08-11］.http：//openeconomics. net/2013/07/09/open-access-to-research-data/.

［12］ 熊文龙，王振.基于云计算的高校云联邦图书馆建设构想［J］.江西图书馆学刊，2012，42（4）：15-17.

［13］ Collins J P. The fourth paradigm：Data-intensive scientific discovery［EB/OL］.［2014-08-17］.http：//research. Microsoft. com/en-us//collaboration/fourthparadigm/4th_ paradigm_ book_ complete_ lr. pdf.

［14］ 肖健，李焱，冯占英，等.大数据及其对医学图书馆的启示［J］.中华医学图书情报杂志，2014，23（4）：29-34.

［15］　King. The Dataverse Network ［EB/OL］. ［2014-08-17］. http：//the data. org.

［16］　李晓辉. 图书馆科研数据管理与服务模式探讨 ［J］. 中国图书馆学报，2011，37
（5）：46-52.

［17］　马建玲，祝忠明，王楠，等. 美国高校图书馆参与研究数据管理服务研究 ［J］.
图书情报工作，2012，56 （21）：77-83.

［18］　童鞋论文网. 高校图书馆参与科学数据管理 ［EB/OL］. ［2014-08-17］. http：//
www. txlunwenw. com/benkelunwen/201406041559. html.

作者简介

熊文龙，南昌大学图书馆副馆长，副教授；

李瑞娴，南昌大学管理学院本科生。

国内外大学科学数据监管比较研究*

——以国内外农业高水平大学为例

1 引言

随着物联网、云计算、移动互联、"互联网+"等技术的发展，以及农业农村信息化水平的逐步提高，现代化的信息技术和装备得到广泛的应用，海量农业数据呈指数方式增长。农业数据是指融合了农业地域性、季节性、多样性和周期性等自身特征后产生的来源广泛、类型多样、结构复杂、具有潜在价值，并难以用通常方法处理和分析的数据集合[1]。面对持续增长的农业数据资源，尤其是农业科学实验数据，如何进行有效的农业科学数据监管（agricultural science data curation，ASDC）成为大学学术研究的一个热点。农业科学数据不再是记录在纸质期刊论文或专著中的表格，而是人们在科研过程中产生的数字化信息，包括科学实验未经处理的原始数据、科研过程中产生的中间数据、得到最终研究结果的数字对象表达及从初始数据到最终研究成果的工作流等技术[2]。农业科学数据是所有能以数字化形式存储并能以电子方式获取的农业信息，包括数字、文本、出版物、视频、音频、算法、软件、模型、模拟、图像等。农业科学数据监管，不是单纯对这些科学数据进行存储，而是在农业科学数据供学术、科学及教育所用的生命周期内对其进行持续监管的活动，通过评价、筛选、重现及组织数据以供当前农业科研活动获取，并能用于未来再发现及再利用。广义的农业科学数据监管研究对象包括农业文献信息数据和农业科学实验数据，本文主要研究的是狭义上的农业科学数据，即对农业科学数据中的科学实验数据进行监管活动的研究。

———————

* 本文系黑龙江省教育厅人文社会科学研究项目"面向移动信息服务的图书馆业务整合和系统集成研究"（项目编号：12524032）研究成果之一。

2 国内外研究进展

2.1 国外农业科学数据监管研究进展

按照主题、标题、摘要或关键词包含"data curation and agriculture"的条件，在 Web of Science、Emerald 和 ELSEVIER（ScienceDirect）三大外文数据库中进行检索，检索结果分别为 5 篇、21 篇、327 篇相关文献（检索日期 2016 年 11 月 3 日），主要相关研究主题如下：农业生产效率影响因素分析：通过对具体的科学实验数据的收集，建立数据集，找出影响农业产量的各种因素[3]；研究数据服务：通过调查问卷的形式，对科研人员收集的农业科学数据类型、数量和存储形式进行调研，找出如何发现和创建标准化的元数据[4]；农业数据源导航：学术图书馆员提供正确引用数据源，属于数据搜集与发布领域[5]；农业科学数据嵌入式服务：提供政策实施的框架，为科研机构研究提供了信息基础设施和服务相关的研究数据的实现策略[6]；自发性的非营利组织数据集：通过登记的形式收集数据，比如生物信息学的数据资源[7]；农业科学数据平台：基因组数据访问可视化平台、集成育种平台等对某一具体学科的科学数据监管[8]；农业机构库建设等等。根据对国外农业科学数据监管文献的调研，发现国外农业科学数据监管研究注重实践，他们的活动丰富多彩，类型多种多样，来源广泛，数据提供者比较多，有的来自政府，有的来自机构和科研组织，还有的来自于个人等。农业科学数据监管活动组织方式也是多样的：学术资源导航、问卷调查、网站登记等，从中人们发现了数据科学与农业科学的融合，体现了领域数据学的魅力，运用数据科学的各种工具和方法，将数据科学应用到农业科学数据监管中，为利用农业科学数据进一步创新提供了各种新途径。

2.2 国内农业科学数据监管研究进展

在中国知网服务平台（www. cnki. net）上对农业科学数据监管进行检索，限定全文为"农业科学数据"并且包含"监管"的，找到 57 条数据（检索日期为 2016 年 11 月 3 日），这 57 条数据很大一部分是围绕农业科学数据共享进行对比和分析的，基本上都是理论性的文章，局限性较大，只是对农业科学数据监管生命周期最后阶段进行的研究，数据有些片面，但是也有一部分数据是关于大数据环境下农业科学数据监管研究的，农业大数据丰富了农业科学数据监管的内容，提供了更加多样的工具、方法和手段。笔者又选取维普期刊网（lib. cqvip. com）来进行检索，通过高级检索，任意字段检索"农业

88

科学数据"与"监管"，找到 395 条数据（检索日期为 2016 年 11 月 4 日），通过数据分析，删除不相关的文献，大约有 200 篇有效文献，主题集中在：农产品溯源，生产基地质量安全监测、追溯、预警，农产品质量安全的在线监控，物联网化的农业科学数据监管等。

从本文的统计数据来看，国外关于农业科学数据监管的研究注重实践，更加具体，研究方法多样，研究流程规范，比较重视科学实践生命周期的各种数据的监管；国内关于农业科学数据监管的研究偏重理论，尤其注重翻译和引进国外已有的理论与研究方法，以及国外实践的应用举例，缺乏农业科学数据监管实践，而且国家相关的政策和法规比较少。

3 国内外农业高水平大学科学数据监管对比研究

本文通过对国内外主要农业大学图书馆进行相关调研，样本的选择以 ESI（基本科学指标数据库 Essential Science Indicators）发布的学科排名先后顺序为标准。ESI 是国际上衡量科学研究绩效、跟踪科学发展趋势的基本分析评价工具之一，它是基于 Web of Science 所收录的全球 11 000 多种学术期刊的 1 000 多万条文献记录而建立的计量分析数据库。本文中所使用的数据以 ESI 数据库 2004–2016 年的统计数据为基础，时间断面为 2016 年 10 月 22 日。

3.1 农业高水平大学在 ESI 中的排名情况及样本选择

根据 2016 年 10 月 ESI 最新统计数据，通过访问 Web of Science 数据库中的 Essential Science Indicators，检索途径选择 Institution，在 Add Filter 里选择 Research fields，然后选择 Agricultural Sciences 作为检索途径，检索到农业科学学科全球大学排名前三名的国外院校为加州大学伯克利分校（UNIV CALIF Berkeley）、瓦赫宁根大学（WAGENINGEN UNIV&RES C TR）和加州大学戴维斯分校（UNIV CALIF DAVIS）。我国的中国农业大学（CHINA AGR UNIV）农业科学学科首次进入 ESI 数据库全球大学前四名。数据显示，在 ESI 数据库中中国农业大学农业科学总引用量位于全球第 10 名，在全球大学排名第 4。浙江大学（ZHEJIANG UNIV）全球第 23 名，全球大学排名第 14 名。需要说明的是，为了增加对农业科学数据监管情况的全面了解，根据文献中我国学者对农业大学的科研实力的研究[9]，本文把美国的德州农工大学（TEXAS A&M UNIVERSITY）列入此次研究样本；为了方便统计，本表格把加州大学伯克利分校和加州大学戴维斯分校统一归类为加州大学之中。本文通过选取 6 所国外大学以及 4 所国内大学进行了图书馆农业数据监管问题情况对比（见表 1）。

表 1 国内外 10 所大学图书馆农业数据监管问题情况对比

国内外农业大学	总体排名	大学排名	机构库	DC 导航或平台	DC 机构	DMP	工具	DC 素养教育
加州大学[10]	4	1	escholarship	DMPTool Webinars; Data Lab	BIDS 科研数据研究所	有	DMPTool; DataUp; EZID; Merrit	Data Lab; ISCHOOL
瓦赫宁根大学[11]	6	2	无	Data management support hub	无	有	DMPTool	upcoming curses
中国农业大学[12]	10	4	CAUIR	学校系列科研平台	无	无	无	无
康奈尔大学[13]	11	5	DataStar	无	研究数据管理服务组	有	DMPTool	ISCHOOL; 嵌入式的信息素养教育
佛罗里达大学[14]	16	9	Data One, Datasets	无	UFDC	无	SobekCM	无
根特大学[15]	17	10	OpenAIRE	Expertise database of the Ghent Africa Platform	大学间的研究中心	有	无	无
浙江大学[16]	23	14	无	学科资源导航	无	无	无	无
德州农工大学[17]	31	20	The OAKTrust Digital Repository	Research guide	农业研究中心	有	DMPTool	无
南京农业大学[18]	46	30	无	学校科研数据平台	无	无	无	无
西北农业科技大学[19]	76	55	无	地球系统科学数据共享平台	无	无	无	无

按照大学农业科学在 ESI 中的排名顺序进行排序的，通过大量文献收集、网站访问和 E-mail 方式获取数据信息，主要统计数据来源于大学图书馆的网站或学校主页，还有一部分来源于相关文献记载。

3.2 农业高水平大学机构库建设对比研究

目前，在大学里建设机构库是比较普遍的，因为机构库是揭示大学学科研究发展情况比较直观的工具之一，有了机构库，本校专家学者研究所产生的大量实验数据就有了可以存储和揭示的地方，促使大学的科研有了继承性，从而更加系统化。机构库有两种类型，一种是只针对科学数据的，另外一种是文献信息和数据混合的。本文在统计过程中，分别进行了详细说明。从表 1 中可以看出，10 所农业大学中建设机构库的大学图书馆有 6 所，其中国外图书馆 5 所，分别是加州大学伯克利分校的 escholarship、康奈尔大学的 DataStaR（数据阶段存储库）、佛罗里达大学的 Data One 和 Datasets、根特大学的 OpenAIRE 和德州农工大学的 OAKTrust；我国大学图书馆有中国农业大学的 CAUIR，主要是文献信息的机构知识库。国外机构库建设起步的比较早，有成型的模型，成熟的方法，本文所统计的国外机构库基本上都是关于科学实验数据的机构库，是由农业科学数据集组成的，而国内机构库文献信息成分比较多，关于科学实验数据的内容特别少，基本上属于混合型的，它们建设起步比较晚，数量少。机构库的建设是一项艰苦的工作，主要问题不是机构库的架设问题，而是机构库的可持续发展问题，学者们对机构库的关注度与参与度决定了机构库的存亡问题，怎么调动科研人员及学者们的积极性，是今后国内外大学农业机构库努力的方向。同时，我国的各个高水平农业大学，应该更加注重农业科学数据机构库的建设，避免走简单的建设文献信息机构库的老路。

3.3 农业高水平大学学科平台或学科导航建设对比研究

学科导航服务是传统学科服务的主要形式之一，学科平台可以看做是学科导航服务的升级版，学者们对于学科导航服务的研究早于对平台化服务的研究。DC 导航包括文献信息服务系统的导航和存储科学数据的平台或导航系统，鉴于本文主要研究的是对农业科学实验中数据的监管，所以本文统计的是存储农业科学数据的平台或导航系统。表 1 中，国外的德州农工大学的 Research guide 和国内的浙江大学的学科资源导航。其中，浙江大学的学科资源导航比较特殊，它是在学科导航的总纲下，又分为若干个学科服务平台，是学科导航和学科服务平台的有机结合，内容丰富，既有文献信息数据，又有科学实验数据。

科学数据监管平台建设已经成为国内外科学数据监管研究的重要内容之一，表 1 中的国外农业大学平台，有加州大学伯克利分校的 DMPTool Webinars 学科交流平台、Data Lab 数据监管平台[20]；瓦赫宁根大学的 Data management support hub 服务平台；根特大学的 Expertise database of the Ghent Africa Platform。我国已有很多在建的农业科学数据监管平台，这些平台的产生为农业科技创新和科研发现做出了贡献，它们是中国农业大学系列科研平台；南京农业大学的学校科研平台；西北农业科技大学的地球系统科学数据共享平台等。

学科导航和数据平台作为数据发布的两种手段，国内外建设的都比较好，基本上没有学科导航的就会有数据平台，但是国内农业大学在农业科学数据平台的建设数量上和质量上都有待于提升，学科导航和平台建设已经成为当今农业大学科学数据监管工作的主要内容之一。

3.4 农业高水平大学 DC 机构比较

专门的 DC 机构是 DC 发展到一定程度的产物，随着国家和大学对开展 DC 服务的重视与支持，专门的 DC 机构便应运而生。表 1 中，有专门的 DC 机构的图书馆不多，基本是国外农业大学图书馆。目前除了专门的 DC 机构，主要是农业高校的图书馆负责农业 DC 服务的推广，大学越重视科研工作，那么学校也会支持图书馆为学科服务，从而支持图书馆的 DC 工作。加州大学设有科研数据研究所——伯克利科研数据研究所（Berkeley Institute for Data Science，BIDS），它是由戈登和贝蒂·摩尔基金会和斯隆基金会赞助的。BIDS 为加州大学的科研数据监管服务做了不少贡献[21]；康奈尔大学在 2010 年组建了研究数据管理服务组（research data management service group），为学校科研提供各种数据服务，包括存储备份、数据分析、元数据加工、数据发布等[22]；根特大学设有大学间的研究中心（Interuniversity research center）；德州农工大学图书馆设有农业研究中心，提供农业和生物科学的学科导航。而表中我国的 4 所大学都没有这样的机构。通过相关资料调查，我国专门的 DC 机构都由政府或者情报研究所等设立，大学不重视这方面的工作。

3.5 农业高水平大学数据管理计划及农业科学数据监管工具情况比较

目前，美国、英国、澳大利亚等多个国家的科研基金机构都采用了数据管理计划（data management plan，DMP）。英国数据监护中心（Digital Curation Centre，DCC）从 2009 年开始发布 DMP 的内容建议清单，目前公布的是 2013 年的第四版。2011 年 1 月开始，美国国家自然科学基金委员会（National Science Foundation，NSF）要求基金申请书必须附带 DMP，以说明将怎样遵循 NSF 研究成果传播和共享方针[23]。数据管理计划的内容涉及多个方面，在不考虑学科背景和政策差异的前提下，可以将其内容要素总结为 4 个层面：数据层，数据监护，共享安全和计划执行[24]。DMP 的产生来自于英美主要科研基金会的要求，是一种自上而下的规划文件，是政策性文件推动的产物，本文调查的农业大学中，国外大学基本上都有 DMP，其中加州大学图书馆开发了服务工具 DMPTool 和 DataUp。相比国外农业大学，我国没有开始具体明确的数据监管计划，虽然很多学者已经捕捉到这方面信息的重要性，但是从管理层进行政策上明确的要求和类似国家基金的规定没有实践性指导，也没有开始这方面的具体工作。国内外农业科学数据监管工具有自主研发的，比如加州大学的 DMPTool，它已经发展的特别成熟，被多所大学应用，本研究中就有 4 所大学采用了此工具，也有第三方资助的，如 EDIZ 和 Merrit，使用 DMP 工具的农业大学主要是有 DMP 监管计划的大学，这方面的研究在我国处于劣势，有待于进一步开展相关研究工作。

3.6　农业高水平大学 DC 素养教育比较研究

目前国际上开展 DC 教育多以大学的信息学院为中坚力量，同时很多大学图书馆也承担了这方面的工作。比较流行的是 ISCHOOL（Information Schools）教育（见表 1）。ISCHOOL 教育针对的是学生的培训，有的是研究生教育，而图书馆的培训多数是对馆员和学生以及教师的培训。加州大学伯克利分校既有学院的 ISCHOOL 教育，又有图书馆的 Data Lab 培训。瓦赫宁根大学提供 DMP 服务，他们的形式是 upcoming curses，通过研究生院给读者开展一天的培训课程，让读者掌握 DMP 的使用流程，这个活动是由图书馆进行组织的。康奈尔大学图书馆针对不同学科的信息需求，由学科馆员将信息素养教育嵌入课程教学的环节中，主要有两种嵌入式教学方式：一种是学科馆员和教师一起都参与讲授课程，共同设计课程内容和作业；另一种是学科馆员作为教学助手在为课程提供信息服务的同时兼职讲授几节课程[25]。我国有一些大学和科研机构也开展了 DC 信息素养教育，但农业大学的情况不容乐观。

4　我国农业高水平大学科学数据监管动向研判

目前，大学农业科学数据监管面临数据、信息技术、科研环境等新环境的变化，科技创新、用户多样化需要等，为了迎接各方面的挑战，适应变化了的学术大环境，大学农业科学数据监管的未来将是各种技术手段的融合，新工具、新方法的融合，将是跨校之间的协同合作与学术交流的繁荣发展。同时，根据大量文献显示，结合相关领域的学术研究与实践进展，我国大学 ASDC 发展可能呈现以下发展动向。

4.1 大学农业科学数据监管与农业大数据环境的融合

农业大数据是一种以数据驱动农业生产向智慧型转变的新兴力量，是现代农业生产中新兴的生产要素，大数据为农业带来机遇，中国农业科学院农业信息研究所所长许世卫认为，对于信息时代的农业交易而言，大数据法则有助于深入挖掘并有效整合散落在各处的农产品生产和流通数据，是重要的国家战略需求[26]。农业科学数据监管未来的研究的重点内容就是：在大数据环境下，如何更好地监管农业科学数据，运用大数据提供的工具和手段迎接挑战。2015 年 8 月 31 日国务院发布《促进大数据发展行动纲要》，文中指出统筹国内国际农业数据资源，强化农业资源要素数据的集聚利用，提升预测预警能力。整合构建国家农业大数据中心，推进各地区、各行业、各领域农业数据资源的共享开放，加强数据资源发掘运用。加快农业大数据关键技术研发，加大示范力度，提升生产智能化、经营网络化、管理高效化、服务便捷化能力和水平[27]。2015 年 12 月 31 日农业部发布《关于推进农业农村大数据发展的实施意见》明确提出运用大数据加强全球农业数据调查分析，增强在国际市场上的话语权、定价权和影响力。引导农民生产经营决策，需要运用大数据提升农业综合信息服务能力，让农民共同分享信息化发展成果。推进政府治理能力现代化，需要运用大数据增强农业农村经济运行信息及时性和准确性，加快实现基于数据的科学决策[28]。大数据环境下，农业科学数据监管大有可为。今后，我们可以对农业科学数据资源研究与建设总体进行大数据规划；针对农田进行环境监测、土壤普查、农情分析的系统性数据积累，对水资源进行调查评估；推广农业的异质、异构、海量、分布式大数据处理的分析技术。

4.2 大学农业科学数据监管越来越需要物联网技术的支持

农业科学数据监管实质是对农业科学数据实验过程的生命周期内的全部工作流的监管，在这一过程中，有了物联网技术无疑加速了监管的效率和效果，通过无线传感器网络将获取的海量农业数据进行融合，实现农业产前、产中、产后的过程控制，科学决策和实时服务，可以说目前物联网技术是农业科学数据监管最有效的助力[29]。农业的创新离不开农业物联网技术的支持，物联网已经在农业各个领域内得以应用，主要在设施农业、水产养殖、畜禽养殖和大田作业等领域，集中在农业资源利用、农业生态环境监测、农业精细管理、农产品与食品质量安全管理与追溯、农产品物流等环节。农业科学数据监管的物联网化，主要在农产品的安全溯源和农业环境监测等领域应用最为成熟。我国与发达国家的物联网技术差距不大，主要是在应用环境和应用条件上还不成熟，我们必须走自己的路[30]。在未来的工作中，我们要客观的分析影响农业科学数据监管物联网化的各种因素，制定出合理的促进农业科学数据监管物联网化的战略措施。

4.3 大学农业科学数据监管中的数据开放

科学数据的开放与共享是目前学术界研究的一个热点问题之一。目前，国内外研究最多的是政府数据开放，关于农业科学数据的开放与共享，在《关于推进农业农村大数据发展的实施意见》已经有了相应的规划：未来5~10年内，实现农业数据的有序共享开放，初步完成农业数据化改造。到2020年底前，逐步实现农业部和省级农业行政主管部门数据集向社会开放，实现农业农村历史资料的数据化、数据采集的自动化、数据使用的智能化、数据共享的便捷化。编制农业农村大数据资源开放目录清单，制定数据开放计划，推动各地区、各领域农业数据逐步向社会开放，做到数据应开放尽开放，提高开放数据的可利用性。逐步实现政府数据集向社会开放（2019—2020年）[28]。数据开放或者说开放数据，已经得到国内学者的广泛重视，目前的特点是主体集中在政府数据，农业科学数据由于有安全和知识产权保护方面的要求，没有形成可行的开放存取协议，参考的资料比较少，需要学者们在今后的工作中继续完善，找出适合农业科学数据开放的途径。

4.4 大学农业科学数据监管与学科化服务的有机结合

学科服务是农业科学数据服务的主要研究内容。农业科学数据监管在学科建设中将发挥重要推动作用，学科建设的可持续发展离不开科学数据的支撑，农业科学数据监管平台对农业科学数据资源的整合，动态数据的监管，数据的集成，日益增长的接口，复杂系统的监管都将有所涉及；对于数据科学家来说也是不小的挑战，农业高等学校必须重视数据服务，重视科学数据的积累、继承与更新。农业学科服务的最有效也是最热门的方式是嵌入式，嵌入式服务不仅仅是"嵌入"的问题，嵌入的不仅仅是手段和方式，同时也是服务内容的深化和对服务深度、服务效果的要求[31]。馆员可以通过嵌入科研过程和环境，与用户良性互动和实时交流，并利用先进计算机技术（如语义网、Web3.0和机构库等），基于数据生命周期帮助科研人员集成监管各种类型的科研数据，这种方法有利于科研数据长期保存使用，从而满足学校教学、科研资源需求[32]。

4.5　大学农业科学数据监管更加注重人才的培养

我国目前的现实情况是，缺乏懂农业的数据专家，没有制订完善的培养机制。由于技术力量薄弱，领军人才缺乏，专门针对农业数据专业人才的培训还远远不够，对人才的培养还没有形成常态化的机制。今后我们要组建既懂技术又懂业务的农业数据科学家和数据团队，建立人才储备机制，只有通过不断地进行系统培训，把计算机技术同农学、数学、统计学等结合起来，并形成常态化培训机制，注重团队的合理分工和人才结构配置，才能培养打造精英农业数据团队[33]。值得一提的是欧美开展的数据监管教育为国内开展今后的工作提供了借鉴，其中的内容和模式可以选择性的参考，探索适合我国国情的农业大学科学数据监管教育模式。

5　结语

农业高水平大学的科学数据监管是在国内外科学数据监管的研究基础上开展的，是数据科学与图书馆服务的融合，对我国农业生产、农业科学研究乃至人们的生活都有重要的现实意义。目前国内学者的研究都集中在对国外科学数据监管文献的翻译和科学数据监管实践的介绍上，把科学实验数据作为科学数据监管的研究对象的比较少。然而，农业大学中的科学实验数据是散落在各个大学中学术含金量比较高的数据，这些数据比较新颖却难以获得，急需进行有效的科学数据监管。本文通过对比研究发现，相对于国外农业高水平大学科学数据监管的研究，我国农业高水平大学科学数据监管工作是发展中的，有可喜的成绩，也有很多不足，尤其是在农业科学实验数据的整个生命周期内，针对农业科学实验数据的个性化监管工作，从深度上还需要加强。文章指出了我国高水平农业大学科学数据监管工作的现状，同时对未来的发展趋势进行了研判，对现状中存在的问题如何改进以及具体的工具与方法没有探讨，需要在今后的工作中继续研究。

参考文献：

[1]　许世卫.农业大数据与农产品监测预警[J].中国农业科技导报,2014,16(5):14-20.

［2］　钱鹏,郑建明. 高校科学数据组织与服务初探［J］. 情报理论与实践,2011(2):27-29.

［3］　THEODOSIOS T, STAVROS V, GEORGIOS H, et al. Measuring, archetyping and mining olea Europaea production data［J］. Journal of systems and information technology,2012,14(4):318-335.

［4］　FARUQ A, OSAMA D, GHASSAN A, et al. An innovative information hiding technique utilizing cumulative peak histogram regions［J］. Journal of systems and information technology,2012,14(4):336-352.

［5］　ADEL A, ALEMAYEHU M, HEPU D. An exploration of data denter information systems［J］. Journal of systems and information technology, 2012,14(4):353-370.

［6］　BIRGIT S, JENS D. New alliances for research and teaching support:establishing the göttingen eresearch alliance［J］. Program: electronic library and information systems,2015,49(4):461-474.

［7］　TECH U D. Tools and data services registry:a community effort to document bioinformatics resources［J］. Nucleic acids research,2016,44(4):38-47.

［8］　POELCHAU M. The I5k workspace@ NAL-enabling genomic data access, visualization and curation of arthropod genomes［J］. Nucleic acids research,2015,43(28):714-719.

［9］　刘志民,李春. 国内外 8 所涉农高水平大学科研实力对比分析［J］. 高等农业教育,2015(4):118-122.

［10］　加州大学伯克利分校图书馆［EB/OL］. ［2016-10-22］. http://www. lib. berkeley. edu/.

［11］　瓦赫宁根大学图书馆［EB/OL］. ［2016-10-22］. http://www. wageningenur. nl/en/Expertise-Services/Facilities/Library. htm.

［12］　中国农业大学图书馆［EB/OL］. ［2016-10-22］. http://www. lib. cau. edu. cn/.

［13］　康奈尔大学图书馆［EB/OL］. ［2016-10-23］. https://www. library. cornell. edu/.

［14］　佛罗里达大学图书馆［EB/OL］. ［2016-10-23］. http://www. ufl. edu/.

［15］　根特大学图书馆［EB/OL］. ［2016-10-24］. http://www. ugent. be/en/.

［16］　浙江大学图书馆［EB/OL］. ［2016-10-24］. http://libweb. zju. edu. cn/libweb/.

［17］　德州农工大学图书馆［EB/OL］. ［2016-10-24］. http://library. tamu. edu/.

［18］　南京农业大学图书馆［EB/OL］. ［2016-10-24］. http://libwww. njau. edu. cn/.

［19］　西北农业科技大学［EB/OL］. ［2016-10-24］. http://www. nwsuaf. edu. cn/.

［20］　黄如花,林焱. 加州大学伯克利分校数据管理的实践剖析［J］. 图书情报工作,2016,60(2):26-31.

［21］　黄如花,李楠. 加州大学伯克利分校图书馆科研支撑服务研究［J］. 图书馆建设,2016(5):46-50.

［22］　范爱红. 学科服务发展趋势与学科馆员新角色:康奈尔范例研究［J］. 图书情报工作,2012,56(5):15-20.

［23］　王璞. 英美两国制定数据管理计划的政策、内容与工具［J］. 图书与情报,2015,(3):

103-109.

[24] 彭鑫,邓仲华."互联网+"环境下的数据管理计划[J].数字图书馆论坛,2016,(5):2-7.

[25] 赵美玲,秦卫平.基于Data Curation的高校图书馆学科化创新服务研究[J].情报理论与实践,2015,(10):46-50.

[26] 该如何利用农业"大数据"[EB/OL].[2016-10-23].http://www.ntv.cn/a/20141031/58906.shtml.

[27] 国务院.国务院关于印发促进大数据发展行动纲要的通知[EB/OL].[2016-10-23] http://www.gov.cn/zhengce/content/2015-09/05/content_10137.htm.

[28] 农业部.农业部关于推进农业农村大数据发展的实施意见[EB/OL].[2016-10-23].http://www.moa.gov.cn/zwllm/tzgg/tz/201512/t20151231_4972005.htm.

[29] 李瑾,郭美荣,冯献.农业物联网发展评价指标体系设计:研究综述和构想[J].农业现代化研究,2016,(5):423-429.

[30] 于程,段运红.傅泽田:实现智慧农业离不开物联网[J].农业机械,2016,(7):50-52.

[31] 初景利.嵌入式图书馆服务的理论突破[J].大学图书馆学报,2013,(6):5-9.

[32] 徐菲,王军,曹均,等.康奈尔大学嵌入式科研数据管理服务探析[J].图书馆建设,2015,(12):54-59.

[33] 徐小俊,方佳.大数据背景下农业科技平台发展的困境与对策[J].福建农业科技,2015,(6):76-80.

作者简介

陆丽娜：文献搜集，论文撰写、修改与润色；

王萍：论文框架设计，指导论文写作；

张榅麒：对论文提出补充修改意见。

对高校科学数据管理
平台建设的建议[*]

1 引 言

21 世纪是数字化时代，以信息通讯技术为主导的科技进步对开展科学研究的手段、方法、载体及媒介带来了根本性变革，深刻影响着科研工作者的研究环境，科研人员开始大规模使用并依赖于各类电子工具，以辅助研究成果的生成、共享和利用。他们使用电子仪表、传感器、数据采集器和调查问卷来收集数据，借助数据库和电子表格存储管理数据，应用统计软件完成分析，操作文本编辑器读写分析结果，通过网络将研究成果传输给同行、出版商及公众，所有这些工具均生成和使用数字形式的结果[1]；而其中那些经过验证的、可靠的科研过程数据、半成品以及成果数据构成了科学数据的主体[2-3]，并以前所未有的速度在增长。

如何有效管理科学数据，以达到提升科学数据价值、加速科研进程的目的？目前，国家层面的跨国合作或国际联盟的超大型科研项目，由于受到重视，经费和人力都比较充足，已各自建立起专门的科学数据发布平台；而在高等院校，通常以一位或几位学者负责的小型科研项目更为多见，所产生的科学数据具有零星分散、类型复杂、无统一格式与标准等特点，至今还缺乏统一的数据管理平台[4]。小型科研积累的数据总量其实非常惊人，据学者预测将比大型科研产生的数据多出 2~3 倍[5]。这些产生于高校内、却长期分散在各个科研人员或课题组中的科学数据，未能得到良好的组织、共享与再利用，难以真正起到推动科研、加快科研产出的作用。因此，针对高校科研产生的各类科学数据，搭建能实施有序的组织管理、可靠的存储归档、便捷的获取共享的公共管理平台十分必要和重要。

---

[*] 本文系 CALIS 三期预研项目"高校科学数据管理机制及管理平台研究"（项目编号：03-3304）研究成果之一。

2 高校科学数据平台建设调研分析

总体而言，国外以美英为代表的发达国家，科学数据共享管理的意识萌发较早，政府的主导作用及资金投入都较大，高校在科学数据平台建设方面积累了大量经验；国内学术界近几年已开始重视该领域的研究，相关研讨主题和公开发表的科研论文越来越多，高校虽不乏相关平台项目实践，但仍以保存和共享研究后期产出的各类科研文档的机构数据仓储为主，而非严格意义上的高校科研数据管理平台。

笔者选取了国内外 10 个较有代表性的数据共享平台进行重点调查（见表1），结合其他相关案例，从需求、目标、经费保障、数据来源几方面对当前高校科学数据平台建设的现状及特点加以分析。

2.1 建设需求分析

数字研究环境下，数据密集型科学研究正在快速兴起，数据成为科学研究的重要组成部分。在这一大背景下，以高等院校为建设主体的科学数据管理项目，主要出于三种需求：第一种是应对数字科研方式下数据监管与保存的挑战，探讨机构和社区的解决方案，如表 1 中的 Data Conservancy 与EIDCSR 平台；第二种出自科研工作者共享和再利用数据的迫切需要和呼吁，例如：收集问卷、调查表和访谈内容等社会科学领域研究数据是一项十分艰辛的工作，提供对已有有效数据的获取和再利用，是社会学家们的共同愿望，欧洲各国很早就关注到这一需求，并开发了数据服务软件 Nesstar，以方便数据管理和用户检索；第三种出自项目资助机构或合作组织的硬性要求，如中国社会调查开放数据库，既是中国综合社会调查项目（General Social Survey，GSS）的一个子项目，又是"国际社会调查协作项目"之一（International Social Survey Programme，ISSP 建设方中国人民大学，是 ISSP 成员）的成员，按照 GSS 调查的惯例和 ISSP 成员的要求，将调查数据提交到社科数据平台上进行保存是必需条件。

表 1 高校数据共享平台调研

平台	网址	科学领域	建设目标	经费保障	数据来源	主要功能	平台软件
美国康奈尔大学 DataStaR	http://datastar.mannlib.cornell.edu/about?home=1&login=none	综合	支持研究者在研究过程中的合作与数据共享，促进数据向学科数据中心的归档与发布	NSF 资助	本校研究人员自主提交	创建元数据、数据上传下载、数据分析、分类浏览、提供数据索引	Fedora
美国哈佛麻省数据中心 HMDC	http://hmdc.harvard.edu/	以社会科学为主	深化社会科学研究与教育，并提供世界一流的研究计算资源、数据服务及信息支持技术	国会图书馆、NSF 及其他机构资助	哈佛大学和麻省理工大学两所大学的社会科学数据	数据上传下载、数据查找、在线数据统计分析以对研究计算（Desktop Services）、模面服务（Hosting Services）的支持	Dataverse
美国约翰霍普金斯大学 Data Conservancy	http://dataconservancy.org/	综合	提供机构和学科中的数据监管工具及服务	NSF 资助	—	基于时间、空间、类别的跨项目科学数据检索与分类浏览、网络地图服务及培训教育信息发布	Fedora
英国艾塞克斯大学的英国数据档案（UK Data Archive）	http://www.data-archive.ac.uk/	人文与社会科学	提供对英国社会科学领域最大的数字化数据集合的获取及高效服务	ESRC、JISC 等机构和艾塞克斯大学共同赞助	本国数十年社会科学领域大型的国家调查研究数据	数据管理生命周期内的数据创建、提交、查找、下载及数据咨询服务、新闻事件发布、讨论社区	Nesstar
英国牛津大学嵌入式机构数据监管服务（EIDCSR）	http://eidcsr.oucs.ox.ac.uk/index.xml	生命科学和化学	通过改善研究数据管理政策、制定大学数据管理工作流，创建并直接起埃数据生命周期内各节点上的科学数据基础设施	JISC 资助	本校科研项目数据	政策介绍、常见问题咨询、新闻发布，数据上传平台自行选择两个外链平台提交——英国数据档案（UK Data Archive）和自然环境研究委员会数据中心（Natural Environment Research Council Data Centres）	Fedora

平台	网址	科学领域	建设目标	经费保障	数据来源	主要功能	平台软件
英国爱丁堡大学数据共享中心（Edinburgh DataShare）	http://datashare.is.ed.ac.uk/	综合	建成本校多学科科研数据集在线数字仓储	JISC 资助	本校多学科科研数据集	分类浏览、快速检索与高级检索、最近提交成果、数据提交	Dspace
澳大利亚莫纳什大学的国家数据服务中心（ANDS）	http://www.ands.org.au/index.html	海洋、核科学、医学等	确保研究者和研究机构履行资助者赋予他们的义务，提高研究效率，实现数据共享与再利用，验证数据有效性	联邦政府和教育投资基金资助	本国研究数据	综合性平台，包括数据检索、数据发布、工具下载、数据管理政策、培训和指导信息发布、新闻公告	—
新加坡管理大学机构库	http://ink.library.smu.edu.sg/	综合	获取、组织并提供本校教师的科研学术成果、文档资产及特色馆藏资源		本校文献数据资源	分类浏览、快速检索与高级检索、数据下载及前 10 数据下载排行榜和前 50 最近提交数据	Digital Commons
中国社会调查开放数据库	http://www.cssod.org	社会科学	存储和发布在中国范围内执行的社会调查数据、资料以及信息，以求得到最大效能的使用	GSS 项目资助	项目调查全部原始数据及相关信息	可选检索项的数据检索、数据下载、新闻公告	Linux+ Apache+ MySQL
香港科技大学机构库	http://repository.ust.hk/dspace/	综合	使全世界的研究者可以无障碍地获取数据；提高本校研究的可获取性和可见性；增进研究者间的沟通交流	香港科技大学资助	本校教职员工、博士研究生、研究助理自行上传	机构浏览、快速检索与分类浏览、Scinus 全文检索和分类检索、新闻发布、版权政策检索、前 20 下载排行榜及论文数 Scopus 和 Web of Science 的引用次数统计	Dspace

102

2.2 建设目标分析

调研发现，数据平台建立的基本目标都是为了方便公众对科学数据的发现、获取和使用，促进科学数据共享管理的进一步发展，提高科研效率和社会价值。莫纳什大学更是描绘了科学数据平台实现的愿景，即使科学数据从无管理、无关联、不可见、一次性使用的状态向有管理、有关联、可查找、可再利用的结构化数据集形式转变，最终让更多研究者能够更频繁地再利用研究数据[6]。

除实现数据的保存和共享外，一些项目的建设目标呈现出新的发展方向。如康奈尔大学 DataStaR、约翰霍普金斯大学 Data Conservancy 和艾塞克斯大学英国数据档案平台，都力图提供贯穿于科学数据生命周期的数据监管服务；DataStaR 平台更是大胆作出前瞻性的系统规划理念，即定位于以机构库的形式，实现学科库的功能——以一个可靠的机构数据服务伙伴和短期的、过渡性质的数据集存储点角色，完成其促进机构数据向长期存储库（如学科库）流动的主要任务[7]。哈佛麻省数据中心 Harvard-MIT data center（HMDC）的建设宗旨之一是提供世界一流的研究计算资源、数据服务及信息支持技术，以增强对数据研究分析的支持。普渡大学图书馆和伊利诺伊大学图书情报学院合作开展的 Data Curation Profiles 项目[8]，旨在通过访问调查形式，探明各研究领域内包括数据共享者、科研各阶段文件格式、数据价值和用途、共享途径、期望保存年限、产权归属等在内的科研数据基本情况。

2.3 经费保障分析

高校数据平台项目经费来源主要有三类：一是政府或国家基金会的资助；二是高校或研究机构的资助；三是私营部门或社会机构的捐赠。

获得政府或国家基金会资助的主要是基于这类资金来源建立起来的数据平台。如莫纳什大学主持建设的国家数据服务中心（Australian national data service，ANDS）主要是由澳大利亚联邦政府的创新工业科学研究部门提供资助[9]。一些服务于大学科研的数据平台，获得了所在学校的经费支持，如英国数据档案、香港科技大学机构库等。还有一些数据平台得到了私营部门的赠款，如密西根大学主持的美国校际社会科学数据共享联盟（Inter-university consortium for political and social research，ICPSR）在 2012 财政年里，通过联邦机构、基金会和私营部门获得了 1 000 万美元的拨款和合同[10]。

2.4　数据来源分析

高校科学数据来源主要有两种：一是本机构内自行研究产生的数据；二是收集其他研究机构的科研数据。

本机构的数据来源，主要基于本校研究人员的自愿自主提交，数据服务人员提供咨询帮助。如爱丁堡大学数据共享中心，会主动邀请科研人员上传数据，但要求这些数据与学术出版物有关联、或对其他研究者有潜在使用价值[11]。第二种方式主要是与政府机构、科研机构、高校等部门合作，提供途径鼓励这些机构的研究人员将数据文件上传到数据中心共享。如由东京大学主持的日本社会科学数据存档项目（Social Sience Japan data archive，SSJDA）从那些有意愿但无法自行分发数据的组织和人员那里收集数据，同时鼓励有能力分发数据的组织和人员共享数据[12]。

3　搭建高校科学数据管理平台的几点建议

我国高校数据管理系统实践尚处于探索起步阶段，部分高校已经开始关注、研讨科学数据管理的主题，且个别高校已进行了试点建设。笔者主要基于大量文献调研的结果，从以下几方面对高校科学数据管理平台搭建提出若干参考建议：

3.1　建设目标

高校科学数据平台建设的基本目标大体一致，各校实践应明确个体目标。根据发布内容与功能组织，数据平台大致可分三类：一是数据主导型，平台主要围绕数据或数据集的内容揭示和功能操作来组织，如中国社会调查开放数据库；二是服务主导型，即以数据操作指南、数据政策说明、培训信息发布、工具下载等作为主体内容发布，如 Embedding institutional data curation services in research（EIDCSR）平台；三是综合型，既集成了数据内容揭示与提交、访问、下载等数据操作功能，又提供了指导利用数据的多样化服务，如 ANDS 平台。因各校学科结构、科研规模不同，基础设施条件也存在较大差异，在个体建设时，应根据本校需求，制定切实可行的目标，明确平台到底要以什么为主导，还是两者并重。就平台的应用领域选择，建议选取本校科研侧重的领域或数据服务擅长的方面进行试点。

3.2　组织实施

平台项目的组织实施，一方面，应根据科学数据管理的具体流程，充分整合校内或校际的优势部门及力量，强调各方的职责分工；另一方面，可适当建立专门的组织协调机构，注重发挥其作用。像康奈尔大学的研究数据管理服务小组（Research data management service group，RDMSG），就是一个校园范围内的协作组织，可为创建和实现数据管理计划提供及时和专业的帮助[13]。

平台建设的组织形式有单独建设和合作建设两种：单独建设，通常由一家数据产出或收集机构自行开发建设，如高校图书馆、大学科研中心等，需有专业的技术开发团队，如多伦多大学地图数据服务平台，即由多伦多大学图书馆独立开发维护[14]；合作建设，由校内或校际几家科研单位分工联合建设，如 EIDCSR 项目即由牛津大学校内的几家科研机构包括大学计算中心（项目主持、负责调研和顾问）、研究服务办公室（负责政策研究）、波德林图书馆（负责元数据管理）和科研项目团队（参与调研）共同合作完成[15]。

值得一提的是，高校图书馆在参与嵌入科研过程的高校科学数据管理服务方面具有明显的不可替代的优势：不仅具备专业的数据资源组织能力，拥有一批长期与院系保持稳定联系的学科馆员，可提供数据咨询服务；而且在用户培训与用户信息使用行为的认知方面，一直以来都有持续的实践与研究，为今后开展用户数据素养培训及科学数据使用行为研究打下了坚实的基础。

3.3　系统架构

当前，我国高校科学数据平台建设尚未形成一定规模，仍处于各高校自建探索阶段。就我国高校科学数据平台构建，笔者提供以下思路：

宏观来看，高校科学数据管理平台的总体架构可分三级：校际共享系统（如 CALIS）——各高校内部共享系统——校内某学科数据管理系统。第一级：校际共享系统，一般提供导航服务、咨询服务等，不存储数据，可收割元数据；第二级：各高校内部共享系统，存储元数据，也可根据需要存储数据；第三级：校内某学科数据管理系统，存储数据及元数据。平台总体部署概念图如图 1 所示：

就各高校内综合性数据共享系统而言，系统架构可分为门户网站、元数据库和学科数据库三层，如图 2 所示：

3.3.1　最上层　门户网站。包括前台数据发布和后台管理两部分：前台部分向用户提供资源目录服务、数据服务和咨询服务，如数据的提交、浏览、查询、下载、用户注册登录、新闻发布等；后台部分执行平台的各项管理工作，如数据库管理和用户管理。其服务运行环境是完全异构和分布的，可运

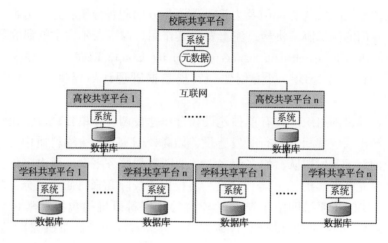

图 1　平台总体部署

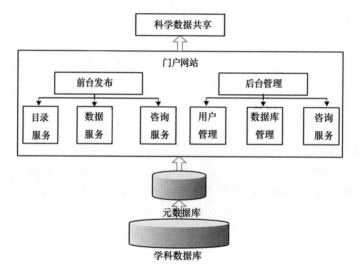

图 2　平台系统架构

行在不同的硬件系统或操作系统之上。

　　3.3.2　中间层　元数据库。数据提供者按照元数据标准对数据进行描述，生成规范的元数据文档，提交到元数据中心。门户网站通过元数据实现数据库的检索和利用。数据使用者通过门户网站的元数据浏览及查询功能，查看其描述的数据是否符合自己的需求，对满足自己需要的数据，通过门户网站的元数据进行访问或引用。

106

3.3.3 最下层 学科数据库。按学科整合各类型数据，形成各类学科数据库。为了便于管理和维护，中小型数据规模一般可建立集中式数据存储中心。鉴于高校学科数据资源分布在不同的研究单位和课题组中，各学科用户又有各自的应用需要，在集中式数据系统中进行大规模的并行处理可能是十分困难的，因此服务平台也可根据需要采用"物理上分散、逻辑上统一"的分布式数据存储系统。

3.4 技术路线

构建高校科学数据管理平台主要有以下两种技术实现途径：

3.4.1 从底层进行自主开发 采用 asp、java、php 等开发语言，结合 MySQL、Oracle 等专业数据库进行开发。此方式在数据支持和系统功能方面针对性强，但技术要求较高，从前期调研开发到后期维护与共享服务的实施全过程，投入较大，比较适合于有特殊数据应用需求且具备一定资金和技术力量的大型科研机构的数据管理应用。需要注意的是，在进行系统设计时应充分考虑到系统今后的交互性与可扩展性。

3.4.2 应用专业软件定制开发 分两种情况：①针对某一特定科学领域，采用该领域内专业的数字资产管理软件进行定制开发，构建专业领域的数据管理平台。这类平台往往只能处理特定学科数据，不适宜集成其他学科的数据与应用。常用软件有在社会科学领域广泛应用的 Nesstar 系统，在医药生物技术领域使用的 NuGenesis 系统等。这类软件通常属于商业软件。②应用专门的数字仓储软件进行二次开发，搭建涉及综合性领域或多种数据类型的数据管理平台。此类数字仓储软件有免费开源和商业软件两种，考虑到开发成本，一般多采用免费开源软件。调研到的开源软件主要有 Dspace、Fedora、Eprints、Plone 和 Dataverse，实际在应用的可能更多。此类软件一般都能满足基础的平台应用需求，具体应用可根据功能需求选取一个较为成熟、灵活的软件加以定制开发。

在部署本地数据平台时，不可盲目跟从，还应考虑数据应用需求、经费、技术力量、所涉及的学科领域等因素，选择合适的开发方式和基础软件搭建应用平台。

3.5 平台功能

不论采用上述何种技术途径实现，一个实用的高校科学数据管理平台都应包括科学数据的提交、发布、浏览、查询、下载、数据管理和用户管理几项基本功能。数据管理方面，应紧密结合研究者对数据的开放要求，充分考虑数据的分级管理和发布。譬如有的只存储不发布，有的只浏览不下载，有的完全开放获取，还有的需要在数据和元数据级别实现部分公开等。数据应用的功能需求会在一定程度上影响到平台开发工具的最终选择。用户管理则应具备用户注册与登录的基本功能，并能对用户的系统使用及数据应用权限进行严格控制，从而使数据安全性和系统可靠性得到保障。此外，平台还可根据项目需求及目标定位，进一步拓展深化相关的数据服务功能，使科学数据发挥应有的价值，更好地服务于科研群体。

参考文献：

［1］ Research data stewardship at UNC［EB/OL］．［2013-03-05］．http://sils. unc. edu/sites/default/files/general/research/UNC_Research_Data_Stewardship_Report. pdf.

［2］ NIH grants policy statement［EB/OL］．［2013-03-05］．http://grants. nih. gov/grants/policy/nihgps_2011/nihgps_ch2. htm.

［3］ Incremental project-explanation of terms［EB/OL］．［2013-03-05］．http://www. lib. cam. ac. uk/preservation/incremental/glossary. html.

［4］ 杨鹤林. 数据监护:美国高校图书馆的新探索［J］. 大学图书馆学报,2011,(2):18-21.

［5］ Carlson S. Lost in a sea of science data［EB/OL］．［2013-03-06］．http. //sdl. syr. edu/course/week1/1_IntroductionToTheCourse_Carlson_2006. pdf.

［6］ Australian national data service［EB/OL］．［2013-03-08］．http://www. ands. org. au/index. html.

［7］ 杨鹤林. 从数据监护看美国高校图书馆的机构库建设新思路——来自 DataStaR 的启示［J］. 大学图书馆学报,2012,(2):23-28.

［8］ Data curation profiles［EB/OL］．［2013-03-06］．http://www4. lib. purdue. edu/dcp/.

［9］ Australian national data service［EB/OL］．［2013-03-08］．http://www. ands. org. au/about-ands. html.

［10］ ICPSR. Grants and contracts［EB/OL］．［2013-03-10］．http://www. icpsr. umich. edu/icpsrweb/content/membership/grants. html.

［11］ Edinburgh DataShare［EB/OL］．［2013-03-10］．http://datashare. is. ed. ac. uk/.

［12］ What is SSJDA［EB/OL］．［2013-03-09］．http://ssjda. iss. u-tokyo. ac. jp/en/ssjda/about/.

［13］ Cornell University. The research data management service group［EB/OL］．［2013-03-05］．https://confluence. cornell. edu/display/rdmsgweb/About.

［14］ University of Toronto Map & Data Library［EB/OL］．［2013-03-08］．http://data. library. utoronto. ca/.

[15] Eidcsr team[EB/OL]. [2013-03-10]. http://eidcsr. oucs. ox. ac. uk/team. xml. http://library. duke. edu/data/.

作者简介

赖剑菲，武汉大学图书馆馆员，硕士；

洪正国，武汉大学图书馆馆员，硕士。

109

国　外　篇

英美数据管理计划与
高校图书馆服务

1 引言

在数据密集型社会中,科研人员在收集和处理数据时,往往是即时行动而没有进行系统规划,甚至对具体的细节也没有予以深思熟虑。当项目规模较小或数据量较少时,这种随意的数据管理方式的弊端并不明显。但大多数的项目数据量大且数据类型多样,故都会面临复杂的数据管理问题。如果在项目启动前没有制定数据管理计划,那么很可能导致数据记录偏差或重要数据丢失等问题。为此,数据管理计划(Data Management Plan,DMP)便应运而生。数据管理计划是简要描述数据处理方式的正式文档,其中列出了在项目进展中以及在项目结题之后数据收集、数据创建、数据组织、数据处理、数据存储、数据共享和数据复用的全过程,数据管理计划帮助科研人员识别和列出在整个科研过程中与科研数据管理相关的风险。

目前,国外许多资助机构发布了数据管理政策,要求科研人员在提交项目申请时提交数据管理计划,如美国国立卫生研究院(National Institutes of Health,NIH)[1]、英国生物技术和生物科学研究理事会(Biotechnology and Biological Sciences Research,BBSRC)[2]、美国国家科学基金会(National Science Foundation,NSF)[3]、欧洲科研和创新资助新计划——"展望2020"(Horizon 2020)[4]等,具体内容见图1,这些只是部分机构的数据管理计划政策,国际上还有很多资助机构也提出了数据管理计划政策,如NSF的下属部、澳大利亚研究理事会(ARC)、NASA等。顺应数据开放获取的潮流,国外一些高校图书馆,如牛津大学、麻省理工学院、莫纳什大学、剑桥大学、康奈尔大学等纷纷开展了科研数据管理服务。数据管理计划作为科研数据管理生命周期的重要组成部分,成为高校图书馆的重点服务内容,包括为科研人员制定数据管理计划提供咨询和辅助,开展课程培训以提高科研人员的数据管理素养等。

而国内图书馆科研数据管理服务的发展尚处于起步探索阶段,无论是从未涉足科研数据管理服务的图书馆员,还是科研一线数据素养贫乏的研究人

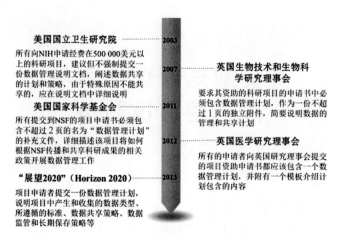

图 1　资助机构数据管理计划政策

员，制定一份高质量的数据管理计划对其而言都是一项严峻的挑战。国内不少学者已经开展了科研数据管理服务方面的研究，如师荣华等对基于数据生命周期的图书馆科学数据管理服务进行了研究[5]；陈大庆调研了 30 所英国、美国、澳大利亚高校的数据管理服务并构建了数据管理服务的框架体系，为国内开展数据管理服务提供参考[6]；项英等介绍了武汉大学图书馆社会科学数据管理服务的实践探索[7]；吴新年总结了国内外学术图书馆在开展数据管理服务方面开展的主要工作，归纳了学术图书馆在开展数据管理服务过程中需注意的问题[8]等。但这些多数是对基于数据生命周期全流程的图书馆数据服务的探索，仅将数据管理计划作为其中的一部分介绍，没有专门针对数据管理计划服务的研究。目前英美两国已经积累了较丰富的科研数据管理资源和实践经验，是国际科研数据管理服务的前沿和标杆。本文在国外资助机构提倡数据共享的背景下，总结出科研人员数据管理计划服务需求框架（见图2），并以此为研究基础，选取英美两国 20 所开展科研数据管理计划服务的高校图书馆作为研究对象，结合两国科研资助机构发布的数据管理计划政策，分析英美两国高校图书馆数据管理计划服务实践的现状和内容，以期为我国开展数据管理计划服务的研究和实践提供参考和借鉴。

2　研究对象及数据来源

2.1　研究对象

本文研究的科研资助机构主要参考 DCC（Digital Curation Centre）第 8 届

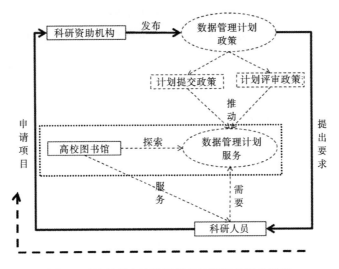

图 2　国外科研人员数据管理计划服务需求框架

国际数字监管会议[9]（8th International Digital Curation Conference）关于数据管理计划的两个报告——《英国视角下的数据管理计划》（*Data Management Planning in the UK*)[10]和《美国视角下的数据管理计划》（*US Perspectives on Data Management Planning*)[11]中涉及的资助机构、DCC 官网中罗列的英国资助机构数据政策[12]，最终选取英国 8 个有数据管理计划政策的资助机构——英国艺术与人文研究理事会（Arts & Humanities Research Council，AHRC）、BBSRC、英国癌症研究院（Cancer Research UK，CRUK）、英国经济和社会研究理事会（Economic and Social Research Council，ESRC）、英国医学研究理事会（Medical Research Council，MRC）、英国自然环境研究理事会（Natural Environment Research Council，NERC）、英国科学与技术设施理事会（Science and Technology Facilities Council，STFC）、英国惠康基金会（Wellcome Trust，WT）和美国两个最大的数据政策驱动者 NSF 和 NIH 为数据管理计划政策分析对象。

笔者通过网络调研 US News 发布的 2015 年世界大学综合排名前 500 名高校的图书馆[13]，对其中 150 所高校图书馆所开展的数据管理服务的内容和形式进行分析，选取其中美国、英国各 10 所数据管理计划服务开展较好的高校图书馆作为数据管理计划服务实践的研究对象。

2.2　数据来源

本研究所用数据主要来自科研资助机构和高校图书馆的官方网站，并结

115

合文献调研对资料进行补充，调研截止时间为 2015 年 4 月 20 日。

以下根据研究框架，分别对国外科研资助机构的数据管理计划政策和高校图书馆的数据管理计划服务进行论述。

3 科研资助机构的数据管理计划政策

根据数据管理计划服务需求框架，科研资助机构的数据管理计划政策为高校图书馆提供了新的研究课题和服务领域，促使高校图书馆探索数据管理计划服务，同时资助机构的数据管理计划政策又是科研人员数据管理计划服务需求的源头。因此，了解资助机构的数据管理计划要求，相当于间接了解科研人员的需求，可帮助图书馆充分发挥其在元数据、数据组织、数据共享等方面的专业优势，开展有针对性的数据管理计划服务。笔者提炼资助机构的数据管理计划政策的提交政策以及同行评审政策——决定科研人员申请项目资助成功与否的两个重要政策，将其作为本文政策分析的重点，具体见下文。

3.1 资助机构对数据管理计划提交的要求

由于科研资助机构开放数据制度、针对的学科背景以及科研项目等方面的不同，资助机构所要求提交的数据管理计划在形式和内容上稍有差异。

形式上，科研资助机构的数据管理计划政策要求提交的数据管理计划书大部分为"数据管理计划"或者"数据共享计划"，但也有比较特殊的，如 AHRC 要求提交一份"技术计划"，计划描述的对象为对科研成果非常重要的数字产品或数字计划。此外，科研人员提交的数据管理计划还受到篇幅限定，如提交给 MRC 的数据管理计划的篇幅，可根据数据的类型调整——人口群体数据、基因学数据、组学数据不超过 2 页，影像学数据不超过 3 页，价值不大的数据不超过 1 页。科研资助机构限定数据管理计划的篇幅，是希望科研人员能够简练、清晰地表达数据管理过程中的相关问题。

内容上，笔者调研的 10 个资助机构都规定了数据管理计划中应包含的内容（见表 1），虽然不同资助机构要求的计划内容要素看似不同，但计划政策的本质是相同的。总的来说，国际上通用的数据管理计划要素一般包括：①收集或创建的数据的类型和格式；②数据描述所遵循的标准和采用的方法；③数据伦理和知识产权问题；④数据共享和第三方获取的计划；⑤数据长期保存策略等[14]。

表 1　英美主要科研资助机构数据管理计划政策

资助机构	申请书要求	计划篇幅	内容要素	同行评审
AHRC	技术计划	不超过 4 页	数字产品和数字技术总结；数据标准和格式；软件和硬件；分析和使用；技术支持和相关经验；数据存储，可持续性存储和复用；确保数字产品可被连续地获取和使用[17]	有
BBSRC	数据管理和共享计划	不超过 1 页	数据领域和数据类型；标准和元数据；与仓储中其他数据的关系；数据复用；数据共享方法；数据共享方式；产权数据；数据发布时间；最终数据集格式[2]	有
CRUK	数据共享计划	无限制	最终数据集的数量；类型；内容；格式；数据收集和管理的标准；元数据；记录或其他支持材料；数据共享计划；数据共享方法；长期保存时间；产权数据共享的理由；限制数据共享的理由；隐私、伦理问题[18]	有
ESRC	数据管理计划	无限制	数据量；数据类型；数据质量；数据保存计划；数据共享困难；同意分享；数据责任[19]	有
MRC	数据管理计划	1-3 页	数据描述（研究类型、数据类型、数据格式和规模；数据收集的方法（数据质量和标准；数据管理、记录和监管（管理、存储和监管数据、元数据标准和数据标准数据记录、数据保存策略和标准；数据安全和个人信息的机密性；数据标准数据获取；数据共享计划；保存和共享数据所需要的资源[20]	有
NERC	数据管理计划大纲	不超过 1 页	角色和责任；数据产生活动；元数据管理方法；项目数据管理；数据质量；数据集的描述[21]	有
STFC	数据管理计划	不超过 2 页	数据类型；软件和元数据的含义；数据共享；数据保存的时间；数据保存所有的时长；数据保存方式；保存和共享数据所需要的资源[22]	有
WT	数据管理和共享计划	无限制	数据类型；共享数据实践；数据获取地址；数据复用；数据共享；数据长期保存；支撑计划的资源[23]	有
NSF	数据管理计划	不超过 2 页	数据类型；数据标准；数据获取与共享政策；数据复用、再传播，数据衍生的政策和规定；保存并且获取数据；样本和其他科研产品的计划[24]	有
NIH	共享科研数据计划	无限制	数据类型；最终数据集的格式；分析工具；将要提供的文档；数据共享协议；数据共享方式[1]	有

3.2　资助机构对数据管理计划进行同行评审

资助机构对提交的项目申请进行同行评审，以决定是否给予基金资助。数据管理计划作为项目申请书的一部分，资助机构将其纳入同行评审的范畴，对管理计划中的要素进行评估。部分机构还提供了数据管理计划评审指南，如 ESRC 的"数据管理计划评审指南（Data Management Plan-Guidance for Peer Reviewers）[15]"、MRC 的"评审者评估数据管理计划的指南（Guidance for Reviewers in Assessing a Data Management Plan）[16]"等。对数据管理计划进行评估主要有 3 个方面的目的：①评估数据管理计划是否符合资助机构的数据管理要求；②评估通过适当的研究政策、基金资助，科研人员是否已意识到共享高价值数据的机遇；③评估数据管理和数据共享的资源是否合理，是否值得支持。

4　高校图书馆数据管理计划服务内容

随着科研资助机构对数据管理计划的逐渐重视，创建数据管理计划已成为科研人员进行项目申请时不可回避的问题。但是大部分科研人员对数据管理计划的政策要求以及制定的方法并不知晓，从而催生了高校图书馆数据管理计划服务。了解其开展数据管理计划服务的概况，可为国内图书馆开展相关服务以及科研人员制定数据管理计划提供借鉴。服务内容总结见表 2，其中前 10 所为英国高校图书馆，后 10 所为美国高校图书馆。

从表 2 的统计结果可以看出，高校图书馆数据管理计划服务内容主要体现在提供计划制定指南、计划要素、计划模板以及推荐计划制定工具等 9 个方面。图书馆的数据管理计划服务是在资助机构数据政策的推动下开展的，因此多数图书馆都明确指出支持制定符合资助机构要求的数据管理计划。图书馆在介绍本馆数据管理计划服务的同时还推荐了大量相关的资源，包括数据管理计划政策、指南、模板、工具等。虽然这 20 所高校图书馆提供的数据管理计划服务形式上大体相同，但是具体内容却有所差异。

表 2 英美高校图书馆数据管理计划服务

高校（图书馆）	计划指南	计划要素	计划模板	计划工具	计划评估	支持资助机构	计划咨询	计划培训	相关资源推荐
牛津大学	●	√	√	●			√	√	√
爱丁堡大学	√	√	√	●		√	√	√	√
曼彻斯特大学	√	√		√		√		√	√
布里斯托大学	√	√		●		√		√	√
格拉斯哥大学	√	√		●		√		√	√
利兹大学	●	√		●					√
杜伦大学	√	√		●		√	√	√	√
莱斯特大学	√	√	●	●		√		√	√
雷丁大学	√	√	●	●		√		√	√
巴斯大学	√	√	√	●	√	√	√		√
哈佛大学	√	●	√	●		√			√
麻省理工学院	√	√		●		√			√
斯坦福大学	√	√	●		√	√	√	√	√
约翰霍普金斯大学	√				√				√
密歇根大学	√	●	●	●	√	√	√		√
华盛顿大学	√	√	√	●		√	√	√	√
加州大学圣地亚哥分校	√	√	√	●		√	√		√
杜克大学	√		●	●		√	√		√
明尼苏达大学	●	√	●	●		√	√	√	√
弗吉尼亚大学	√	√		√		√		√	√

注：表中"√"表示有该项服务内容；"●"表示有该项服务，但套用的是其他机构的。统计时间为 2015 年 5 月 8 日。

4.1 提供数据管理计划制定指南

有些图书馆为了指导科研人员制定数据管理计划，制定了数据管理计划指南，如爱丁堡大学图书馆在数据管理计划指南中，介绍了数据管理计划的意义、要素（数据收集、数据管理、数据完整性、伦理和知识产权、数据保存、数据共享和发布）及工具等[25]；部分图书馆，如牛津大学图书馆、利兹大学图书馆、明尼苏达大学图书馆未制定本馆的计划指南，以推荐资源的形式为主，将 DCC、NSF 等制定的典型的指南推荐给读者，以供参考。

4.2 提供数据管理计划要素

数据管理计划要素是计划的核心部分，只有明确计划的结构，才能制定一份合理完整、符合资助机构要求的数据管理计划，因此图书馆将此作为数据管理计划服务的主要内容，调研的 20 所高校图书馆中有 17 个图书馆都提供了数据管理计划应该包含的要素，如加州大学圣地亚哥分校图书馆指出一个完整的数据管理计划应包含以下要素：数据收集的描述信息、数据格式和标准、数据共享和访问政策、数据复用和数据再分配的限制条件、数据存档和长期保存计划[26]。莱斯特大学图书馆指出应该在项目启动前制定数据管理计划，计划要素包括：项目复用的数据以及产生的数据，数据遵守的政策，数据的保存、备份、安全措施和访问限制等，使用的信息技术和设备，数据的归属权和访问，数据管理各个流程的责任划分，数据保存、数据复用和数据共享策略 7 个方面[27]。从这些介绍可以看出，不同高校图书馆提供的数据管理计划的要素是不同的，与资助机构的要求也是有差异的，只供科研人员参考使用，在具体申请项目时需根据政策要求对内容进行调整。

4.3 提供数据管理计划模板

数据管理计划模板可以直观清晰地将数据管理计划展现给用户，如牛津大学图书馆为硕士研究生和博士研究生创建数据管理计划提供了模板和案例[28]，爱丁堡大学[29]、巴斯大学[30]、哈佛大学[31]、加州大学圣地亚哥分校[32] 4 所高校的图书馆也给用户制定了数据管理计划模板。余下的部分图书馆给用户提供了其他机构模板的链接，如密歇根大学图书馆[33]链接了美国政治与社会科学校际联盟（The Interuniversity Consortium for Political and Social Research，ICPSR）、DataONE、弗吉尼亚大学图书馆、墨尔本大学图书馆等的数据管理计划模板。因目前还没有规范化的数据管理计划要素，因此也不存在统一的数据管理计划模板，大部分图书馆提供的模板仅支持个别项目的申请，科研人员需要根据申请要求个性化地修改模板。

4.4 推荐数据管理计划创建工具

高校图书馆多数推荐科研人员使用由英国 DCC 开发的 DMPonline 或美国加利福尼亚数字图书馆（California Digital Library）开发的 DMPTool，这是两种常用的数据管理计划创建工具，可提供多种符合科研资助机构数据政策要求的模板，用户可以根据需要选择对应的资助机构，创建数据管理计划[34]，表 3 为两种工具支持的部分科研资助机构。此外，还有一些使用不常见的数据管理计划创建工具，如曼彻斯特大学图书馆还创建了服务本校研究人员的数据管理计划工具"Data Management Planning Tool"[35]，用户通过注册账户和密码登录即可使用。

表 3　DMPonline 和 DMPTool 支持的科研资助机构（部分）

数据管理 计划工具	资助机构
DMPonline	AHRC；BBSRC；CRUK；ESRC；EPSRC[36]；Horizon 2020；MRC；NSF（USA）；NERC；STFC；WT
DMPTool	NSF；NIH；Alfred P. Sloan Foundation；Department of Energy：Office of Science；Gordon and Betty Moore Foundation；Institute of Education Sciences（US Dept of Education）；Institute of Museum and Library Services；Joint Fire Science Program；NEH-ODH：Office of Digital Humanities；USDA-National Institute of Food and Agriculture；U.S. Geological Survey

4.5 帮助用户评估数据管理计划

高校图书馆提供的数据管理计划评估服务不同于资助机构对基金申请者提交的数据管理计划的同行评审，高校图书馆评估的主要目的是帮助用户对制定的计划进行评价，找出缺点和不足，进而用户对其进行修改，满足资助机构的评审要求。但多数高校图书馆目前并未开展评估服务，仅巴斯大学、斯坦福大学、约翰霍普金斯大学、密歇根大学 4 所大学的图书馆开展了数据管理计划评估服务。比较典型的是密歇根大学图书馆的"Data Management Plan Review Service（Pilot）"，该试点服务支持工程学院受 NSF 资助的科研人员的数据管理计划，科研人员通过 E-mail 将计划提交到 enginDMPhelp @ umich. edu，由图书馆员和 IT 人员对数据管理计划进行评审，一个评审周期一般为 10 天[37]。总的来说，通过数据管理计划评估服务，高校图书馆可帮助科研人员在项目申请之前进行把关，使其可以顺利通过资助机构的同行评审。

4.6 提供数据管理计划咨询服务

咨询服务是图书馆较为传统的服务，用户有任何有关数据管理计划的问题，都可以通过图书馆留下的联系方式联系馆员。斯坦福大学图书馆为学校的教师、工作人员、研究人员、研究生和本科生提供免费的咨询服务，服务的内容包括元数据的创建方法及创建工具、授权数据共享和重用的信息、命名和组织文件的最佳方法、推荐适合数据长期保存和共享的文件格式等[38]，用户可以通过图书馆在网站上留下的电话或者 E-mail 进行咨询。其他提供咨询服务的还有牛津大学、爱丁堡大学、利兹大学、巴斯大学等 10 所高校的图书馆。

4.7 开设数据管理计划相关培训课程

为让用户进一步了解科研数据管理并更好地管理科研数据，很多图书馆提供了相关的讲座培训和在线培训课程，对用户进行全方位的教育。布里斯托大学图书馆科研数据服务部门创建了"Research Data Bootcamp"科研数据训练营项目，这是一个在线培训课程项目，包括科研数据管理的各个方面。同时，还提供了很多基于各个学科的培训资源[39]。爱丁堡大学图书馆启动了MANTRA 项目，MANTRA 是一个免费的、不计学分的、提供自学课程的培训项目，为硕、博士研究生和处于职业生涯早期的研究者提供数据管理实践，通过 MANTRA 培训项目，用户可以学习如何创建数据管理计划，如何安全地存储数据和共享数据等。除了 MANTRA 常规的培训项目之外，爱丁堡大学每学期还会开办培训课程，如创建数据管理计划、处理个人数据和敏感数据等[40]。格拉斯哥大学图书馆为校内研究人员提供了科研数据管理培训课程，帮助研究人员了解什么是科研数据，如何发表数据论文，如何制定数据管理计划等[41]。高校图书馆的数据管理计划培训课程已经不仅仅局限于线下培训，而是采取线上线下结合的方式，从而实现优势互补。

5 总结与启示

从本文对英美科研资助机构数据管理计划政策以及高校图书馆数据管理计划服务的调查结果分析得知：

（1）数据管理计划将成为科研人员申请项目时必须包含的一部分内容。国外越来越多的资助机构对数据管理计划提出要求，但是由于学科背景以及科研资助机构数据政策的差异，不同资助机构对数据管理计划的要求不同。

（2）资助机构数据管理计划政策推动高校图书馆数据管理计划服务的产生。图书馆是为教学和科学研究服务的学术机构，数据管理计划对科研人员提出新的要求，图书馆理所应当地承担起责任，因此哈佛大学、牛津大学、麻省理工学院等国外名校的图书馆都纷纷支持资助机构的数据管理计划政策并开展相应的服务。

（3）高校图书馆数据管理计划服务水平不一。做得较突出的有牛津大学图书馆、爱丁堡大学图书馆、巴斯大学图书馆、斯坦福大学图书馆等，这些图书馆对科研人员在制定数据管理计划过程中可能遇到的问题都作了详细的说明，并且体现本馆的特色化服务，而有一些图书馆如密歇根大学图书馆主要以推荐资源为主，却没有实质性的服务内容。国外高校图书馆数据管理计划服务的差异说明数据管理计划服务尚处于不成熟的阶段，很多图书馆仍在尝试和探索。

笔者通过文献调研国内数据管理计划政策和服务实践，发现国内数据管理计划政策的制定处于探索阶段，尚无一家图书馆开展数据管理计划服务，当然这与国内政策的薄弱有很大关系。反观国外数据管理计划政策与高校图书馆数据管理计划服务，以下3点值得我们注意：

（1）开展具有本土特色的数据管理计划服务。国内在制定政策以及开展数据管理计划服务时，应结合具体的学科背景，借鉴国外数据管理计划的内容，确定符合需求的数据管理计划要素，帮助科研人员制定个性化的数据管理计划。笔者结合本文的调研，参考 ICPSR 数据管理计划元素列表、DCC 数据管理计划内容清单以及 MRC 的数据管理计划模板，在不考虑学科背景的情况下，总结出数据管理计划内容要素，如表4所示：

（2）充分利用相关资源。笔者在调研中发现所有图书馆都对与数据管理计划相关的资源进行了推荐，而且大部分图书馆的数据管理计划服务本质上区别并不大。因此，国内不管是政策的制定还是服务的提供，都可以借鉴国外的成功案例，这样能很大程度上减轻图书馆的工作压力，提高工作效率。

表 4 数据管理计划内容要素

要素	要素描述
项目描述	科研项目目的的研究目的，要解决的问题，收集数据的原因及价值
已有数据	是否存在与项目相关的现有数据，是否可以在项目中重用，如何将其集成起来
数据描述	项目产生的数据的类型，格式及范围
数据收集	数据收集的方法及标准
质量保证	收集的数据质量控制标准
元数据	创建元数据的方法，是否使用其他的元数据标准
数据组织	所使用用的文件命名规则，数据的版本控制
存储和备份	项目过程中数据备份的方法和流程，备份份数，备份地点
遴选与保存	数据短期保存，长期保存，剔除等的原则，依据及流程，数据的短期保存，长期保存标准以及保存期限
获取和共享	潜在的用户，数据共享的地址，共享的时间，共享的方式，共享机制，共享的限制，共享协议，永久标识符
评估与修正	数据管理计划的评估时间，评估责任人，计划的修正及版本更新
实施	数据管理计划实施的执行责任人，执行方式，计划实施情况监督
责任	数据管理活动每部分的角色与责任，比如数据收集，元数据创建，存储和备份，数据安全保证，数据评估与修正，数据管理计划实施
安全问题	包括数据的安全和个人的隐私保护：数据的安全保存，访问权限设置等，隐私保护的方法，可能出现的伦理问题
知识产权	数据版权所有人，数据使用许可，重用第三方数据的权限，数据共享限制
政策要求	相关机构，部门的数据管理与共享政策

（3）注重科研数据素养的教育。国外很多图书馆已为图书馆员以及科研人员开设了科研数据管理相关的培训课程，此外，某些高校还开设了数据管理专业，参见孟祥保、钱鹏调查的国外图书情报学院数据管理专业教育实践、数据管理课程、数据管理继续教育、数据管理研究课题等情况[42]。从国内数据素养的教育来看，从2014年秋季开始，中国科学院文献情报中心学科咨询服务部的青秀玲、刘艳丽、欧阳铮铮在中国科学院大学开设了"地学科学数据管理"的课程，以提高研究生的数据素质，开启了国内数据素养专业教育的先河。但国内数据素养的教育还不具有一定的广泛性且仅有的几家图书馆的活动基本亦处于起步阶段，图书馆需要在数据管理培训、数据素养专业教育方面继续做出努力，以提高科研人员的数据意识、数据管理和分析技能，促进科研数据发布与共享。

参考文献：

［1］ NIH data sharing policy and implementation guidance［EB/OL］.［2015-05-03］. http://grants. nih. gov/grants/policy/data_sharing/data_sharing_guidance. htm#ex.

［2］ BBSRC data sharing policy［EB/OL］.［2015-05-04］. http://www. bbsrc. ac. uk/web/FILES/Policies/data-sharing-policy. pdf.

［3］ Dissemination and sharing of research results［EB/OL］.［2015-05-03］. http://www. nsf. gov/bfa/dias/policy/dmp. jsp.

［4］ Guidelines on data management in horizon 2020［EB/OL］.［2015-05-03］. http://ec. europa. eu/research/participants/data/ref/h2020/grants_manual/hi/oa_pilot/h2020-hi-oa-data-mgt_en. pdf.

［5］ 师荣华,刘细文. 基于数据生命周期的图书馆科学数据服务研究［J］. 图书情报工作, 2011,55(1):39-42.

［6］ 陈大庆. 国外高校数据管理服务实施框架体系研究［J］. 大学图书馆学报,2013,(6): 10-17.

［7］ 项英,赖剑菲,丁宁. 高校图书馆科学数据管理服务实践探索——以武汉大学社会科学数据管理为例［J］. 情报理论与实践,2013,(12):89-93.

［8］ 吴新年. 学术图书馆的科研数据管理服务［J］. 情报资料工作,2014,(5):74-78.

［9］ 8th International digital curation conference［EB/OL］.［2015-05-04］. http://www. dcc. ac. uk/events/idcc13/Workshops.

［10］ Data management planning in the UK［EB/OL］.［2015-05-04］. http://www. dcc. ac. uk/sites/default/files/documents/events/Institutional% 20data% 20repositories/Inst% 20eng% 20page/IDCC2013presentations/dmpWorkshop/2% 20IDCC2013 _ DMP _ VVdE. pdf.

［11］ US perspectives on data management planning［EB/OL］.［2015-05-04］. http://

www. dcc. ac. uk/sites/default/files/documents/events/Institutional%   20data%
20repositories/Inst%20eng%20page/IDCC2013presentations/dmpWorkshop/3%20Frick_
IDCC13Workshop. pdf.

[12] Funders' data plan requirements[EB/OL]. [2015-05-04]. http://www. dcc. ac. uk/re-
sources/data-management-plans/funders-requirements.

[13] Best global universities rankings[EB/OL]. [2015-05-07]. http://www. usnews. com/
education/best-global-universities/rankings? int=9cf408.

[14] FAQ on data management plans[EB/OL]. [2015-05-02]. http://www. dcc. ac. uk/re-
sources/data-management-plans/faq-dmps.

[15] Data management plan——Guidance for peer reviewers [EB/OL]. [2015-05-06].
http://www. vesrc. ac. uk/_ images/Data-Management-Plan-Guidance-for-peer-reviewers _
tcm8-15569. pdf.

[16] Guidance for reviewers in assessing a data management plan[EB/OL]. [2015-05-06].
http://www. mrc. ac. uk/documents/pdf/data-management-plans-guidance-for-reviewers/.

[17] Technical plan [EB/OL]. [2015-05-04]. http://www. ahrc. ac. uk/Funding-
Opportunities/Research-funding/RFG/Application-guidance/Pages/Technical-Plan. aspx.

[18] Cancer research UK's stance on data sharing[EB/OL]. [2015-05-04]. http://
www. cancerresearchuk. org/funding-for-researchers/applying-for-funding/policies-that-
affect-your-grant/submission-of-a-data-sharing-and-preservation-strategy/data-sharing-
guidelines.

[19] ESRC research data policy september 2010[EB/OL]. [2015-05-04]. http://www. esrc.
ac. uk/_images/Research_Data_Policy_2010_tcm8-4595. pdf.

[20] MRC data management plans[EB/OL]. [2015-05-04]. http://www. mrc. ac. uk/docu-
ments/pdf/data-management-plans-guidance-for-reviewers/.

[21] Data management planning [EB/OL]. [2015-05-04]. http://www. nerc. ac. uk/
research/sites/data/dmp/.

[22] Data management plan[EB/OL]. [2015-05-04]. http://www. stfc. ac. uk/1930. aspx.

[23] Guidance for researchers: Developing a data management and sharing plan[EB/OL].
[2015-05-04]. http://www. wellcome. ac. uk/About-us/Policy/Spotlight-issues/Data-
sharing/Guidance-for-researchers/index. htm.

[24] NSF 13-1 January 2013 Chapter II-Proposal preparation instructions[EB/OL]. [2015-05
-04]. http://www. nsf. gov/pubs/policydocs/pappguide/nsf13001/gpg_2. jsp#dmp.

[25] Data management plans[EB/OL]. [2015-05-09]. http://www. ed. ac. uk/polopoly_fs/
1. 136394! /fileManager/DataManagementPlans. pdf.

[26] Write an effective data management plan[EB/OL]. [2015-05-09]. http://libraries.
ucsd. edu/services/data-curation/data-management/data-management-plan. html.

[27] Data management planning[EB/OL]. [2015-05-09]. http://www2. le. ac. uk/services/

research-data/create-data/DMPlan.

[28] Data management plan for post——Graduate research projects[EB/OL].[2015-05-09]. http://researchdata. ox. ac. uk/files/2014/01/Data-Management-Plan-for-Post-Graduate-Research-Projects. pdf.

[29] Edinburgh data management plan template[EB/OL].[2015-05-09]. http://www. ed. ac. uk/polopoly_fs/1. 160897! /fileManager/Edinburgh_DMP_template_web. pdf.

[30] Data management plan templates[EB/OL].[2015-05-09]. http://www. bath. ac. uk/research/data/planning/tools. html.

[31]   DMP samples [EB/OL]. [2015-05-09]. http://isites. harvard. edu/icb/icb. do? keyword=k78759&pageid=icb. page407320.

[32] UC San Diego sample NSF data management plans[EB/OL].[2015-05-09]. http://libraries. ucsd. edu/services/data-curation/data-management/dmp-samples. html.

[33] Sample plans[EB/OL].[2015-05-09]. http://www. lib. umich. edu/research-data-services/nsf-data-management-plans.

[34] 王凯,彭洁,屈宝强. 国外数据管理计划服务工具的对比研究[J]. 情报杂志,2014, (12):203-206,169.

[35] Data management planning tool[EB/OL].[2015-05-09]. http://www. library. manchester. ac. uk/services-and-support/staff/research/services/research-data-management/data-management-planning-tool/.

[36] EPSRC[EB/OL].[2015-05-04]. https://dmponline. dcc. ac. uk/projects/new;https://dmptool. org/select_dmp_template? .

[37]   Data management plan review service（Pilot）[EB/OL].[2015-05-09]. http://www. lib. umich. edu/research-data-services/data-management-plan-review-service-pilot.

[38] Consulting, training, and other services[EB/OL].[2015-05-10]. http://library. stanford. edu/research/data-management-services/consulting-training-and-other-services.

[39] Research data bootcamp[EB/OL].[2015-05-10]. http://data. bris. ac. uk/research/bootcamp/.

[40] Research data management training[EB/OL].[2015-05-10]. http://www. ed. ac. uk/schools-departments/information-services/research-support/data-management/rdm-training.

[41] Training[EB/OL].[2015-05-10]. http://www. gla. ac. uk/services/datamanagement/training/.

[42] 孟祥保,钱鹏. 国外数据管理专业教育实践与研究现状[J]. 中国图书馆学报,2013, (6):63-74.

作者简介

陈秀娟：进行研究数据收集、整理、统计与分析，起草与修订论文；

胡卉：进行研究数据收集，参与论文修订；

吴鸣：提出研究思路、研究框架，参与论文修订。

英美社会科学数据管理与
共享服务平台调查分析

在社会科学领域，社会科学数据在提供实证数据进行科学研究方面起着决定性作用，具有重要研究意义。Data-PASS 罗列的社会科学数据类型有民意调查、投票记录、家庭增长及收入调查、社交网络数据、政府统计数据和指标、地理信息数据等[1]。就目前而言，社会科学数据主要产生于社会、经济两大领域，基本分为两大类：国家统计部门发布的统计数据及为社会科学研究和政策制定而专门进行调查所产生的数据。在高校，研究人员在研究与实践过程中所产生的统计数据、专项调查数据、调查报告、论文类衍生出版物等都可视为社会科学数据。无论是社会大环境中还是高校内部环境下，社会科学数据产生的数量之大、速度之快，使得如何进行大量数据的管理、使用、保存、共享，如何避免重复工作、减少资金浪费、提高效率等问题变得十分重要；同时为使社会科学数据从只在少数机构或高校小范围内共享使用转变为在更大范围内共享，欧美各国开始进行有关社会科学数据统一管理、共享的实践，逐渐认识到构建社会科学数据管理与共享服务平台的重要性，在平台建设方面积累了不少经验。国际社会科学数据组织联合会（International Federation of Data Organization for the Social Science，简称 IFDO）为促进国际社会科学交流而成立，目的是协调全球数据服务从而促进社会科学研究的发展[2]；欧洲社会科学数据存储委员会（Council of European Social Science Data Achieves，简称 CESSDA）鼓励在整个欧洲进行数据和元数据标准化、数据共享和知识流动，目标是提供无缝的跨库、跨国家、跨语言、跨研究目的的数据访问与获取[3]。目前这两个组织内注册的国家级社会科学数据管理机构会员超过 30 个，这些国家级机构均已建立社会科学数据管理与共享服务平台，多由本国高校牵头，其中美国注册 7 个，英国注册 1 个。本文将选取在 IFDO 和 CESSDA 注册的英美社会科学数据管理与共享服务平台中的 5 个典范进行调查分析，它们分别是：康涅狄格大学的罗普中心公众舆论研究（The Roper Center for Public Opinion Research[4]，简称 ROPER），加州大学洛杉矶分校的社会科学数据存档（Social Science Data Archive[5]，简称 SSDA），北卡罗来纳大学教堂山分校的奥得姆研究所（Odum Institute[6]，简称 ODUM），密歇根大学的美国高校校际政治与社会研究联盟（Inter-University

Consortium for Political and Social Research[7]，简称 ICPSR），埃塞克斯大学的英国国家数据存档（UK Data Archive[8]，简称 UKDA）。

1 平台建设现状介绍

1.1 平台简介

1.1.1 罗普中心公众舆论研究——ROPER 成立于 1947 年，是世界领先的数据档案管理部门。ROPER 专门从事公众舆论调查数据的管理与共享，其大部分数据来源于美国，同时也获取世界其他国家的调查数据。藏量现已达 2 万个数据集，涉及公众舆论调查的各类主题，并以每年数百个数据集的速度持续增长。

1.1.2 社会科学数据存档——SSDA 1961 年加州大学洛杉矶分校就开始数据存档工作，1972 年加州大学洛杉矶分校的调查研究中心（Survey Research Center，简称 SRC）成立，1974 年 SRC 的数据存档转移到新成立的社会科学研究所（Social Science Research，现称 ISR），2010 年数据存档单位从 ISR 中分离正式称为 SSDA。数据领域包括社会、政治、人口、经济、地理和历史等，涉及原始数据集合或公开研究数据的重用。

1.1.3 奥得姆社会科学研究所——ODUM 成立于 1924 年，主要为北卡罗来纳大学社会科学研究和教学提供数据服务。其数据集包括国内外经济、选举、人口、金融、卫生、公众舆论数据以及能满足各种研究与教学需求的其他类型数据。

1.1.4 高校校际政治与社会研究联盟——ICPSR 成立于 1962 年，现拥有 700 多个学术机构和研究机构成员，维护 50 多万条社会科学和行为科学研究数据档案，8 000 多个数据集，每年增长量为 300-400 个数据集，包括教育、老龄化、刑事司法、药物滥用、恐怖主义等 16 个专业数据集。

1.1.5 英国国家数据存档——UKDA 成立于 1967 年，是英国最大的人文社会科学数据集合和数据档案的管理者，主要负责全国范围内的数据收集、管理、保存和利用，拥有 5 000 多个计算机可读的主题数据集，并以每年 200 多个数据集的速度增长。

1.2 平台现状分析

ROPER、SSDA、ODUM、ICPSR 与 UKDA 作为英美两国社会科学管理与共享服务平台的范例，从建设目标、主要经费来源、服务方式、管理政策及合作交流等方面对其进行调查分析。具体如表 1 所示：

表1 英美社会科学数据管理与共享服务平台现状调查

调查项目	ROPER	SSDA	ODUM	ICPSR	UKDA
管理方式	董事会、会员制	—	—	理事会、会员制	会员制
建设目标	①促进调查研究与公众舆论信息的知情使用；②维护、扩大调查研究和公众舆论数据库；③为研究人员开发安全全球获取信息的访问工具；④加强和促进政治与社会问题的国际理解和跨国研究	①管理社会科学研究项目的原始数据及其目录、相关资源，支持数据重用；②提供协作环境，帮助研究者从研究项目生命周期的角度理解研究方法的本质以及管理研究结果	①促进世界级的社会科学研究、基础设施的发展，以确保研究的科学严谨性；②提供严谨的研究；使研究人员能够进行重要的研究，帮助他们扩大研究的范围和影响，培养下一代社会科学研究者	①处理、保存社会科学数据，并在数据管理、获取和分析方面提供指引与培训；②作为数据管理的全球领先者，提供丰富数据资源和受教育机会，促进社会科学和行为科学研究的发展	①提供对社会科学数据的全面高效的管理与共享服务；②维持科学数据管理的主导地位，不断提高应用产品的质量和满足应用户需求；③旨在建立不同学科领域的数据创造者和使用者的联系
主要经费来源	UConn资助、会员费	UCLA资助	UNC资助	会员费及联邦机构、基金会和私营部门的赞助	JISC, ESRC, University of Essex等的赞助
服务方式	数据检索与获取、科学数据素质教育	数据检索与获取、科学数据素养教育	数据检索、数据存档、科学数据素养教育	数据检索与获取、数据存档、科学数据素养教育	数据检索与获取、数据存档、科学数据素养教育
管理政策	用户隐私保护政策、终端用户条款与条件声明	数据采编与归档政策、数据归档灾难恢复（容灾备份）规划	评估政策、元数据政策、数字保存政策、访问和使用政策、数据安全策略、遗留政策、数据引用	馆藏发展政策、数据存储标准、版权保护政策、用户隐私保护政策	馆藏发展政策、数据存取、数据存储标准、版权保护政策、用户隐私保护政策
合作交流机构	Illinois State University, Harvard University 等	ICPSR, UCLA 等	ROPER, ICPSR, IQSS, Data-PASS, NARA 等	Data Sharing for Demographic Research, Library of Congress 等	CESSDA, IFDO, JISC 等

注：UConn（University of Connecticut）即康涅狄格大学；UCLA（University of California-Los Angeles）即加州大学洛杉矶分校；UNC（University of North Carolina-Chapel Hill）即北卡罗来纳大学教堂山分校；IQSS（The Institute for Quantitative Social Science）即社会科学定量研究所；NARA（The National Archives and Records Administration）即美国国家档案和记录管理局；JISC（The Joint Information Systems Committee）即英国联合信息系统委员会；ESRC（The Economic and Social Research Council）即英国经济与社会研究委员会。

2 平台内容、平台软件与功能分析

2.1 平台整体结构

本文对五大服务平台进行调查分析后发现，首先五大平台要解决的是对海量分散复杂的社会科学数据进行标准化、规范化管理和高效利用，为社会科学研究提供所需资源。其次，五大服务平台的服务目标主要有两个：一是实现社会科学数据的管理和保存，即对社会科学数据进行收集、整理、组织等数据管理进而达到数据保存的目的，为数据共享奠定基础；二是实现社会科学数据的共享服务，即平台能够提供用户数据发布、检索与获取、导航、咨询/帮助等服务，让用户能够进行数据共享。最后，五大服务平台要实现的数据管理与共享等功能是相同的，平台功能的实现要依靠完善的平台结构和服务内容来体现。围绕这些相似之处，五大服务平台的整体结构在逻辑上可以认为是基本一致的（见图1）。

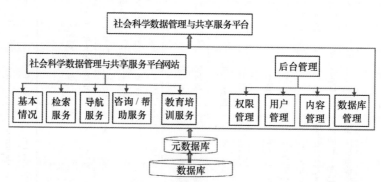

图1　英美社会科学数据管理与共享服务平台整体结构

在图1中，社会科学数据管理与共享服务平台整体结构的基础是数据库，存储的是来自不同研究单位、研究项目、研究人员的社会科学数据资源，类型涉及社会科学领域的各个学科，数量庞大；元数据库主要存储的是元数据标准，依据这些标准可将无序无章的原始社会科学数据有序化、标准化，从而更有效地实现管理与共享；后台管理的主要作用是保证和维护服务平台的正常运行和各大平台功能的实现；社会科学数据管理与共享服务平台的主体是其网站，为用户提供检索服务、导航服务、咨询/帮助服务及教育培训服务等。

2.2 平台内容分析

根据上文的分析，社会科学数据管理与共享服务平台直接面向用户的是其网站，平台网站建设的好坏直接影响服务平台功能以及各类用户服务的正常实现。概况而言，五大服务平台网站的内容建设主要包括基本情况、检索服务、导航服务、咨询/帮助服务、教育培训服务等内容板块。

2.2.1 基本情况板块 五大服务平台的基本情况板块包括平台简介、发展历程、新闻事件、员工情况等内容，如表 2 所示：

表 2 英美社会科学数据管理与共享服务
平台基本情况板块内容

调查项目	ROPER	SSDA	ODUM	ICPSR	UKDA
平台简介	√	√	√	√	√
发展历程	√	√	√	√	√
新闻事件			√	√	√
员工情况	√		√	√	√
成员或会员情况	√				
合作交流情况		√		√	√
资助机构情况				√	√
报告或出版物				√	√
服务工作介绍	√		√	√	√
项目介绍	√		√	√	
管理政策	√	√	√	√	√

从表 2 可以看出，除了平台简介、发展历程等必备内容，五大服务平台在基本情况板块的内容上侧重点不一。SSDA 的平台设计简洁，网站布局一目了然。ODUM、ICPSR、UKDA 提供的新闻事件信息主要是与之相关的会议、研究新进展等内容。员工情况是服务平台的人员配置情况，包括对董事会成员、数据管理岗位人员等的介绍。合作交流情况是指与本服务平台或项目进行合作交流的其他机构的情况介绍，SSDA、ICPSR、UKDA 都列举了合作伙伴的名单和网址链接。对于资助机构情况，ICPSR 通过项目来列

举资助者，UKDA 则是直接提供资助者的网址链接。服务工作介绍就是对本平台提供的用户服务进行简介说明。ICPSR 和 UKDA 提供了有关年度报告、战略规划、用户手册等的阅读和下载服务，以便于用户进一步了解平台的服务及功能。

科学数据管理政策为科学数据的管理与共享提供政策性支持。如 ODUM 的管理政策包括数据评估政策、元数据政策、数字保存政策、访问和使用政策、数据安全策略、使用条款、遗留政策、数据引用，涵盖了社会科学数据管理和共享的基本工作内容；用户隐私保护政策主要是应对用户信息的自动采集、主动提供等不同情况，对数据开放与保密、数据提供者的个人要求及隐私数据等都进行了相应的规定与规范。

2.2.2　检索服务板块　服务平台提供具有良好可用性的检索服务板块，它能够有效地帮助用户更好地发现和获取数据资源，实现平台网站的数据检索功能。

（1）检索方式。浏览检索是服务平台提供的基于科学数据内容或其他显著特征的体系检索方式，用户可依据平台提供的数据内容体系结构逐层浏览以获取所需的数据资源。ROPER 在 Data Access 下拉列表中提供基于经济问题/政策、新媒体/报道、教育、社会问题等 11 大主题资源的浏览检索。SSDA 在其 Archive Data Catalog 中一共提供了 3 种浏览检索：索引词、题名、研究编号，其中索引词和题名采用字顺 A 到 Z 的方式排列所有数据资源，用户可进行点击浏览，研究编号则采用下拉列表方式将所有编号列出，用户选择编号即可进行浏览。ODUM 在 Data Archive 提供 Odum Dataverses（Dataverses 是哈佛大学为数据的原始持有者提供研究、定制和管理数据的一个容器）的类型浏览，提供名字、机构、发布日期、下载量等浏览方式。ICPSR 在 Find Data 中提供 Topic、Series、Geography、Investigator、International data 5 类浏览检索方式，每类浏览方式下提供按字顺 A 到 Z 的点击浏览。UKDA 在 Find Data 中提供主题和类型两大类目的点击浏览。

五大平台网站设有检索框，为用户提供主题检索。根据用户检索特点，五大平台都将简单检索作为首选检索方式。ROPER 的简单检索提供关键词检索，支持布尔逻辑 and/or/not 检索，可用通配符%扩展检索结果，提供国家、机构组织、类型等限制条件，提供检索教程；但其高级检索使用的是 Google Search，检索的资源并不局限于 ROPER 的数据资源。SSDA 只提供关于关键词/索引词的简单检索，不严格支持布尔逻辑检索。ODUM 的简单检索支持关键词和全文检索，其高级检索支持题名、研究编号、创建者等 19 种检索方式，

134

提供包含与不包含两种选择，提供检索教程。ICPSR 的简单检索不区分大小写，可用引号进行短语检索，只能使用布尔逻辑 and 检索。UKDA 的简单检索提供全部字段、题名、主题等 5 个检索字段，支持布尔逻辑 and/or/not 检索，可用引号进行短语检索，可使用通配符 * 扩大检索结果，用括号进行复杂检索；其高级检索在此基础上提供匹配类型 any/all/exact 的选择。

（2）检索结果输出。检索结果输出应该符合用户的检索需求和习惯，这是衡量服务平台检索功能的重要方面之一。经调查和分析总结，五大服务平台的检索结果输出情况如表 3 所示：

2.2.3　导航服务板块　导航服务是平台网站不可或缺的基础服务，导航能够有条理地展示出网站的层次结构及外部链接情况，将平台内外信息有效地传递给用户，从而引导用户方便快捷地使用平台。

（1）主导航栏。主导航栏是实现平台导航服务的重要部件。五大服务平台都设置了主导航栏，将平台的服务内容直观简洁、明确地展示在用户面前，保障用户浏览网页时不会"迷路"。主导航栏都采取的是横排放置，内容上基本可分为基本情况介绍、数据获取、数据教育与培训以及其他有关本服务平台的信息。ROPER 和 SSDA 是采用主导航栏模块下拉菜单显示各部分内容的，方便用户了解每个主导航模块的内容并快速到达所需服务的网页；ODUM 采用文字导航方式在每项主导航模块下进行内容列表，用户一目了然，可直接点击链接进入；ICPSR 和 UKDA 的主导航模块并未采用以上任何一种方式显示导航内容，但其主导航模块的标题已经能够完整清晰地显示每项模块的主要内容，用户据标题内容就可以选择所需的导航信息。在选择进入主导航栏的任一模块后，ROPER、ODUM 和 UKDA 等三大服务平台都在其网页保留主导航栏并在网页左侧以竖排导航栏显示该导航模块包含的内容，SSDA 则将主导航栏下拉菜单作为网页及信息内容间的跳转链接，ICPSR 则在主导航栏下方以横排导航的方式罗列每个模块下的服务，并在网页左侧显示与之相关的其他扩展资源或服务的链接。

表 3　英美社会科学数据管理与共享服务平台检索结果输出情况

对比项目	ROPER	SSDA	ODUM	ICPSR	UKDA
结果排序	·最新研究 ·最早研究	·题名(A-Z)	·相关性 ·全球编号 ·题名 ·最近发布 ·创作日期 ·下载量	·相关性　·时间 ·题名(A-Z) ·发布/更新 ·被引用最多 ·下载量 ·变量相关性	·相关性　·主题 ·最新数据　·国家 ·最早数据 ·题名(A-Z) ·题名(Z-A) ·下载量最多
每页显示	20/50/100 条	—	—	25/50/100 条	—
扩大/缩小检索范围	·日期 ·数据 ·国家	—	·原始 dataverse ·作者　·发行者 ·作者机构 ·国家地区 ·创作日期 ·分布数据 ·关键词 ·主题分类	·主题 ·地理 ·数据格式 ·时间 ·最新	·类型　·主题 ·数据　·国家 ·数据类型 ·关键数据 ·空间单元 ·分析单元 ·可获取　·存放者 ·教学数据
检索历史	支持	—	—	—	—
打印/下载	支持	支持	支持	支持	支持
详细信息查看	支持	支持	支持	支持	支持
用户个性化服务	数据管理 数据分析	—	数据分析	数据分析	—

（2）网址地图（sitemap）。网址地图服务只有 ROPER 和 UKDA 两大平台提供，这是一种站点地图协议，将平台网站内的网址链接进行某种体系结构的组织，从而将站内链接更加直接、智能地展示在用户面前，这提高了索引网站内容的准确度与效率，也方便用户直接进入任何一个站内网页。ROPER 和 UKDA 的网址地图都提供了各自平台站内网址的链接，但在组织体系上有所差异：ROPER 将所有站内网址链接按照字顺 A 到 Z 的组织体系进行展示，而 UKDA 则是完全依照主导航栏的模块分类进行站内网址链接。与 ROPER 相比，UKDA 的组织体系比较符合用户浏览和检索的习惯；但 ROPER 在其检索框设置了网址（site）检索，用户可以直接输入网址关键词进行站内网址检索。

（3）站外链接导航。五大平台对其会员机构及与之建立了合作交流关系的其他机构或平台的网址提供站外链接导航。服务平台的站外链接导航主要作用是调用合作机构或平台的数据资源，扩展自身服务，为用户提供更多更好的数据资源。ROPER 在主导航模块 Membership 下设置成员列表，在 Education 下设置其他数据存档，两者都按 A 到 Z 的顺序给出站外导航；SSDA 直接将 ICPSR 和 UCLA 作为主导航模块进行导航链接，在 Archive Resources 下列各类社会科学数据管理与共享的网址导航；ODUM 的站外导航设置不明显，只是在其 Projects 的介绍里会给出合作机构或项目的网址链接；ICPSR 在主页下方以图标导航方式显示重要合作者，并在主导航模块 Membership in ICPSR 下详细罗列 ICPSR 成员、合作者、资助者等的网址导航；UKDA 在主导航模块 About us 下以图标方式给出赞助机构、成员等的链接导航。

2.2.4　咨询/帮助服务板块　经调查所知，五大服务平台都提供了咨询/帮助服务，类型主要有 FAQs、Contact us 和其他帮助。设置该板块的主要目的是帮助用户能够更全面地了解和使用服务平台，增强平台提供服务的能力和提高服务效率，以实现平台为用户提供更好社会科学数据服务的建设目标。

表 4 展示了各服务平台提供的咨询/帮助服务的具体内容。FAQs 提供了有关服务平台的各类常见问题的解答；Contact us 提供的是异步咨询服务，即用户提问与平台咨询专家回复并非同时进行；其他帮助如 Help 提供的是各类问题包括数据获取、管理、分析、存储等的解决方案，Consulting 提供的是不同岗位咨询人员的邮箱地址。

表 4　英美社会科学数据管理与共享服务平台咨询/帮助板块内容调查

调查项目	FAQs	Contact us	Others
ROPER	· iPOLL　· Data · Research　· General · Membership	· Email　· Phone · FAX　· Address · Directions & Maps	—
SSDA	—	· Email　· Phone · FAX　· Address	—
ODUM	· Certificate Program in Survey Methodology	· Email　· Phone · FAX　· Address	· Odum Institute Staff Directory · Consulting
ICPSR	· Access　· Analyze · Finding　· General · Download	· Email　· Phone · Address	· Get Help　· Terminology · Video Presentation
UKDA	· About UKDA · Create & Manage Data · Deposit Data · How We Curate Data · Find Data · News & Events	· Email · Phone · FAX · Address & Campus	· Help · First Time Here? · Login/Registration · Download Format

2.2.5　教育培训服务板块　服务平台提供教育培训服务是为了增强研究者的社会科学数据管理与共享意识，提升其数据收集、管理、规划、存储、共享、利用等能力和科学数据素养。

（1）ROPER。ROPER 管理的是公众舆论数据，其 Education 板块的服务内容是关于公众舆论和民意调查的，包括：①用户帮助（user benefits）——将用户划分为教职工、学生、图书馆员、专家、记者等，分析他们对公众舆论在线资源的学习或教学需求；②民意调查基础（fundamentals of polling）——提供对公众舆论调查基本原理的简介；③调查分析（analyzing polls）——为研究人员提供简化调查分析的方法，包括电脑分析（computer analysis）和诠释性分析（interpretive analysis）两种方式；④教学工具（teaching tools）——利用 ROPER 所持有的资源为教学者提供教学示例；⑤罗普服务（roper services）——提供用户查找所需资源的 iPoll、datasets、roper-explorer 服务；⑥研究调查事业（careers in survey research）——提供有关调查研究的专业机构、研究生在线课程、实习机会等的链接；⑦用户支持（user support）——为用户提供在线教程、指南手册、网络研讨会等资源。

（2）SSDA。SSDA 提供一套完整的 archive tutorial，为用户提供有关社会科学数据查找、研究主题的精炼、代码本、参考引用、数据存档、数据准备、计划书、数据所有权版权及许可协议、受限数据等教程。

（3）ODUM。ODUM 的 education 板块下的教育培训服务以课程教授为主：①数据科学短期课程（data science short courses）——旨在提高研究者、数据分析师及其他个人的数据研究技能和数据科学方法的应用能力，但需注册才能进行课程学习，且课程费用不一；②调查方法学习证书项目（certificate program in survey methodology）——旨在向学生和调查工作者教授调查、分析和汇报调查结果的基本知识和技能；③年度定性研究暑期集训（annual qualitative research summer intensive）——旨在帮助研究人员将定性研究技能和定性研究方法应用到其研究设计中；④社会科学数据分析介绍（introduction to data analysis for the social sciences）——以研讨会的方式提供入门级的统计知识和方法的学习。

（4）ICPSR。所提供的教育培训包括：①存储数据（deposit data）。ICPSR 提供数据存储格式（data deposit form）以帮助研究人员按照标准严格的在线提交存储方式将数据进行存档；同时提供《社会科学数据准备和存档指南》（*Guide to Social Science Data Preparation and Archiving*），从开题报告和数据管理计划、项目启动、数据收集和文档创建（提供定量数据、定性数据及其他类型数据创建元数据的最佳示例）、数据分析、数据共享准备、数据存档等六大部分对研究人员社会科学数据管理与共享进行在线教授，该指南可下载其 PDF 版本。②社会研究定性方法暑期项目（summer program in quantitative methods of social research）。该暑期课程提供研究设计、统计、数据分析和社会科学研究方法的全面的、综合的教学方案，以讲座、研讨会、讲习班的方式进行，旨在针对科研流程为研究人员提供数据管理与共享的指导，授课人员来自哈佛大学、斯坦福大学、加州大学、UKDA、ICPSR 等名校和机构，教授政治学、社会学等学科，课程涉及数据挖掘、数据分析、数据引用、贝叶斯模型、回归分析、Stata 等内容，并提供课程选择指导、课程日历以方便参与者选择合适的学习课程。

（5）UKDA。①存储数据（deposit data）。UKDA 通过英国数据服务网站（UK Data Service[9]）为研究人员提供有关数据存档的教育培训，对 ESRC 奖项持有者（ESRC Award Holders）、普通储存用户（Regular Depositors）和新储存用户（New Depositors）3 类不同用户提供在开始研究时数据准备、数据管理、数据共享和重用的实际指导和建议。②创建及管理数据（create & manage data）。UKDA 从研究数据生命周期的角度为研究人员提供一套有关研究数据的管理和共享的培训资源，包括数据共享计划、数据记录、数据格式化、数据存储（包括数据的备份、安全、传输及加密、共享文档等）、研究中心和研究人员的数据管理规划、数据伦理、数据版权等在线培训内容。

2.3　平台软件调查

经调查，ROPER 的 RoperExplorer[10]是一个在线分析小软件，不需运行程序就可进行二维表的在线数据统计分析，由 Survey Documentation and Analysis[11]（SDA）提供技术支持。其他服务平台采用符合自身发展的平台软件，包括 Fedora Commons[12]、Dataverse[13]、Nesstar[14]，其基本情况详见表5。

2.4　平台功能分析

2.4.1　基本功能分析　据上文所述调查结果，各服务平台提供社会科学数据及基于科学数据的研究成果、衍生出版物的管理与共享服务，具有以下基本功能：①数据管理功能。包括数据上传功能；数据审核功能，即数据的转化、标准化、格式化等功能；数据处理功能，即数据清洗、评估等功能；数据发布功能；数据保存功能；数据更新功能。②数据共享功能。平台利用先进技术将数据进行分类分级共享，保证数据交换、数据版权、数据使用条款控制、数据公开等级、所有者对于数据共享的意愿、用户权限等等级服务功能的实现。③其他数据服务功能。包括数据的发现、访问、关联、检索、浏览、下载和资源导航等功能。

2.4.2　进阶功能分析　五大服务平台管理的社会科学数据具有以下特点：①复杂性。社会科学领域范围较广，不同学科类型的数据众多。②动态持续性。社会科学研究时间跨度大，不断产生新数据。③多样性。社会科学数据具有众多属性。④附加价值高。社会科学数据可以应用于新的社会科学研究。基于这些特点，五大服务平台还需实现的进阶功能有：①数据在线分析功能，用户不必下载全部数据，可只提取部分字段进行数据在线统计分析。②数据归档功能，支持同一数据可归档在不同研究、不同项目中，提高数据的揭示能力。③数据格式模版，提供不同学科的社会科学数据归档的必备元素和非必备元素。④数据标引功能，支持科学数据采用元数据规范、数据被引声明等。⑤数据版本管理功能，支持数据不同版本的动态持续更新。

表 5 英美社会科学数据管理与共享服务平台软件基本情况

调查项目	Fedora Commons	Dataverse	Nesstar	SDA
平台	SSDA	ODUM	UKDA	ICPSR、ROPER
性质	开源软件	开源软件	商业软件	在线分析软件
软件主体情况	· Fedora 数字对象模型（Fedora Digital Object Model），由 FOXML（Fedora Object XML）定义 · 数字对象（digital object）：包括数据对象（data object）、服务定义对象（service definition object 或 SDef）、服务配置对象（service deployment object），内容模型对象或 CModel（content model object 或 CModel） · 数字对象关系（digital object relationship），由数字对象关系元数据声明	· DDI 通过 XML 语言支持整个研究数据生命周期的数据概念化、收集、处理、分析、发布、再用和存储[15] · DOI（Digital Object Identifier）作为数据资源的唯一标识符长期保存数据，将数据保存在 LOCKSS · 自带在线分析模块，可将 text，spss，stata 等格式的数据转化为 .tab 格式进行在线分析和数据可视化	· Nesstar Publisher 输入数据（import data） 准备数据（prepare data） 出版数据（publish data） · Nesstar Server 数据服务（serve data） 索引数据（index data） Web 服务器（Web server） · Nesstar WebView 检索（search） 浏览（browse） 分析（analyse） 下载（download）	· SDA 命令行程序（command-line programs），如用于创建 SDA 格式的数据集的 MAKESDA 程序，产生 html 代码本的 xcodebk 程序等 · SDA 分析类型包括相关矩阵、多元回归，相关性比较 · 快表（quick tables）是获取分析结果的简便化用户界面
开发者/创建者	康奈尔大学	哈佛大学 IQSS 联合哈佛大学档案馆、图书馆和信息部门共同开发	由 UKDA 和 NSD（挪威社会科学数据服务局）共同开发	加州大学伯克利分校 CSM 项目（Computer-assisted Survey Methods Program）
管理者	DuraSpace	哈佛大学 IQSS	NSD	加州大学伯克利分校
元数据标准	Dublin Core	DDI（Data Documentation Initiative）	DDI（Data Documentation Initiative）	DDI、DDL（Data Description Language）

调查项目	Fedora Commons	Dataverse	Nesstar	SDA
功能	·对数字对象、数字对象间的联系、链接服务与数字对象的抽象集系进行定义与描述 ·为研究人员提供数据管理、维护、获取领先、创新的开源技术 ·数据管理、共享、下载、浏览、检索等	·数据发现、存储、引证、发布、共享、在线分析、分类、版本管理、数据可视化、格式模板、数据关联、数据文献等 ·允许复制其他研究	·数据检索、浏览、上传与下载、在线分析、数据可视化、数据关联、文献等 ·为数据所有者提供网上分享数据的工具 ·处理调查数据、多维表及文本资源等	·数据在线分析、上传及下载、检索、数据可视化 ·浏览调查文档及快速获取分析结果 ·创建和下载定制的数据集

3 对我国社会科学数据管理与共享服务平台建设的启示

3.1 英美社会科学数据管理与共享服务平台建设的特点

（1）对社会科学数据管理和共享十分重视。英美两国的政府、组织及各类科研机构在政策、资金、技术、人才等方面不遗余力地支持有关社会科学数据管理与共享的相关项目、平台系统等的建设。

（2）平台建设有明确的目标，在数据管理、数据规范、版权保护、系统软件、服务内容、功能实现等方面均有成熟完善的流程与规范。

（3）平台与图书馆、其他部门、其他机构等的交流合作密切，在数据交换与共享方面，大部分平台采用 DDI 元数据标准，奠定了平台间共享数据的基础。

（4）数据服务功能强大，提供数据检索与浏览、原始数据揭示、元数据标准化、数据分析、数据利用等服务，制定一系列数据管理与共享政策。

（5）注重科学数据管理与共享的教育和指导，为用户提供在线和线下的教学培训资源，帮助和指导他们对科学数据进行系统分析和管理。

3.2 我国社会科学数据管理与共享服务平台建设的现状

我国的社会科学研究项目课题众多，随之产生了大量社会科学数据，但这些数据极少会被共享。受国外社会科学数据管理与共享的影响，我国也逐步开始规划和建设社会科学数据管理与共享平台，如中国人民大学中国社会调查开放数据库[16]（CSSOD）、复旦大学社会科学数据平台[17]等（见表6）。

与国外同类服务平台相比，国内平台在建设过程中仍存在一些问题：①平台功能不完善。中国社会调查开放数据库网站功能只涵盖数据检索、部分数据下载；中山大学社会科学调查中心提供数据检索、下载、导航，其"学术研究数据库共享计划"认为数据知识产权仍属于数据原提供方或合作方，所以数据下载需提交申请；复旦大学社会科学数据平台提供数据检索、上传下载、共享等，但在线教育方面仍有欠缺。②缺乏数据管理政策与规划。中山大学社会科学调查中心只声明隐私保护政策，复旦大学社会科学数据平台提出数据管理发展规划，但中国社会调查开放数据库没有明显的政策说明。③缺少统一的元数据标准规范。除中国社会调查开放数据库和复旦大学社会科学数据平台明确采用 DDI 标准外，其他平台对数据分类、引用、保存等规范或标准并没有明确的规定，这对今后平台间合作交流有所阻碍。④缺乏与国内外平台或机构的合作交流，图书馆有效参与少，不利于资源共享。

表 6　我国主要社会科学数据管理与共享服务平台建设情况

对比项目	中国社会调查开放数据库	复旦大学社会科学数据平台*
管理机构	中国人民大学	复旦大学
建设时间	2005 年	在建
建设目标	存储和发布在中国范围内执行的社会调查数据、资料	收集、整理和开发中国社会经济发展数据，提供研究条件和数据服务及社会科学调查方法和应用的训练
元数据标准	DDI	DDI
服务方式	数据检索、数据下载	数据检索、获取、共享、在线分析等
合作交流	GSS、ISSP、ICPSR	ICPSR
平台软件	Linux +Apache +MySQL	Dataverse

*注：复旦大学社会科学数据平台正在建设中，其有关信息均参考自复旦大学社会科学数据研究中心[18]和《社会科学数据管理服务平台系统选型研究——以复旦大学社会科学数据平台为例》一文[19]。

3.3　对我国社会科学数据管理与服务平台建设的启示

（1）ICPSR 在经费充足、技术成熟的条件下采用自主研发的系统软件，如采用 openICPSR 进行数据存储服务，采用国际通用在线分析软件 SDA 扩展其在线分析功能；其他服务平台均采用国际通用软件如 Fedora、Dataverse、Nesstar 等，这些软件技术应用成熟，能够实现平台功能，加强各平台间的合作。笔者认为应引进国外成熟的数据共享平台软件或借鉴其主要功能，结合自身平台的功能需求、经费、学科领域、建设目标等进行我国平台建设。复旦大学社会科学数据平台和中国社会调查开放数据库在建设时并没有直接移植国外平台软件，前者在充分考虑平台建设各因素下选择 Dataverse，将其汉化和功能定制；后者在遵循开放性原则及 GSS（General Social Survey，综合社会调查项目）、ISSP（International Social Survey Programme，国际社会调查协作项目）项目要求下采用开放源代码软件 Linux 系统+Apache+MySQL。

（2）美国国家科学基金会的数据管理政策。英国有关信息共享、数据共享的一系列政策，以及五大服务平台制定的数据管理政策、数据共享政策、用户隐私保护政策等构成了平台应遵循的数据管理政策体系，有效地实现了平台的服务功能。复旦大学社会科学数据平台在高校发展规划指导下制定了平台的隐私保护政策；中国社会调查开放数据库除遵循 GSS 惯例和 ISSP 要求外并未制定任何数据管理政策，这使得平台无法有效地实现数据服务。完善的政策体系能够规范数据管理服务，应在遵循我国相关的社会科学发展规划、高校发展规划等情况下建立平台科学数据管理与共享政策体系。

（3）五大服务平台多采用社会科学数据管理元数据标准 DDI 进行元数据规范，实现统一标准以利于不同系统间的数据交换和共享。复旦大学社会科学数据平台和中国社会调查开放数据库也采用 DDI，实现与国际上社会科学数据平台的无缝连接，促进与 ICPSR 等的合作交流，进一步实现数据挖掘和统计分析功能，为实现国内外社会科学数据共享奠定了基础。但其他如中山大学社会科学调查中心共享计划并未对共享数据进行规范化处理，这会阻碍未来的数据共享和平台合作交流。我国在平台建设时应采用统一的元数据标准，以实现未来平台间的数据交流、交换。

（4）五大平台对数据服务进行细分，提供数据管理服务（数据上传、转化、处理等）、数据共享服务（数据交换、公开等级权限等）、数据保存服务等。国内平台则大多只提供数据检索或浏览服务，如中国社会调查开放数据库、中山大学社会科学调查中心；复旦大学社会科学数据平台借鉴国外平台功能定制自身平台功能，实现基本的数据管理、共享等服务。因此，五大平台根据用户需求细分平台可实现的功能和服务，尽可能地完善平台的数据管理、数据分析、数据保存、数据利用和数据共享等服务，是值得我国平台在功能细分和服务划分方面予以借鉴的。

（5）五大服务平台的突出特点是合作交流，在平台建设方面平台负责方与其他高校、图书馆、信息部门等进行合作建设，获取技术支持、进行平台维护等；在数据管理方面进行平台间、平台与其他机构间等的合作，如 ICPSR 不仅与 SSDA、ODUM 合作交流，还与国会图书馆、其他信息机构进行合作。我国的复旦大学社会科学数据平台和中国社会调查开放数据库也国外平台进行了合作，但合作项目有限。我国平台应与国外平台进行数据管理方面的合作交流，借鉴其经验，如加强与图书馆的合作——图书馆资源丰富，与其合作可以缓解我国大部分平台数据资源有限的局面，使用户可获取的平台资源更为丰富。

（6）五大服务平台都十分注重研究者对科学数据的收集、加工、管理、评价与使用等科学数据素养的教育，其平台网站均提供数据管理在线教育服务，比较著名和完善的是 ICPSR 和 UKDA 的教育培训资源，涉及数据管理、数据保存、数据共享等各方面。我国也应将科学数据素养、数据管理意识的教育和培养纳入平台建设，有意识地将规范化的数据管理知识进行普及，不必完全依照 ICPSR、UKDA 等模式，可只提供数据保存、收集、上传等基本数据管理知识，通过在线教育帮助研究人员规范数据保存格式，为今后进行数据共享奠定基础。复旦大学社会科学数据平台提供在线研究经验交流，帮助研究人员获取数据创建、管理的经验，这是普及数据管理知识的另一个有效途径。

4 结 语

英美社会科学数据管理与共享服务平台成熟发展，五大典型服务平台建设各有特色，ROPER 提供专门的社会舆论与公众民意调查的数据管理与共享服务，SSDA、ODUM、ICPSR 与 UKDA 面向高校师生及研究人员提供社会科学各专业领域的数据服务，其中 ICPSR 和 UKDA 是最为典型的服务平台，这两者依据科学数据生命周期完整地提供数据管理与共享各环节的具体服务。五大服务平台在平台整体结构的构思和规划、软件的选取、平台服务和功能的实现、数据管理、数据共享、数据保障等方面拥有成熟的技术和规范的流程标准等，这都为我国进行同类平台建设提供了可借鉴之处。但鉴于国内外科学数据管理发展过程中存在差异，在借鉴国外经验时不能生搬硬套，于我国社会科学数据管理与共享平台建设而言，在定位自身目标和明确功能需求的前提下，应综合考虑经费、用户需求、项目建设要求、学科特色等因素，选择合适的平台结构和系统软件进行建设。如中国社会调查开放数据库是依 GSS 和 ISSP 的数据共享要求为实现数据共享的目标而建立的，现该库已实现数据共享，而不提供其他不在建设目标范围内的数据管理服务是可行的；复旦大学社会科学数据平台在进行前期调研时明确了平台应实现的数据管理目标，在建设过程中力求实现数据管理、共享、保存等功能，借鉴了许多国外平台建设的经验，将 Dataverse 汉化，定制平台功能。此外，国外平台最重要的服务是数据管理教育服务，包括在线教育资源以及培训班、暑期项目等，这说明英美对科学数据素养、数据管理与共享意识的重视。我国应借助平台建设，提高研究人员的科学数据素养，注重培养研究人员对科学数据的收集、加工、管理、评价与使用等能力，研究人员具有了良好的数据管理与共享意识，就会对平台的数据服务提出更高的要求，促进平台服务与功能的不断完善，促使平台更好地实现科学数据管理与共享。

参考文献：

［1］ The Data Preservation Alliance for the Social Sciences(Data-PASS)［EB/OL］.［2014-05-15］. http://www. data-pass. org/.

［2］ International Federation of Data Organization for the Social Science(IFDO)［EB/OL］.［2014-05-15］. http://www. ifdo. org/wordpress/.

［3］ Council of European Social Science Data Achieves(CESSDA)［EB/OL］.［2014-05-15］. http://www. cessda. net/index. html.

［4］ University of Connecticut. The Roper center for public opinion research(ROPER)［EB/OL］.［2014-05-15］. http://www. ropercenter. uconn. edu/.

［5］ University of California-Los Angeles. Social Science Data Archive(SSDA)［EB/OL］.［2014-05-15］. http://www. sscnet. ucla. edu/issr/da/index. html.

［6］ University of North Carolina-Chapel Hill. Odum Institute for Research in Social Science(ODUM)［EB/OL］.［2014-05-15］. http://www. irss. unc. edu/odum/home2. jsp.

［7］ University of Michigan. Inter-university Consortium for Political and Social Research(ICPSR)［EB/OL］.［2014-05-15］. http://www. icpsr. umich. edu/icpsrweb/landing. jsp.

［8］ University of Essex. UK Data Archive(UKDA)［EB/OL］.［2014-05-15］. http://www. data-archive. ac. uk/.

［9］ UKDA. UK data service［EB/OL］.［2014-05-15］. http://ukdataservice. ac. uk/.

［10］ POPER. RoperExplorer［OL］.［2014-05-17］. http://www. ropercenter. uconn. edu/membership/roperexplorer. html.

［11］ Survey documentation and analysis(SDA)［OL］.［2014-05-17］. http://sda. berkeley. edu/index. html.

［12］ Flexible extensible digital object repository architecture(Fedora)［OL］.［2014-05-17］. http://fedora-commons. org/.

［13］ The dataverse network(Dataverse)［EB/OL］.［2014-05-17］. http://thedata. org/.

［14］ Nesstar［EB. OL］.［2014-05-17］. http://nesstar. com/.

［15］ Data documentation initiative(DDI)［EB/OL］.［2014-05-17］. http://www. ddialliance. org/what.

［16］ 中国人民大学. 中国社会调查开放数据库(CSSOD)［EB/OL］.［2014-05-18］. http://www. cssod. org/.

［17］ 复旦大学社会科学数据平台［EB/OL］.［2014-05-18］. http://dvn. fudan. edu. cn/.

［18］ 复旦大学社会科学数据研究中心［EB/OL］.［2014-05-18］. http://fisr. fudan. edu. cn/list_record. asp? big_class_unid=430&big_class_order=6.

［19］ 殷沈琴,张计龙,张莹,等. 社会科学数据管理服务平台系统选型研究——以复旦大学社会科学数据平台为例［J］. 图书情报工作,2013,57(19):92-96.

作者简介

覃丹，武汉大学信息管理学院硕士研究生。

英美政府数据开放平台数据
管理功能的调查与分析[*]

政府数据开放是指政府或政府控制的实体产生的，可以被任何人自由使用、重用和再分配的数据[1]。2016 年 4 月互联网基金会发布的《开放数据晴雨表全球报告》(第三版)[2]显示，英国和美国在政府数据开放全球排名中分列第一、第二位，其开放的数据集以统一的数据标准和通用的数据格式发布在各自国家级的政府数据开放平台，即英国的 Data. gov. uk 和美国的 Data. gov。英美两国是全世界政府数据开放水平最高的两个国家，其政府数据开放平台建设早，各项功能设计与相关服务建设都较为成熟完善，为我国建设政府数据开放平台提供了借鉴意义。《促进大数据发展行动纲要》明确提出，中国将于 2018 年底前建成国家政府数据统一开放门户[3]，然而现有的地方级政府数据开放平台的数据管理功能还很不完善，数据发布数量少，数据可用性、可获取性水平比较低，数据组织和检索功能较弱，用户对数据的开发利用率较低。本文在对英美政府数据开放平台调查的基础上，从数据对象、数据组织、数据检索、数据开发利用、数据分享反馈等方面入手，分析其数据管理功能及对我国的启示。

1　数据对象

CKAN 数据管理系统能够存储 CSV、XML、PDF 等各种格式的数据，具备数据采集、组织、发布、检索、利用以及用户反馈参与等多种功能。英国的 Data. gov. uk 和美国的 Data. gov 均以 CKAN 系统为基础搭建，为了使平台功能更加丰富完善，Data. gov. uk 的博客、论坛、评论等功能采用 Drupal 系统运行；美国则利用 WordPress 内容管理软件，使 Data. gov 的内容更丰富、美观。详细情况见表 1。

　＊ 本文系国家社会科学基金重大项目 "面向国家大数据战略的政府数据开放共享对策研究"（项目编号：15ZDC025）研究成果之一。

表 1 英美政府数据开放平台收录数据对象

平台	平台模式	数据来源	数据格式	数据标准规范
Data.gov.uk	CKAN 管理数据框架，利用 Drupal 嵌入博客、论坛、评论等功能	1 389 家部门	PDF、WMS、GeojSON、SHTML、HTML、XLS、CSV 等机器可读格式；还提供 RDF、URL、SPARQL 查询语言、API 等	NII 项目、公共部门信息和开放数据术语表
Data.gov	CKAN 管理数据框架，WordPress 管理内容	各级政府部门、广义公共部门、合作机构	PDF、WMS、GeojSON、SHTML、HTML、XLS、CSV、do、XML、WFS、JSON、XML、RDF、XSL、KML/KZM、OpenXML、ZIP、NetCDF 等常见的机器可读格式；ESRIShapefile 等地理空间数据格式	国际标准：ISO 联合国贸易便利化和电子商务中心（UN／CEFACT）；美国国家标准：美国国家标准协会（ANSI）国际信息技术标准委员会（INCITS）；美国联邦政府标准——联邦地理数据委员会（FGDC）美国国家信息交换模型（NIEM）；同时公布开放数据术语表

150

1.1　数据来源

Data. gov 的开放数据来源有各级政府部门（例如联邦政府、州政府、县政府的各个部门）、广义的公共部门（例如大学、非盈利组织等）、合作机构和商业机构。Data. gov. uk 的数据来源于 1 389 家部门，主体为公共部门，涉及政府部门、高校等多种机构，同时也有部分数据来源于私营企业；其在平台上发布了列表，用户可浏览，也可以通过部门查找所需数据。由此可见，政府数据开放平台发布的数据主要来源为公共部门，私营企业、商业机构的数据目前还未成为政府数据开放的主要来源。

美国政府各部门都设有首席信息官（CIO）负责各项信息工作，协调内部部门之间以及与其他网站之间的沟通，同时执行数据的审核、提交与发布工作[4]。英国的数据发布政策与美国不同，初期尽可能在网站上发布更多数据，而不是等到所有数据得到初始化处理之后再进行发布[5]，因此虽然英国数据开放平台建设晚于美国，但其开放程度后来居上。

1.2　数据格式

数据格式是开放数据在网上发布和存储的形态，文件格式关系到数据是否容易获取与整合。开放数据的文件格式有 JSON、XML、RDF、CSV、XLS、TXT 等，其中 JSON、XML、RDF、CSV 是结构化的文件格式。原始数据只有采用标准的、结构化的格式发布，才能将各方数据关联，形成关联数据网络，为用户的进一步开发和利用奠定基础[6]。根据 T. Berners-Lee 提出的"五星模型"[7]，三星以上的数据即非专有格式，如 CSV、符合 W3C 开放标准的 SPARQL，以及可以实现内容关联的数据才能满足专业开发者的需求[8]。

英美政府数据开放平台开放的政府数据格式都比较丰富，并且符合数据开放的理念。相较而言，Data. gov 提供的数据格式比 Data. gov. uk 更为多样，除了 PDF、WMS、GeojSON、SHTML、HTML、XLS、CSV、do、XML、WFS、JSON、XML、RDF、XSL、KML/KZM、OpenXML、ZIP、NetCDF 等常见的机器可读格式外，也提供 ESRIShapefile 等地理空间数据格式。Data. gov. uk 的数据格式不如 Data. gov 数量多，但基本为机读格式，有助于信息应用系统理解和处理，此外还提供 RDF、URL、SPARQL 查询语言、API 支持等，保障了数据的交互性和关联性。

1.3　数据标准规范

数据按照一定的标准规范发布有利于用户发现和利用数据，为了推动和提升数据质量、标准化程度和关联度，英美均公布了相应的标准规范。

英国推出了国家信息化基础设施（National Information Infrastructure，NII）项目[9]，卫生部、交通部、食品部、环境和农村事务部联合测试推出了 NII 实现文档。NII 包括数据管理框架和文件，数据管理框架包括一组指导原则、具有战略性的重要数据的策划表、治理结构、质量标准基线；文件则包括立法相关数据、词汇表和代码列表、许可、适用于数据和数据服务的标准、数据使用说明、元数据。Data. gov 也公布了相关的标准规范，指导数据公开项目的发展，如国际标准——ISO 联合国贸易便利化和电子商务中心（UN／CE-FACT）：美国国家标准——美国国家标准协会（ANSI）国际信息技术标准委员会（INCITS）、美国联邦政府标准——联邦地理数据委员会（FGDC）美国国家信息交换模型（NIEM）[10]。

除了推进不同的项目，发布各自的标准规范，英美均在平台上公布了开放数据术语表。术语表能为用户权威地解释术语，同时，用户可以通过增加新的定义来提供更好的方法解释定义。其中，Data. gov. uk 的术语表从 A 到 Z 依次排列，方便用户点击任意字母进入新的界面查看术语表。

2 数据组织

获取数据后需要按照一定的方式和规则对数据进行处理，使数据有序化，用户才能更好地获取数据和开发利用数据。本部分主要从数据分类、数据描述和关联数据 3 个方面对 Data. gov 和 Data. gov. uk 的数据组织情况进行述评，相关情况见表2。

2.1 数据分类

Data. gov 和 Data. gov. uk 的类目设置大同小异，但是又不尽相同。Data. gov 设置了数据、主题、影响、应用程序、开发人员、联系等一级类目。数据类目包含了该网站目前收集的所有数据集；主题类目将所有数据集按照农业、气候、金融等 14 大领域聚类；影响类目举例介绍了开放数据可以如何被地方政府、消费者、商业、健康、气候等各种利益相关者利用；应用程序是用户根据平台开放的数据开发的 APP；在开发人员类目下列出用户可以获取的开源项目，由 GitHub 管理数据收集、API，政府将治理中遇到的问题发布到网上，用户根据兴趣浏览、参与挑战，提供创新的解决方案，并可以获得相应的奖励；联系类目是用户与平台的互动版块。

表 2　英美政府数据开放平台的数据组织

内容平台	Data. gov	Data. gov. uk			
		一级类目	数据	应用程序	相互影响
		二级类目			
数据分类	仅有数据、主题、影响、应用程序、开发人员、联系等一级类目；根据数据主题将数据分为农业、商业、气候、能源、消费者、环境、教育、金融、健康、地方政府、海洋、公共安全、制造业、科学研究等 14 大类		数据库、地图查找、数据请求、发布者、数据 API、站点分析、脚本、报告、契约	全部；最新	地理位置数据、关联数据、博客、图书馆、开放
数据描述	根据公开数据项目 2014 年 11 月 6 日发布的元数据标准词汇表 1.1 版本发布数据集	基本继承 2006 年 8 月 29 日发布的 3.1 版本的电子政务元数据标准的元数据元素			
关联数据	采用 URI 标识，可将其他数据格式转换为 RDF 格式	引入 RDF 等描述格式的数据文件资源，利用 URL、SPARQL 查询语言、API、SKOS 实现数据关联			

153

与 Data. gov 相比，Data. gov. uk 的一级类目较少，仅设置了数据、应用程序和相互影响 3 个一级类目，但是其二级类目数量较多，类目更加详细。一级类目"数据"分为数据库、地图查找、数据提问、发布者、数据 API、站点分析脚本、报告、契约等二级类目；应用程序大类提供了所有可以下载的 APP 应用程序，按照种类分为交通、健康、教育等 12 大类，按照部门分为公共部门、私人部门、第三方部门、学术部门等 6 类；相互影响大类分为地理位置数据、关联数据、博客、图书馆、开放等二级类目，用户可以依次点开查找所需的数据集或者相关应用，并且一些二级类目设置有单独查询框，方便用户查找。

2.2 数据描述

元数据是关于数据的数据，它对数据对象进行描述，有助于用户发现、识别、评价、选择和使用数据资源，实现数据资源的整合、共享、管理和长期保存[11]。Data. gov 和 Data. gov. uk 发布的数据集领域范围广，来源复杂，类型多样，定义和命名标准元数据字段有利于使用者处理和描述数据，标准格式能够传达更多的信息，使数据更有价值。

Data. gov 和 Data. gov. uk 提供的每一个数据集都用元数据进行了描述，元数据均以都柏林核心（DC）元数据集为基础，根据实际需求进行扩展和补充。Data. gov 根据公开数据项目（Project Open Data）2014 年 11 月 6 日发布的元数据标准词汇表 1.1 版本发布数据集，该词汇表将元数据分为目录字段、数据集字段、数据和数据集分布领域 3 个部分，同时定义了必要、有条件要求、扩展字段 3 种类型的元数据元素，例如描述（description）、标识符（identifier）、出版商（publisher）等字段为必要字段，数据质量（dataQuality）、许可证（license）、空间（spatial）等为有条件要求可使用的元素，登录页面（landingPage）、引用（references）等为扩展字段。Data. gov. uk 目前使用的元数据元素分为 3 个部分：数据（datasets）、额外信息（extras）和资源（resource），基本继承了 2006 年 8 月 29 日发布的 3.1 版本的电子政务元数据标准（e-Government Metadata Standard Version 3.1）的元数据元素，除了 DC 核心元数据集的元素之外，增加了维护者（maintainer）、版本（version）、标签（tags）等元素，更适用于描述政府开放数据。

Data. gov 和 Data. gov. uk 的元数据主要以 JSON 格式呈现，易于阅读、解析，用户可以点击查看具体描述，同时还以表格的形式发布了扩展和补充信息，用户可以在数据集下载页面查看具体描述。

154

2.3 关联数据

关联数据能帮助用户发现相关信息，实用性和可操作性强，能够满足政府数据发布的需求，同时使用关联数据标准来发布政府数据也有利于信息的公开、复用和传播[12]。

Data. gov. uk 引入了 RDF 等描述格式的数据文件资源，利用 URL、SPARQL 查询语言、API 实现数据关联。还引入了 W3C 提出的简单知识组织系统（Simple Knowledge Organization System，SKOS）模型来解决数据的互操作问题。SKOS 提供了一整套概念体系，包括概念标签、等级关系描述标签、注释标签、映射关系等，其作为一种公共格式能够使数据具有互操作性和可扩展性[13]。关联数据最终要以 RDF 语言进行编码，而 SKOS 核心词汇表是 RDF 的应用，并且是目前知识组织系统模型化使用较多的词表[14]。

不过目前两国开放的关联数据都较少，用户还不能实现更准确、更大范围地获取数据，数据的可查找性和可重用性的问题还需要投入更多的人力、物力加强解决。关联数据的相关标准和技术解决方案也有待实现。

3 数据检索

政府数据开放平台拥有庞大的数据集，完善的检索功能是保证检索有效性的重要手段，能帮助用户准确、快速地检索所需数据。由于普通用户不具备专业的检索知识，平台应当提供相应的检索帮助和具体操作方式。根据用户需求的不同，平台也应当为高水平用户提供高级检索页面，满足其检索需求。Data. gov. uk 和 Data. gov 都具备数据检索功能，提供相应的数据检索方式，并对检索结果进行聚类显示，方便用户查找数据，相关情况如表 3 所示：

3.1 检索方式

Data. gov. uk 和 Data. gov 都在平台设置了检索框帮助用户检索数据，用户可以在检索框输入关键词查找数据，并可以利用布尔逻辑组配、短语检索、字段限制、基于地理位置的检索等技巧提高检全率和检准率。Data. gov. uk 为了帮助用户更好地使用检索功能，在检索框下边列出了 4 类检索技巧：①短语检索，即"精确检索"，将搜索的词组用引号括起来，可以检索到与引号内形式完全相同的短语，以提高检索的精度和准确度；②布尔逻辑检索，逻辑"与"（AND）搜索同时含有这两个词的数据，逻辑"或"（OR）检索包含任意一个检索词的数据，逻辑"非"（NOT）排除不需要的词组；③字段限制检

表 3 英美政府数据开放平台的数据检索

平台	数据检索方式	检索结果类型与显示	
		排序框	结果分面
Data. gov. uk	短语检索、布尔逻辑检索（AND、OR、NOT）、字段限制检索、基于地图位置的检索	相关性、受欢迎程度、题名、最后更新和地理位置	发表状态、NII 数据集、API、执照、主题、资源格式、出版商、模式词汇、代码清单、开放性得分、失效链接、英国位置数据及类型
Data. gov	关键词检索、基于地图位置的检索	相关性、名称的升序、名称的降序、最后的修改日期、最受欢迎、数据添加	主题、主题分类、数据集类型、标签、格式、组织类型、组织、出版商、局

156

索，用冒号将检索的范围限制在特定的字段内；④通过基于地图位置的检索，用户可以在地图上选择所需的数据。此外，Data. gov. uk 还提供了更为详尽的检索技巧和如何使用检索工具的链接，包括关键词检索及技巧、元数据检索、出版者检索，用户能够自主学习如何更加准确地检索自己所需的数据。

3.2 检索结果聚类与显示

检索结果的处理与显示在很大程度上影响着用户对检索结果的获取和判断，检索结果显示包括检索结果的内容组织、排序方式、返回结果描述的详细程度、相关信息的完备程度（如文件格式、大小、日期、内容摘要或评价）等因素[15]。

Data. gov 和 Data. gov. uk 均在平台检索框的右侧提供了排序框，用户可以根据需求及平台提供的排序方式，对检索到的数据集排序，在具体设置上两者稍有不同。Data. gov 提供相关性、名称的升序、名称的降序、最后的修改日期、最受欢迎、数据添加 6 种数据排序方式。Data. gov. uk 则为用户提供了根据相关性、受欢迎程度、题名、最后更新和地理位置 5 种排序方式。通过排序，用户所需的结果能聚集到页面的前面，方便用户快速定位所需数据集。

Data. gov 和 Data. gov. uk 都支持将检索结果分面，帮助用户更准确地查找到所需数据，不过分面的标准不同。Data. gov. uk 根据发表状态、API、主题等 12 种方式对检索结果分面，每一个分面的具体内容均有数据集的数量显示。用户点击左侧的分类结果，可以折叠或全部显示检索结果。Data. gov 则将数据检索结果分为主题、数据库类型等 8 个分面。两个平台均有主题、资源格式、发布机构的分面，Data. gov. uk 对数据检索结果的分面更加全面细致，便于用户从不同的角度查找所需的数据，Data. gov 则相对简单。Data. gov. uk 还提供了开放性得分的分面方式，更直观地显示了数据开放的程度，用户根据得分情况能迅速找到开放水平高的数据集。

在检索结果界面也有相关提示，帮助用户初步判断检索的数据集情况，Data. gov. uk 在数据集题名右侧显示该数据集的主题、数据格式等信息，Data. gov 则显示组织机构类型为联邦政府或者州政府、县政府等。

4 数据开发利用

数据开发利用是政府数据开放的主要目的，英美两国均为用户提供统一的 API 接口，用户可以获取相关数据，在此基础上开发利用。例如，美国的一位程序员利用美国交通部开放的数据，开发了一个航班延误的免费查询系统，除了为用户出行提供了方便，还提供了航班延误排名给用户参考[16]。用户根据实际需求，利用开放数据开发各种实用的 APP（如交通、健康类 APP 等）是目前数据利用最主要的方式之一，相关情况见表 4。

4.1 开放的 API

政府数据开放使得越来越多的数据面向公众开放，数据开放程度越高越能够增强用户的粘性。英美政府数据开放平台都面向用户提供了统一的 API 接口，用户可以利用 API 获取所需的数据和资源。通过 API 用户可以根据自己的选择标准或实际需求获取数据[17]。一个 API 包括程序、数据结构、对象类和变量的规范。

表 4　英美政府数据开放平台的数据开发利用

内容平台		Data. gov. uk	Data. gov
API	注册	需要注册	不需要注册
	开放领域	健康、交通	涉及各个领域
	其他服务	Github 支持	Github 支持
APP	领域	各个领域	各个领域
	功能	可浏览、检索、下载 APP	可浏览、检索、下载 APP
	评分	一星到五星等级评分	无
	订阅	RSS 订阅	无
	分类	无	根据数据部门、主题、操作系统分类
	其他服务	相关 APP 推送	提供网站外部链接，讲解如何开放应用程序

Data. gov 和 Data. gov. uk 目前都实现了数据 API 开放功能，不过权限不同，开放范围也不同。Data. gov 不需要注册即可开发利用 API，实现数据的开发和利用，Data. gov. uk 则需要用户提交相关信息，注册后才能使用。Data. gov 的 API 开放涉及各个领域和部门，Data. gov. uk 则只开放了健康和交通两个主题。

在利用 API 过程中，如果遇到问题，英美政府数据开放平台均提供了 Github 服务，利用 Github 开源软件，用户能够将问题上传至平台，得到官方或者其他用户的帮助，其他用户也能够浏览这些回答。

目前对 API 的利用主要是用户开发 APP 应用程序，上传至数据开放平台面向公众使用。但是，英美两国的 API 功能都尚未和社交功能连接起来，如果平台能够面向用户和开发者提供社交支持，这将吸引更多人使用政府数据开放平台，开发出更多有趣、实用的应用程序，进一步彰显数据开发的价值。

4.2 APP

政府开放各类数据的最终目的是利用数据，发挥数据的潜在价值，帮助政府更有效地运营并服务于公民和社会，英美政府数据开放平台都有利用政府开放数据开发 APP 的功能。用户根据政府开放的数据，或者自己感兴趣的领域开发 APP 软件，提交给平台，经过审核之后可以发布给公众使用。APP 有效地利用了开放数据，为公众的生活提供了便利。

Data. gov. uk 和 Data. gov 目前提交的 APP 均涉及交通、天气、食品等各个方面，用户可以在平台浏览、检索、下载使用。其中 Data. gov. uk 提供评分和 APP 更新的 RSS 订阅功能，同时在 APP 下载界面，平台会推送相关的 APP，提供给用户选择下载。Data. gov 则对用户提交的 APP 进行了分类，用户可以根据数据部门、主题、操作系统（例如 BlackBerry、iOS、Android）等方式分类浏览。为了帮助用户更好地开发应用程序，Data. gov 还提供 Civic Commons 和 Federal Government Mobile Apps Director 两个网站链接，提供 APP 内容和目录、开源 APP 目录、APP 目录管理系统等内容，讲解如何进行应用程序开发。

5 数据分享反馈

Data. gov 和 Data. gov. uk 都设置了用户与平台互动的功能。在获取数据过程中，用户如果没有找到所需数据，可向政府请求开放新数据；使用网站和数据集遇到问题，也可以向平台报告。在平台发展过程中，政府也注意用户的参与，例如美国白宫科技政策办公室和开放数据中心的企业将在 2016 年共同主办 4 次公开数据圆桌会[18]，并将信息发布在 Data. gov 上。用户报名后，可以选择保护隐私、提高数据质量、应用研究数据、利用私营部门 4 个主题的任何一个参加。

在社会网络环境下，网站信息的分享功能能够提高用户体验，用户将数据链接分享到不同的网络社区，不仅能扩展数据资源的用户群，也能提高数据门户的知名度[19]。用户与用户之间、用户与平台之间的互动能帮助平台及时发现数据开放和平台运行过程中存在的问题和不足，集群体智慧解决问题。

英美政府数据开放平台都提供了多种与用户互动的方式，为用户提供意见、解决问题、分享数据提供了渠道。

Data. gov 可以将搜索到的数据分享到 Google＋、Facebook、Twitter。在博客区，用户留下姓名和邮箱，就可以提交评论。Data. gov. uk 平台上发布了许多与政府数据开放相关的博客、论坛链接，用户可以即时评论。

Data. gov. uk 和 Data. gov 都设置了相应的类目，Data. gov 设置了"contact"为一级类目，用户可以在社区就自己使用开放数据的情况，提出问题或者回答问题，其他用户可以浏览这些互动问答；Data. gov. uk 的 interact 类目，向用户提供地理位置、博客、论坛、图书馆、开放数据术语表等于政府数据开放相关的链接和内容，并上传了 TED 演讲为用户解释什么是关联数据。此外，Data. gov. uk 发布的数据集、APP、即时新闻等都提供了评分和评论的功能，用户可以根据使用情况进行一星到五星的评价。遇到没有查找到所需的数据和 API 的情况时，用户也可以向平台提交申请。

6 启示与展望

政府数据开放共享已成为国际共识，数据开放共享也是我国大数据战略的核心，目前我国仅有为数不多的地方性政府数据开放平台，但发展不充分、不完善。在建设我国国家级政府数据开放平台过程中，要借鉴英美等国家的发展经验，公共部门要投入更多的资源来提高组织能力，提升用户利用数据解决问题的能力，同时设置更好的指标来评估数据开放的效益。

6.1 以 CKAN 为基础搭建数据开放平台

CKAN 是目前各国政府数据开放平台中应用的最广泛的开源软件，除了英国、美国，德国、日本、意大利、澳大利亚、瑞典等 20 多个国家也采用了CKAN 数据管理系统搭建数据管理平台[20]。我国在建设政府数据开放平台时，可以采用 CKAN 数据管理系统，并在此基础上结合 Drupal 系统支持博客、论坛、评论等功能，或者利用 WordPress 软件丰富、美化平台内容。平台要具备数据的收集、组织、发布、浏览、检索等功能，用户可自行上传和下载数据、应用程序，对数据集、应用程序进行评论、评分，向平台反馈意见，同时在平台首页发布政府数据的最新相关动态。根据各国经验，最终呈献给用户的界面可以分为 4 大版块：数据、应用程序、开发者、互动交流，用户根据不同需求在不同类目下，获取相应的数据服务。

6.2 完善数据标准与规范

数据按照一定的标准规范发布有利于用户发现和利用数据，在收集和发布数据之前建立数据标准与规范有利于推动和提升数据质量、标准化程度和关联度，我国应效仿英美国家的做法，依据相关标准采集和发布数据。我国在收集和发布数据时也应该根据我国现有的相关国家标准和行业标准。不过我国的数据采集标准目前还在报批阶段，还没有相关的信息处理标准[21]。

在元数据标准方面，我国现有的地方政府数据开放平台目前提供的元数据比较简单，许多必要元素都没有添加。应当借鉴英美的元数据标准，丰富我国数据开放平台的元数据元素，目录字段、数据集字段、数据（集）分布领域都应当有相应的元数据描述。同时应当明确必要、有条件要求、扩展字段 3 种类型的元数据元素。

6.3 增强数据检索功能

我国现有的政府数据开放平台数据检索功能较差，北京、上海等数据开放平台检索功能设置比较简单，用户仅能利用检索框输入关键词检索数据，不能进行高级检索。深圳市罗湖、福田区政府数据开放平台尚无数据检索功能[22]。在未来的数据平台建设中，我国应当注重数据检索功能，提供布尔逻辑组配、短语检索、字段限制、基于地理位置的检索等检索方式，对于检索结果要进行分面聚类，提高用户的检全率与检准率。为了帮助没有相关检索素养的用户，平台也要注意提供检索技巧和检索工具的使用方法。

6.4 鼓励数据的开发利用

英美国家十分注重发挥公民群体智慧解决政府管理与运行问题，美国政府通过在平台设置专门版块发布数据竞赛的方式解决了交通、经济等多领域的问题。美国联邦的 80 多个机构将遇到的困难以竞赛的形式发布在平台上，邀请公众参与解决，并提供相应的奖金予以鼓励，过去 5 年，发布了 640 多个竞赛，用来奖励公众的资金超过了 2 亿 2 千万美元，超过 250 万人参与到竞赛中，网站的访问量超过 450 万，参与者覆盖了美国的每一个州，访问者来自全球各个国家[23]。

我国的数据开放平台还处在初级阶段，虽然有 API 接口，但是数据量少，不能满足用户需求。APP 数量与英美相比较少，种类也不够丰富。目前也仅有上海，青岛等地开展了数据竞赛活动，活动规模与参与人数尚未形成大规模的影响力。政府部门要依靠平台发布的数据，鼓励开发人员开发贴近民众需求的应用程序，带动社会创新发展，发挥数据的经济和社会价值[24]。

6.5 嵌入社交媒体

政府数据开放在我国还处于初步发展阶段，还有待公众认知了解，要加强与公众的互动，让用户更深入地了解政府数据开放的作用和意义，帮助用户正确地使用数据开放平台。论坛、博客等社交工具要嵌入到平台中，实现平台与用户的交流畅通，能够及时解答用户的疑惑与需求，加强用户之间的沟通与讨论，也可帮助平台发现数据问题，有效识别热门数据集等。除了平台数据，开发的APP也要能够分享传播到微信、QQ空间、微博等社交媒体中，便于用户及时发现和分享数据与APP，同时扩大平台的影响力，吸引更多的用户使用平台。

参考文献：

［1］ What is open government data［EB/OL］.［2016-03-01］.http://opengovernmentdata.org/.

［2］ Open Data Barometer. ODB global report:third edition［EB/OL］.［2016-04-06］http://opendatabarometer. org/doc/3rdEdition/ODB-3rdEdition-GlobalReport. pdf.

［3］ 国务院印发大数据发展行动纲要:2018年底前建成政府大数据平台［EB/OL］.［2016-04-06］. http://www. guancha. cn/economy/2015_09_05_333075. shtml.

［4］ 侯人华,徐少同. 美国政府开放数据的管理和利用分析——以 data. gov 为例［J］. 图书情报工作,2011,55(4):119-122.

［5］ 陈美. 英国开放数据政策执行研究［J］. 图书馆建设,2014,(3):22-27.

［6］ 徐佳宁,王婉. 结构化、关联化的开放数据及其应用［J］. 情报理论与实践,2014,(2):53-56.

［7］ BERNERS-LEE T. Linked data［EB/OL］.［2016-03-01］. https://www. w3. org/DesignIssues/LinkedData. html.

［8］ 徐慧娜,郑磊. 面向用户利用的开放政府数据平台:纽约与上海比较研究［J］. 电子政务,2015,(7):37-45.

［9］ MALTBY P. Progress on the Nation Information Infrastructure Project［EB/OL］.［2016-04-06］. https://data. gov. uk/blog/progress-national-information-infrastructure-project.

［10］ Standards, specifications, and formats supporting open data objectives［EB/OL］.［2016-05-20］. https://project-open-data. cio. gov/open-standards/.

［11］ 司莉,李鑫. 英美政府数据门户网站科学数据组织与查询研究［J］. 图书馆论坛,2014,(10):110-114.

［12］ 钱国富. 基于关联数据的政府数据发布［J］. 图书情报工作,2012,56(5):123-127.

［13］ PANZER M. DDC,SKOS,and linked data on the Web［EB/OL］.［2016-03-01］. http://

www. oclc. org/news/events/presentation/2008/ISKO/20080805-deweyskos-panzer. ppt.

［14］ 贾君枝,赵洁. DDC 关联数据实现研究［J］. 中国图书馆学报,2014,40(4):76-82.

［15］ 黄如花. 信息检索［M］. 武汉:武汉大学出版社,2015.

［16］ 英美:数据公开、社交互动成潮流［EB/OL］.［2016-04-06］. http://www. cnii. com. cn/thingsnet/2013-07/30/content_1193700. htm.

［17］ A brief introduction to APIs［EB/OL］.［2016-03-06］. https://data. gov. uk/data/api/.

［18］ 2016 Open Data Roundtables［EB/OL］.［2016-04-06］. http://opendataenterprise. org/open-data-roundtables. html.

［19］ 周志峰,黄如花. 国外政府开放数据门户服务功能探析［J］. 情报杂志,2013,(3):144-147.

［20］ CKAN - the open source data portal software［EB/OL］.［2016-09-06］. http://ckan. org/.

［21］ 官员:信息数据采集"行为准则"正在报批过程中［EB/OL］.［2016-09-06］. http://news. 163. com/16/0508/01/BMGO914T00014AED. html.

［22］ 黄如花,王春迎. 我国政府数据开放平台现状调查与分析［J］. 情报理论与实践,2016,(7):50-55.

［23］ About［EB/OL］.［2016-04-06］. https://www. challenge. gov/about/.

［24］ 罗博. 国外开放政府数据计划:进展与启示［J］. 情报理论与实践,2014,(12):138-143.

作者简介

黄如花：提供思路，进行写作指导与论文修改；

王春迎：搜集资料，撰写论文

国外高校科学数据生命周期
管理模型比较研究及借鉴[*]

1 科学数据生命周期相关概念

1.1 科学数据生命周期

科学数据生命周期一词的诞生与信息生命周期概念的产生有紧密联系。信息学科引入生物学中的生命周期学说，是将信息视为有机体，研究其价值衰变的规律。马费成等认为，生命周期方法适用的对象应该具备三个重要的属性——"连续性、不可逆转性和迭代性"，各个生命过程之间不仅具备连续性，而且具备时间上的不可逆转性，完成一次生命进程后，会进入下一轮生命进程，两轮之间的更迭也就是迭代或循环[1]。科学数据无论是以何种格式、载体存在，都可以映射到一定规律的循环过程。以此依据判断，科学数据也应符合生命周期方法。但科学数据不同于信息资源"价值老化"的生命周期衰变规律，其生命周期与科学研究工作流联系紧密，会受到研究方法、工具、手段的影响。

1.2 科学数据生命周期管理

科学数据生命周期与科学数据生命周期管理是两个概念，两者存有根本差异。前者的研究对象是科学数据本身，考察其在生命周期中的阶段、状态和规律；后者则研究如何在科学数据生命周期各个阶段采用适当的操作与策略对数据进行管理，其管理的对象除了科学数据本身，也包括科学数据的生产、服务、使用对象和内外部环境、技术等。从科学数据生命周期的内涵来看，科学数据生命周期管理的本质是依据科研过程管理数据。

＊ 本文系 CALIS 三期预研项目"高校科学数据管理机制及管理平台研究"（项目编号：03-3304）研究成果之一。

164

2 国外科学数据生命周期模型研究

目前国外的科学数据管理研究和实践进展迅速，根据地球观测卫星委员会（CEOS）2011 年的调研，已有不同类型的科学数据生命周期模型 46 个[2]。

2.1 国外科学数据生命周期模型概况调研

根据笔者的调研，不同学科数据的生命周期模型差异较大。按照已有的科学数据生命周期模型来看，可以从以下几个维度进行划分。

从研究主体来看，可以划分为高校、数据管理机构、研究机构、政府部门等；从大的学科范畴划分，可以分为人文社会科学数据生命周期与自然科学生命周期；从数据规模来划分，可以分为"小科学"数据生命周期与"大科学"数据生命周期；从模型结构来划分，可以分为线性模型与循环模型。这些维度并不是单一存在的，某一科学数据生命周期模型应当由以上几个维度构成。如 DOE 科学数据生命周期模型[3]由美国能源部提出，其研究对象是"大科学"数据，主要学科领域为测绘、天文学等，其模型结构为线性结构；而英国数据存档（UKDA）数据生命周期模型[4]则是由英国埃塞克斯大学提出，针对人文社会科学数据，其模型结构为循环结构。

2.2 国外高校科学数据生命周期模型与其他主体模型的差异分析

根据对目前常见的科学数据生命周期模型的结构、对象的调研，发现虽然不同学科的模型差异性较大，但同样可以从中提取通用阶段，如数据收集、数据处理、数据分析、数据发现等。

高校科学数据生命周期模型与其他主体模型的核心差异在于科学数据自身，表现为以下几个方面：①数据复杂性差异。对比于政府机构、研究中心的研究对象，高校科学数据的规模相对较小，这是由研究模式、研究投入决定的——通常高校的研究以个体为单位，致力于某一个小的研究点，不大可能形成巨大规模的数据量。②学科领域差异。高校提出的科学数据生命周期模型的学科领域主要是人文社会科学：一方面是人文社会科学数据的研究方法具有一定的通用性，便于总结；另一方面由于该类科学数据的量级较小、数据载体较为一致，不需要太复杂的策略、方法与软硬件就可以完成管理。③普适性与专业性差异。高校的学科覆盖范围广，因此其提出的生命周期模型以普适性为目标，期望通过一种模型可以将大部分科学数据的生命周期进行概括性描述，其模型的特点是各个阶段定义宽泛；而研究中心等机构的研究领域专一，其模型是符合特定领域的科学数据的生命周期，对其他学科数据适用性较低。

3 国外高校科学数据生命周期管理模型研究

3.1 国外高校科学数据生命周期管理模型调研

由于研究科学数据生命周期理论的主体存在差异，科学数据管理的方式也会有一定差异，因此笔者主要选择国外高校科学数据生命周期管理模型（见表1）进行分析，以期对我国高校科学数据管理有一定的参考和借鉴价值。

3.2 国外高校科学数据生命周期管理模型的特点

通过表1不难发现，国外高校科学数据生命周期管理模型具有以下特点：

3.2.1 强调数据管理计划的指导意义 无论是自然科学还是人文社会科学，高校科学数据生命周期管理过程中都注重数据管理计划。美国国家自然科学基金会要求自2010年起，所有申请的项目都必须提交两页的数据管理计划。英国数据存档在"管理与共享数据最佳实践"中将数据管理计划制定作为管理科学数据的起点。

3.2.2 重视数据归档工作 以上模型以不同方式要求记录数据生命周期各个过程的操作和变更，形成文档，以文本方式记录科学数据生命周期的变化。

3.2.3 阶段管理的规范化 数据生命周期管理从数据产生一开始便开始进行，因此各模型对各阶段需要实施的管理工作都制定了规范。事实上，要求越详细则越能最大化地规范参与科学数据管理的行为，为科学数据的共享和利用奠定良好基础。如ICPSR和DataONE模型规定的内容都十分详细。

3.2.4 管理策略多样 科学数据生命周期各阶段的特性各异，因此需要配合多种管理策略。如在计划和数据收集创建阶段，强调文本规范；而在数据处理和分析阶段，大多数工作由科研人员完成，因此只强调了版本管理、备份的重要性。同时，根据主体的差异，也实施不同的管理策略——针对科研人员的管理策略强调数据的有序性，简化科研人员进行数据处理的过程；而对数据服务机构（如高校图书馆、校内IT机构），则注重提供数据服务的规范。

表 1　国外高校科学数据生命周期管理模型一览

模型名称	类型	提出机构	基本内容
ICPSR 社会科学数据存档生命周期管理模型[5]	社会科学数据存档实践指南；社会科学数据生命周期模型	美国政治与社会科学研究校际联盟	①制定发展及数据管理计划：必要要素、可选要素、案例 ②构建项目：文件结构、命名、数据整合、数据集文档、项目文档、软件使用等 ③数据收集及文件创建：定量数据、定性数据、其他类型的处理方式、元数据创建 ④数据分析：主数据集及工作文件、版本控制、备份 ⑤数据共享准备：保密义务、披露风险限制、个人信息保护、数据集受限使用、数据飞地 ⑥数据存档：文件格式、已有或二次数据分析文档存储
DataTrain 数据生命周期管理模型[6]	考古学、社会人类学数据管理模型	剑桥大学图书馆	①创建：定义数据格式和类型 ②有效使用：文件结构、命名、软件使用、描述方式等 ③选择与评估：检查文件结构和命名是否利于理解、保留哪些数据等 ④存储与再利用：定义课题核心数据集、存储地点、论文与数据链接等 ⑤长期保存与再利用：使用对象和描述信息
哈佛大学科学数据生命周期管理模型[7]	科学数据服务模型	哈佛大学高校管理与服务处	①培训、咨询与支持（核心） ②数据管理计划制定：课题描述、已有数据调查、欲创建数据、数据组织方法、数据管理事宜、数据共享及存档、责任制、预算等要素 ③数据备份与安全：学校备份机存储系统服务、个人备份 ④数据共享与存档：选择共享方式（私人、机构库、公共平台等）

模型名称	类型	提出机构	基本内容
DataONE科学数据生命周期管理模型[8]	环境科学数据生命周期及管理模型	美国国家自然科学基金会科学数据生命周期管理小组；新墨西哥大学图书馆	①制定计划：确定生成的数据类型、存储库、数据组织方式、数据管理责任制、考虑预算以及硬件、短期数据保存计划、数据共享计划、描述数据文件内容、使用公认元数据标准、使用纯文本字符描述变量名称及站点表、分配名称、保留原始数据、创建参数表及站点表 ②收集数据：创建数据收集模板、描述数据文件内容、使用公认元数据标准、使用纯文本字符描述变量名称及站点表 ③确认：建立质量确认规范、确保数据的质量、格式、录入等无误 ④描述：创建、标准的描述语言 ⑤保存：利用数据中心提供保存及其他服务、标识数据的长期价值、保存精确度、准术语、考虑法律及其他政策、属性与出处、备份等 ⑥数据发现、整合、分析：考虑数据复杂余度、数据处理步骤文档、理解多数据集的空间参数识别异常值等
英国数据存档（UK-DA）数据生命周期管理模型[4]	人文、社会科学数据管理模型	英国埃塞克斯大学	①制定管理计划：管理对象、元数据、标准及质量确保手段、共享数据计划、数据存储备份及备份手段、伦理及法律问题、经费等 ②数据归档：数据集与数据两个层次——数据集内容描述、数据收集方法、数据集的数据结构及关系、数据处理方式及权重等、数据使用信息、版本沿革标识、变量及权重等 ③数据格式化：定量表格数据、地理空间数据、定性数据、视频数据、图上数据、文档等数据的规定格式 ④数据存储：格式、元数据、存储策略的选择、数据安全、数据传输与加密、数据处理、数据共享协作环境 ⑤伦理与认可：法律及伦理问题、知情认可及数据共享、匿名化数据、存取控制

3.2.5　重视关键且容易被忽视的问题　在科学数据生命周期管理中包含许多容易被忽视却对管理效果产生重要影响的问题，如科学数据的背景信息、生命周期中的节点、多版本文件的管理等。如 ICPSR 与 UKDA 都在其管理模型中提到了版本控制，UKDA 甚至为版本控制制定了最佳实践方案。

3.3　高校科学数据生命周期管理框架

科学数据生命周期管理框架的本质是根据科学数据在每个生命周期阶段的特点制定不同的管理策略。根据前文对国外科学数据生命周期模型的研究，可得知科学数据生命周期包含几个核心的阶段：数据产生——数据收集——数据处理——数据发布——数据利用。但高校科学数据具有自己的特点：①数据规模相对较小；②来源复杂且类型多样；③分布分散。围绕高校科学数据进行生命周期管理需要考虑科学数据生命周期管理的普适阶段，也要考虑高校的特点。

因此，结合调研，科学数据生命周期管理应包含以下阶段：管理计划制定——数据收集管理——数据描述及归档管理——数据处理与分析管理——数据保存管理——数据共享及使用管理。其中的核心内涵则是数据的存储、组织、发布、检索、获取。这个框架的每个阶段都有各自的要点，如计划制定阶段，应强调全面性和可操作性；数据收集阶段，应强调背景信息的采集，保证科学数据的完整性；数据描述阶段，应当强调建立规范、清晰的描述文档，便于后期进行解码；数据处理与分析阶段，应强调数据变更信息的记录，避免数据误用；数据保存阶段，需要考虑数据完整性与成本的平衡；数据共享阶段，要求发布机制、使用机制根据数据的差异进行个性化制定。

结合高校科学数据的特点要考虑以下因素：①高校科学数据小规模量级的特点使科研人员对辅助管理工具的需求有所降低，其自身的科学数据素养对管理效果的影响变大；②数据来源和类型的复杂性要求数据生命周期管理必须在发现共性的基础上探索具有学科特色的管理方式，科研人员需要全程参与科学数据生命周期管理，帮助数据服务提供者理解科研过程与科学数据；③高校科学数据分散性分布的特点对管理（包括全生命周期的文档记录、版本管理、长期保存、节点管理等）的规范性提出了更高的要求。

4　我国高校科学数据生命周期管理可借鉴的经验

我国高校的科学数据管理尚处于起步阶段，因此可以借鉴国外已有的经验，缩短探索的过程。科学地认识科学数据的特点、规律，才能确保科学数据的完整性、可利用性。依据其生命周期进行管理，正是使用科学的方法进行管理的一种体现。

4.1 明确科学数据生命周期阶段管理任务及其责任者

在高校科学数据生命周期管理中，责任者主要包括科研人员（团队）、图书馆、IT 部门、科研管理部门等。不同的责任者在科学数据生命周期的管理中任务不同，明确其管理阶段和管理任务，将有助于提高管理效率，减少重复工作。

根据前文对科学数据生命周期管理阶段的划分，科研人员（团队）是科学数据生命周期管理的主要责任者，参与的科学数据生命周期管理阶段及管理任务包括：①数据收集阶段：确定哪些数据需要收集，选择收集策略，进行基本的归档和描述。②数据处理分析阶段：进行版本控制，选择备份策略。③数据保存阶段：确定保存对象和保存地点。从数据保存的对象来看，一些数据是不可替代的，其他一些数据则可以再生。前者称为短暂数据，后者称为稳定数据。毫无疑问，短暂数据应当被保存，同时需要权衡经济因素[9]。④数据共享阶段：根据数据情况确定数据共享的方式和范围。

高校图书馆作为主要的科研服务部门，需要与校内 IT 部门和科研管理部门协调合作，共同完成科学数据管理工作。图书馆主要参与的阶段及管理任务包括：①数据描述和归档阶段：帮助科研团队建立元数据体系及检索机制。元数据体系应当具有认可度高、拓展性强、成本低、描述深度可控的特点。②数据保存阶段：长期保存需要解决的困难是如何使数据存取不受时间、技术变化的限制，它需要持续的人力、资金、技术的投入。图书馆联合 IT 部门将能够为不具备该条件的科研团队提供数据的长期保存，并进行后续的数据更新、技术更新、安全维护等工作。③数据共享与使用阶段：作为数据仓储专家，图书馆必须根据科研人员的要求对高校数据管理平台进行访问和存取控制、使用控制等，并能够提供完整的数据检索、数据获取服务。

4.2 重视高校科学数据生命周期管理中的策略及管理的规范化

4.2.1 版本控制管理　数字时代，科学数据的易复制性和可覆盖性要求必须采取措施规避科研人员使用过时版本文件的风险。尤其是在包含多个成员的研究团队中，版本控制尤为重要。版本控制管理使科研过程中产生的不同版本的科学数据或数据文件间产生关联，一方面有利于理顺科学数据的变更历史，另一方面可减少信息障碍可能导致的版本错误使用情况，避免不必要的重复劳动。就我国的发展实践而言，可以借鉴国外较为成熟的经验。英国埃塞克斯大学在 UKDA 版本管理最佳实践[4]中提出了版本选择、制定命名规则、选择最佳版本、建立版本关联、确定文件位置、进行多版本文件存储等问题的解决方案，对我国高校科学数据管理中的版本控制具有指导意义。

4.2.2　节点和背景信息管理　节点指的是科学数据各阶段相连接的过渡阶段；背景信息指的是与数据相关，帮助理解数据的信息，如野外标本采集环境记录、调查样本选取方法、仪表参数等。正如 C. Humphrey[10]所言，每个数据阶段连接的节点是最可能会产生背景信息流失的环节，而流失的信息可能正是未来使用、编译数据所需的必要信息。因此，重视节点或背景信息，对其进行有效管理是减少数据信息流失的重要途径。罗格斯大学图书馆提出了通过管理关联信息进行科学数据生命周期管理的方法，借助元数据编码及转换标准（METS）建立各阶段"项目"的关联，它定义了各阶段易忽视的信息，如项目启动阶段的项目设计文档、提案、假设、方法论等[11]。我国高校科学数据生命周期管理中同样也应当积极探索，寻找能够全面保存科学数据及其辅助信息的方法。

4.2.3　全生命周期的文档规范记录　调研结果显示，国外高校科学数据管理重视管理过程的规范性，科学数据生命周期每个阶段可能在数据格式、载体、结构等方面都会发生变化，只有在其生命周期的每个时期采用规范的文档记录，才能准确描述科学数据的来源、流变。规范的文档记录包括如何撰写数据管理计划、制定数据保存计划、选择数据组织的元数据、规范数据处理文档等。而在我国，高校科研项目可能由多批科研人员共同完成，科学数据通常分散在不同人员手中，因此，建立科学数据在每个生命周期的状态、操作、环境信息等完整的文档记录更为重要，此举可使参与课题或未来使用数据的科研人员明确、理解科学数据在其生命周期各阶段的状态，同时也可以减少科学数据在生命周期中的流失。

4.3　深化图书馆的科学数据服务层次，提高科研服务能力

随着数据密集型科学研究时代的到来，科学数据服务越来越受到重视。许多高校的研究中心也开始提供专业的科学数据服务，如美国哥伦比亚大学国际地球科学信息网中心（CIESIN）所提供的全球变化环境数据的服务[12]。但高校科学数据的分布呈现分散状态，大多数数据直接由科研团队掌握，在整合高校科学数据管理、提供全面的数据服务方面，图书馆将有更大作为。

图书馆的科学数据服务可以划分为三个层次。根据前文的调研及分析可知，图书馆在科学数据生命周期管理中肩负着多项任务，如元数据设计、仓储设计、访问维护等，图书馆首先需要建立与科研团队的良好合作关系，参与到科学研究过程中来，完成科学数据管理生命周期的基础任务。

其次，实现科研人员科研周期的支撑服务。我国高校科学数据管理工作尚在起步阶段，科研人员（团队）需要图书馆为其提供全数据生命周期的咨询和指导，帮助科研人员提高管理能力并给予专业的建议和意见，如保存策略选择、共享模式选择、软硬件选择等。目前许多国外高校图书馆联合 IT 部门，搭建了描述、存取以及发现数据的平台，如 RUcore[13]、加州大学圣地亚哥分校的 DAMS[14] 等，这些平台可以帮助科研人员更有效地对科学数据生命周期进行管理。

再次，持续深化科学数据服务的层次。根据刘细文、师荣华的调研[15]，数据检索与数据获取服务是美国地球科学领域数据中心两大核心服务。数据中心提供功能强大的数据检索工具，如美国国家航空航天局分布式数据存档中心（DAAC）提供的元数据及服务发现工具 Reverb[16]、美国全球水资源和气候中心（GHRC）提供的碰撞搜索引擎（Coincidence Search Engine）[17] 等。此外，图书馆还可提供数据检索服务、数据获取服务、软件下载服务、元数据服务、数据可视化服务、数据与成果的链接服务等，如德国国家科技图书馆（TIB）利用 DOI 系统，通过分配数据集数字对象唯一标识符，实现文献和科学数据的链接[18]。

参考文献：

［1］ 马费成,望俊成. 信息生命周期研究述评（Ⅰ）[J]. 情报学报,2010,（5）:939-947.

［2］ CEOS. Data lifecycle models and concepts［EB/OL］.［2012-07-31］. http://wgiss. ceos. org/dsig/whitepapers.

［3］ The Office of Science Data-Management Challenge. Report from the DOE Office of Science Data-Management workshops［EB/OL］.［2013-02-20］. http://science. energy. gov/~/media/ascr/pdf/program-documents/docs/Final_report_v26. pdf.

［4］ UK Data Archive［EB/OL］.［2012-09-16］. http://www. data-archive. ac. uk/.

［5］ Guide to social science data preparation and archiving：Introduction［EB/OL］.［2012-11-09］. http://www. icpsr. umich. edu/files/ICPSR/access/dataprep. pdf.

［6］ Data lifecycles & management plans［EB/OL］.［2012-11-12］. http://archaeologydataservice. ac. uk/learning/DataTrain.

［7］ Research data management［EB/OL］.［2012-12-12］. http://www. admin. ox. ac. uk/rdm/.

[8]　DataONE[EB/OL]. [2012-10-28]. http://www. dataone. org/.

[9]　Gray J, Szalay A S, Thakar A R, et al. Online scientific data curation, publication, and archiving[EB/OL]. [2012-10-28]. http://research. microsoft. com/pubs/64568/tr-2002-74. pdf.

[10]　Humphrey C. e-Science and the life cycle of research[EB/OL]. [2012-10-03]. http://datalib. library. ualberta. ca/~humphrey/lifecycle-science060308. doc.

[11]　Rutgers University Community Repository[EB/OL]. [2012-11-14]. http://rucore. libraries. rutgers. edu/.

[12]　Center for International Earth Science Information Network[EB/OL]. [2012-11-15]. http://www. ciesin. org/.

[13]　UCSD Libraries' digital asset management system[EB/OL]. [2012-09-14]. https://libraries. ucsd. edu/digital/.

[14]　Managing research data lifecycles through context[EB/OL]. [2012-10-03]. http://www. columbia. edu/~rb2568/rdlm/Agnew_Rutgers_RDLM2011. pdf.

[15]　刘细文,师荣华. 美国地球科学领域科学数据开放服务的调查分析[J]. 图书馆学研究,2010(10):68-72,52.

[16]　Reverb[EB/OL]. [2012-10-21]. http://reverb. echo. nasa. gov/reverb/.

[17]　GHRC Satellite Coincidence Search Engine[EB/OL]. [2012-10-21]. http://gcmd. nasa. gov/records/01-ghrc_COINC-00. html.

[18]　Lautenschlager M, Höck H, Brase J. Publication and citation of scientific primary data at WDC climate[EB/OL]. [2012-10-24]. http://colab. mpdl. mpg. de/mediawiki/images/3/30/.

作者简介

丁宁, 武汉大学图书馆助理馆员, 硕士;

马浩琴, 武汉大学图书馆助理馆员, 硕士。

国外高校数据监管项目
的调研与分析[*]

1　引　言

20 世纪末兴起的 e-Science 建立了全新的科研模式，其利用新一代网络技术和广域分布式、高性能计算环境，使全球的、跨学科的科研人员能够跨越时间、空间、物理障碍实现资源共享与协同工作。在此背景下，作为科学研究基础的科学数据被提升到前所未有的高度。

科学数据是信息时代最基本、最活跃、影响面最宽的一种战略性资源，对于科技创新具有显著的支撑作用。科学数据既包括科学研究过程中产生的原始性、基础性数据以及根据不同需求加工后产生的衍生性数据，也包括各种大规模观测、勘探、调查、实验和试验中所获得的海量科学数据以及广大科研人员长年累月的研究工作所产生的大量分散的科学数据[1]，其形成成本较高、对科学研究具有重要价值，因而应对其进行再利用和共享。做好科学数据的收集、整理、存储、评估、存储工作是科学数据再利用和共享的基础，而数据监管的理念和实践正是在这种背景下提出和展开的。

2　数据监管概述

2.1　数据监管的内涵

数据监管，国外也称为 digital curation、data curation、digital preservation 以及 digital stewardship。其中 digital 是指比 data 数据范围更大的数字化信息和数字对象，curation 则强调数字化对象的生命周期以及通过采集、保存等实现重复利用和增值，因而 digital curation 是 data curation 的上位概念[2]，data curation 强调的是研究数据的监管。digital curation 一词产生的源头主要是科学数据和 e-science 社区，因此国外提及数据监管时也将 digital curation 和 data cura-

　＊　本文系国家社会科学基金资助项目"基于知识链的图书馆学科服务平台研究"（项目编号：12CTQ010）研究成果之一。

tion 混用。

数据监管是以科学数据的长期保存、组织、维护、管理和再利用为重点任务的新兴研究领域。数据监管一词首次出现在由数字保存联盟和英国国家空间中心于 2001 年 10 月 19 日在伦敦举行的国际研讨会 "Digital Curation：Digital Archives, Libraries and e-Science Seminar" 上，该国际研讨会被学界认为奠定了数据监管的基础，在档案专家、图书情报学家、数据管理专家以及学科专家们之间搭建了一座沟通的桥梁[3]。2002 年，微软研究所首席研究员 J. Gray 正式在文献中提及 data curation，对数据监管的重要性、可能的责任人以及需要保存的数据对象进行了讨论[4]，但并没有对数据监管本身做出明确定义。

英国数据监管中心（Digital Curation Center，DCC）是该领域的领跑者，成立于 2004 年。它将数据监管定义为：在数字化研究数据的生命周期中维护、保存和增加其价值[5]。美国伊利诺伊大学图书情报学院的 S. Shreeves 和 M. Cragin 对数据监管的定义是：对数据进行积极持续的管理，当然监管的数据对象要处于生命周期内，即数据对学术、科学和教育还有一定的价值和益处，数据监管包含对数据进行评价、选择、再现、组织，保证长时间后数据还能被获取和使用[6]。

数据监管要跨越整个数据的生命周期，在数据生命周期内对数据进行收集、整理、存储、评估、分析、再利用，是一个持续的过程，以确保数据在交流中不断增值。

2.2 数据监管的意义和作用

2.2.1 科学数据的重要性与脆弱性 日益增多的科学数据允许新时代的研究人员"站在巨人的肩膀上"继续前行。当然前提是这些数据必须被保存下来，并能保证可获得性、可访问性和可理解性。而实际上今天保存下来的很多研究数据和文档可能在不久的将来就会丢失。当今学者倾向于在文章中附录相关数据的网络地址，但 OCLC 的一项调研显示，1998 年、1999 年和 2000 年存在的网站地址到 2002 年时分别仅剩 13%、19% 和 33%[7]，这就不可避免地导致科学数据的丢失，为了维护数据的长期可用，增加数据价值，数据监管变得尤为重要。

2.2.2 科研人员对科学数据的需求增加 欧洲 ODE（Opportunities for Data Exchange）项目组 2011 年的报告 "Report on Integration and Publication" 显示，研究人员在收集自己的实证数据之前，会先从他人那里发现、使用并分析数据，以验证自己的假说。60%的科研人员表示愿意利用别人的数据，但40%的科研人员在获取数据时仍然存在困难。58%的科研人员认为应该建立相关的基础设施来保存科学数据[8]。科学数据的妥善监管和保存是再利用数据的基础，科学数据只有在被保存、识别、验证、监管和传播的基础之上，才能提高他们对科研人员的价值，即提升数据本身的可用性、可检索性、可解释性和可重用性。

2.2.3　小科学会更受益于数据监管　科研人员对科研数据管理和保存服务的需求将相当高，尤其是对于从事"小科学"的科学家。小科学是指假设驱动的研究，通常由一位研究者或者研究小组领导来产生和分析自己的数据。小科学中研究数据的特点是变动性大、复杂性强，因此其研究数据的共享也缺乏标准和规范，现在几乎很少有研究人员会存储和共享这些研究数据。"其他的研究显示，小科学产生了大量的数据，随着时间的推移，也许甚至会超过大科学"[9]。因而小科学对数据监管的需求更高，也会因此而受益更多。

2.3　图书馆进行数据监管的必要性

图书馆经过多年的发展，其提供的服务早已从馆藏文献延伸到了网络资源的组织、整合以及数据的服务等方面。转型期的图书馆需要重新思考其在数字环境中和支持数字科研中的角色。数据是科研工作的重要支撑，提供数据服务来支持科研人员的数据需求也成为研究型图书馆知识服务的一个重要方面，因此图书馆应该构建其数据监管能力。

从传统的图书馆的作用来看，图书馆保存和利用的主要是科研生命周期中的最终成果，即正式的文献，而对这个生命周期中的中间成果如实验数据、调研数据等并未加以关注。然而，在大数据时代，无论是大科学还是小科学的发展都需要数据的支撑。图书馆开展数据服务是图书馆的本职，也是图书馆在新环境下的必然发展。正如2007年由RIN（Research Information Network）资助的一项研究对图书馆员进行调查时的发现："许多图书馆员把数据监管作为他们现有角色的自然延伸，但是在监管与数字科研有关的大型数据库方面必须谨慎"[10]。

美国图书馆和信息资源委员会（Council on Library and Information Resources，CLIR）研讨会得出的结论是图书馆应该参与到数据管理工作中。而且在信息可以在互联网上免费获取的今天，图书馆必须成为专业信息的提供者[11]。科研用户希望图书馆能存储和保存数据，但目前只有44%的被访问图书馆在进行研究数据的存储和保存。数据分享已经影响到了学术交流[8]。

OCLC 的一个研究项目"图书馆在数据监管中的角色"中提到，要寻找一种图书馆能够管理研究数据的合理方式[12]。

3 国内外数据监管研究与实践进展

3.1 国内外数据监管的研究进展

对数据监管研究起着重要推动作用的是英国 DCC 发起的始于 2005 年的国际数据监管年会（International Digital Curation Conference），其主题包括数据监管的理论研究、案例分析、技术和软件以及职业教育等，是国际上数据监管领域合作、交流和沟通的重要渠道。2006 年以数据监管为主题的期刊 *International Journal of Digital Curation* 的创立也标志着数据监管成为一个重要的研究领域。

与数据监管相关的学术文献也显著增加。Web of Science 中有关数据监管的论文呈现迅速上升的趋势，尤其是 2011–2013 年的论文数呈爆发式增长，而国内关于该领域的研究近年来才刚刚起步。国外数据监管的研究内容大致可以归纳为以下 5 个方面：

3.1.1 图书馆在数据监管中的角色和作用　现有的研究揭示出图书馆应该参与到数据监管中，但具体承担什么职责仍在探讨中。H. Nielsen 和 B. Hjørland 分析了数据的本质和类别，也思考了图书馆在数据管理方面的竞争对手等，提出研究型图书馆应积极参与数据监管工作[13]。R. Fox 的研究也指出图书馆在数据监管中起着重要的作用，尤其是在建立数据监管的政策和制度方面[14]。A. Osswald 等通过对 11 个学科进行调研，考察德国图书馆在数据监管中的地位，结果发现对于图书馆在数据监管中承担何种职能并没有清晰的结论，但图书馆和科学家的密切联系使他们在处理数据监管中具有天然优势[15]。

3.1.2 数据监管中的格式、技术　A. Ball 等介绍了由研究数据联盟元数据标准目录工作组（MSDWG）建立的描述性的学科元数据标准目录[16]。C. Willis 等分析了不同学科的 9 个元数据方案，揭示了为不同学科和领域提供数据支持的科学数据的 11 项基本元数据目标[17]。L. Peer 等则介绍了耶鲁大学社会与政策研究所建设开放式数据仓储的过程及其特色，如数据仓储可与研究所网站上现有的公开发布的出版物和项目数据库整合，也与现有的数字保存组织的主流标准一致，而机构库则是数据保存与管理的第一步[18]。

3.1.3 数据监管的流程　如 T. Parsons 以诺丁汉大学提供研究数据管理

177

（research data management，RDM）服务的经验为例，提出了 RDM 服务的 3 个关键：数据管理需求的收集和验证、RDM 培训和 RDM 网站[19]。Bicarregui 等提出了大科学工程的数据管理计划（data management planning，DMP）的特色以及最佳实践[20]。大科学工程是指资金来源于跨国投资，利用专业设备、以高强度合作的形式研究海量数据的学科项目工程，如物理学中的大项目。

3.1.4　数据监管职业及教育　S. Choudhury 等提出图书馆在数据监管中，不仅要注意建立技术框架，还要注重图书馆与学术界之间的联系，应设立数据科学家或数据监管员的新角色[21]。J. Carlson 等介绍了美国的数据素养项目组如何通过访谈法分析学生应该具备的数据能力[22]；L. Molloy 等介绍了欧洲文化遗产部门的数据监管课程体系[23]；P. Botticelli 等分析了数据监管者面临的机遇和挑战，也提出了相应的培训体系[24]；Y. Kim 等分析了 e-Science 的专业人员所需的知识、技能，并提出了对图书情报学课程的建议[25]。

3.1.5　数据管理的典型项目介绍　R. Rice 等介绍了爱丁堡大学的 RDM 项目[26]和 RDM 的实施政策[27]，前者主要包括爱丁堡大学 RDM 项目产生的背景以及具体的思路和实践，后者包括数据管理计划（data management plan，DMP）、数据基础设施、数据保存和数据管理支持 4 个方面路线图的 RDM 政策及实施。S. Choudhury 介绍了约翰霍普金斯大学的数据监管状况[28]，G. Steinhart 介绍了康奈尔大学的 DataStaR 项目现状及其为农业研究提供的服务[29]，T. Walters 介绍了佐治亚理工大学数据监管项目的背景、与其他机构的合作以及发展的模型和路径[30]，J. Wilson 等介绍了牛津大学的两个受到英国联合信息系统委员会（Joint Information Systems Committee，JISC）资助的项目——EDISCAR（Embedding Institutional Data Curation Services in Research）和 Sudamih（Supporting Data Management Infrastructure for the Humanities），提出把机构库作为数据监管的基础设施[31]。

综上所述，可看出国外的研究以数据监管的案例介绍、技术、不同学科数据的监管方式研究为主。国内关于数据监管的研究主要出现在 2010 年后，论文数量也只有几十篇，主要是介绍国外的图书馆数据监管的发展现状、生命周期、数据监管教育、科学数据监管的一些标准和实践等。如杨鹤林介绍了 DataStaR 以及美国高校图书馆的机构库建设[32]以及 DCC 的建设历程[33]，叶兰介绍了国外的数据监管教育[34]以及图书馆相关岗位的设置[35]，杨淑娟则分析了国外基金机构关于 DMP 计划的详细内容[36]等。

3.2　国外数据监管的实践活动

数据监管是一个复杂的体系，是包含国家、机构、科学、文化、社会实践以及经济和技术的系统。参与数据监管活动或是与数据监管有关的利益主体包括投资机构、研究机构、研究人员、大学、图书馆、图书馆员、出版商、信息技术中心和其他信息中心（如博物馆或档案馆），每个参与者都有自己的职责和需求。数据监管的复杂性要求各参与方联合制定体系政策框架，规划职能角色，分工合作，共同促进数据监管活动的进步。

数据监管刚兴起不久，政策框架正在建立，各参与者的角色、职责与技能也在探索之中。从全球的理论与实践活动，可看出数据监管正在循序渐进地展开。

3.2.1 数据监管政策 OECD、欧盟都加入了数据监管政策的制定。2004 年 OECD 举办了部长级会议 "Ministerial Declaration on Access to Research Data from Public Funding"[37]，探讨科研数据的可获得性，并出台了关于政府和研究机构的指导政策，来促进研究人员之间、机构之间和国家间的数据分享。欧盟也强调公众可以无偿地从互联网上获取公共资金资助的研究成果，也可获取未处理的研究数据并进行进一步分析，并呼吁成员国之间在政策和实践上开展更大的协作[38]。

3.2.2 国家层面的数据监管项目 英国的 JISC 在数据技术、数据实践方面有 15 年经验，与国际、国内教育机构进行了广泛合作，为英国的教育和研究提供研究方案及世界一流服务。现阶段 JISC 开展了 17 个工程，其中很大一部分和数据监管活动有关系，如 Managing Research Data Programme 2011—2013、Digital Infrastructure：Research Programme、Innovative Research Data Publication、Research Data Management Infrastructure Projects、Research Data Management Planning Project、Research Data Management Training[39]。JISC 还在 2004 年 3 月为数据监管活动专门建立了 DCC。DCC 开展了多种类型的数据监管研究和项目，包括：①数据监管的相关理论和方法研究，如 DCC 提出了数据监管的生命周期模型及数据资产的审计方法等；②数据监管的职业教育和培训项目，如 DigCurV；③数据管理工具研发项目，如 SRF；④同行评议期刊论文数据的监管项目，如 PREPARDE 项目主要针对 Wiley 创立的同行评议地理期刊的数据集设计了相应的数据监管流程与政策；⑤针对不同学科的数据管理项目，如 Dryad UK 是建立生物科学研究数据集的国际存储项目，REDm-MED 是针对机械工程数据的数据监管项目。

美国国家自然基金会（NSF）对数据监管工作起到了巨大的推动作用，大力鼓励图书馆在数据监管中承担重要角色[40]。NSF 致力于开发可持续数据监管的 DATANET 项目，该项目明确以图书馆为主体，预算 1 亿美元，预计用

5 年的时间资助美国 5 所大学图书馆的数据监管重点研究课题（5 所大学分别为：约翰霍普金斯大学、康奈尔大学、田纳西大学、加州大学、新墨西哥大学）。5 年之后这些数据监管项目要有盈利模式和能力，并持续发展下去。

3.2.3 机构（图书馆）层面的数据监管项目 高校层面，伊利诺伊大学和普渡大学在博物馆和图书馆服务研究院（IMLS）的资金支持下，共同开展了 Curation Profiles 项目，研究不同学科领域和机构中的数据监管问题和需求。加州大学成立了监管中心，为该校的图书馆、档案馆、博物馆、学科院系、研究机构和科研人员提供数字信息资源的监管服务，以支撑该校的学术活动。雪城大学信息学院于 2008 年接受美国国家科学基金会（NSF）的网络基础设施办公室（Office of Cyberinfrastructure）的资助，创建了原型认证项目（Prototype Certification Program），致力于将研究生培养成数据监管基础设施的管理者。麻省理工大学图书馆在 2008 年 8 月为全校的师生和研究人员搭建了数据管理网站，为用户量身定制个性化数据管理流程，目前已有社会科学和地理信息系统两门学科的数据服务，主要帮助用户寻找、理解、管理本领域或相关领域的数据资源。约翰霍普金斯大学图书馆于 2007 年成立了数据研究与监管中心，关注数字图书馆中数据的可获取性与合理保存，强调使用自动化工具、系统、软件提供专业的数据管理服务。

4 国外数据监管项目调研

越来越多的大学图书馆也加入到了数据监管项目中，本文选择了英国和美国几个有代表性的数据监管项目进行调研和比较分析，主要是为了了解国外图书馆参与的数据监管项目的进展和主要的工作内容，以期对我国的数据监管项目开展提供些参考。本文选择的美国的 3 个数据监管项目开展时间较早，而且均获得过奖励，如 2013 年 D2C2 获得了 ACRL STS（science and technology section）创新奖，具体信息见表 1。英国的 EIDCSR 也是受到 JISC 重点资助的项目。

4.1 普渡大学的 D2C2 项目[41]

普渡大学建立的 D2C2 项目（Distributed Data Curation Center，分布式数据监管中心）的目标是：①促进在分布式环境中对科研数据监管的理解；②促进普渡大学的研究人员、技术专家、图书馆员之间的合作；③建立创新的数据管理、发现和传播的应用型、跨学科方案。D2C2 项目主要由普渡大学图书馆研究部门来开展，而参与人员包括 4 名核心教师与图书馆学科馆员，4 名教师也主要是图书馆学的教职人员。该项目的主要内容包括以下 4 个方面：

4.1.1 数据监管概况（data curation profile，DCP） DCP 描述的是数据集合的概况，目的是了解研究人员的特定数据需求，促进图书馆员和其他人员进行数据方面的合作。研究人员提供和开放上游数据的可能性形成了 DCP 与相关的工具包（data curation profile toolkit，DCPT）。DCPT 可提供一系列服务来支持数据监管记录，具体包括：①数据概况的元数据记录要定期提交给图书馆的发现工具，如 Worldcat、Primo、Summon、EBSCO Discovery；②每个发布的数据记录都要在 CrossRef 注册，形成 DOI；③数据记录要在开放存取期刊中注册；④数据记录可进一步被 Google Scholar、EBSCO 和 ProQuest 索引；⑤完成的数据监管记录可通过目录来发布，用 CLOCKSS 和 Portico 存档。

4.1.2 数据管理计划自评估工具 这个自评估工具是从数据监管概况中形成的指南。该工具使数据监管人员能够在需要较少帮助的情况下将数据处理的工作流转换成数据管理计划。

4.1.3 数据目录（Databib） Databib 是帮助人们认识和查找研究数据在线仓储的工具。用户和文献专家可以创建和监管纪录。Databib 试图描述数据用户、数据生产者、出版商、图书馆员、资助研究机构的需求，主要帮助解决以下几种问题：哪种数据库适合研究人员提交数据？用户如何找到合适的数据仓储来满足自己的需求？图书馆员如何帮助用户将数据和他们的研究学习结合起来？

4.1.4 普渡大学研究机构库（PURR） PURR 是普渡大学图书馆与该校信息技术部等联合开发的机构库。PURR 提供了在线的联合协作空间和数据共享平台来支持普渡大学研究人员与合作者的数据管理需求，也提供了数据的获取、定义和传播的工作流与工具以及数据的备份和镜像服务。图书馆员和研究人员合作利用合适的描述性元数据和数据标准来进行数据长期保存与管理的评价，以此促进数据的选择和利用。PURR 形成了关于隐私和保密、知识产权和版权、数据获取和共享等方面的一系列政策。使用 PURR 出版的数据库都有 DOI 标识，可按照开源标准放到网络上，以便用户最大化地重用数据。

4.2 康奈尔大学的 DataStaR 项目

DataStaR（Data Staging Repository）项目是康奈尔大学图书馆和华盛顿大学圣路易斯分校合作进行的，目的是支持科研过程中研究人员的合作和数据共享，推动数据的存储和发布以及高质量学科元数据中心库或机构库的建立。

两校的图书馆员对不同学科的研究人员通过深度访谈、案例分析等进行信息采集，并分析研究人员的数据需求和偏好，从而推动 DataStaR 语义平台的使用。

DataStaR 既是一个平台，也是一系列服务，通过研究人员控制数据和元数据的发布等促进数据共享。该平台主要支持"小科学"数据集合——即不需要用特定基础设施进行存储、管理和访问的学科数据[29]。DataStaR 本身是提供数据的临时工作存储，是同事之间数据共享的中间站，最终的版本还是要提交到永久数据存储中。

DataStaR 系统包括基于 Fedora 的仓储（用于存储数据集文件）、基于 Vitro 软件的语义元数据库（由康奈尔大学图书馆开发的网络本体和实例编辑器）、其他开源的组成部分（DROID 进行文献格式识别、SWORD 负责存储到库中）以及该项目的通用代码。

图 1 是 DataStaR 的系统架构，左边为数据拥有者的访问管理，右边为数据发布和传播。访问层控制着谁能访问系统，由用户控制他人访问其数据内容的权利。用户可为自己和所属研究团队的数据集输入相应元数据。上传的文件格式由 DROID 来识别和存储，其他的文件具体信息存储在语义元数据库中，而数据文件则存储在 Fedora 中。要发布或将数据传播给其他用户，则从语义元数据存储中写出 XML 元数据。数据和元数据可以通过 SWORD 协议直接下载给用户或转换到档案库中。

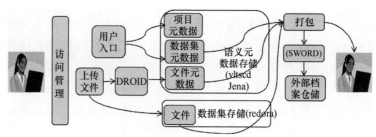

图 1　DataStaR 的系统架构

注：图 1 来自文献［29］

DataStaR 的优势在于：对用户来说，DataStaR 提供了与同事合作的可管理和控制的环境、离线的研究数据备份、创建一系列格式元数据的工具以及从已经建立的元数据中重新利用信息，从图书馆员那里得到如何选择合适的发布策略、发布的数据和元数据准备等方面的帮助。对负责数据监管的图书馆员，新数据集的到来意味着监管的机会，同时鼓励和支持将数据集发布到

182

永久仓储中。

从图 1 可以看出，数据存储主要包括两部分：元数据存储和数据集存储。DataStaR 也制定了部分元数据的标准，如康奈尔的机构库（eCommons）采用的元数据是 DSpace/Dublin Core，康奈尔大学的地理空间信息库（CUGIR）采用的是数据地理空间元数据内容标准（FGDC-CSDGM），生物复杂性知识网络（KNB）采用的是生态元数据语言（EML），语言学习虚拟中心（VCLA）采用的是开放语言档案社区（OLAC），其他的元数据标准还在进一步制定和完善中。

为了促进跨领域元数据管理的互操作和灵活性，DataStaR 利用语义 Web 技术作为 DataStaR 的元数据基础架构。现有的元数据框架可被转化为 OWL 本体，融入 DataStaR 系统。这样做的优势是用户可将元数据作为一系列的表述，而不是静态孤立的文档，可促进以前创建的表述在新的元数据中的应用。因此，DataStaR 用于描述数据集的表述很容易在其他描述中使用，其假设前提是语义 Web 方法和技术的应用逐渐成为元数据管理的标准，目的是支持未来的关联数据。

现在 DataStaR 项目也已经从一个单独的图书馆软件原型转变为一个开源的平台，可供其他提供科研数据共享和发现服务的机构使用和扩展。DataStaR 也可将研究数据集的元数据以关联数据的标准化语义格式揭示，以便为与 VIVO 的信息交互提供支持。VIVO 是康奈尔大学开发的开源语义网研究人员的社交网络工具。

4.3 约翰霍普金斯大学 DRCC 的 DDC（Digital Data Curation）项目

DRCC（Digital Research and Curation Center, DRCC），即数字化研究与监管中心，是约翰霍普金斯大学数字图书馆的研发部门。DRCC 的主要工作在于将资料数字化后放入数字图书馆，提供访问和保存，其项目强调自动化工具、系统、软件的开发，以降低知识转化成本。

DDC 项目是 DRCC 承担的众多项目之一，其主要贡献是在天文数据监管方面。如 DRCC 与 Sloan Digital Sky Survey（SDSS）以及 National Virtual Observatory（NVO）合作开发了大规模的数字化天文数据集的数据监管策略。这些数据监管活动形成的数据库、工具和系统等为数据集提供长期保存，用来支持科研、学习和交流。

DDC 项目发现数据监管要嵌入到科研工作者的工作流程中，并开发了流程和原型系统来进行数据监管，将数据获取、保存作为论文出版中的一个部分。数据监管原型系统的开发证明了将图书馆、出版商和研究人员整合到一起的重要性。

天文数据其主要为图像数据，无法适应现在图书馆以文档存储为主的机构库。数字图书馆馆员通过和宇航员之间的交流让他们认识到数据密集型服务的重要性，而考虑到航天数据集合的规模和复杂性，要将这些数据集合和机构库整合起来几乎是不可能的，因此约翰霍普金斯大学图书馆和其他组织如美国国家虚拟观察室（NVO）、美国宇航局（AAS）一起建立了数据监管系统的架构，并开发了数据监管原型系统。这个系统是基于现有的仓储和电子出版系统（如 Fedora、PubMedCentral、DPubS）上、虚拟观察室网络服务及数据格式标准（如 FITS）的。在该项目中，复杂对象的发布进行网络资源整合和交换的描述标准是 OAI-ORE 协议（Open Archives Initiative Object Reuse and Exchange）[28]。资源地图（Resource Map，ReM）是对结构和语义上关联的综合对象的描述。约翰霍普金斯大学图书馆利用 OAI-ORE ReM 来表达数据监管原型中的数据模型[21]。除了为论文和数据之间建立联系，OAI-ORE 还提供了数据出处的理解机制，即谁来管理这些数据及其目的。

约翰霍普金斯大学图书馆专门建立了 IDIES（Institute for Data Intensive Engineering and Science）机构来支持数据监管，同时也在积极与其他大学图书馆合作开发大学图书馆数据管理项目和数据监管服务模型。

4.4　牛津大学的 EIDCSR 项目

EIDCSR（Embedding Institutional Data Curation Services in Research，嵌入机构的科研数据监管服务）项目是由 JISC 信息环境项目资助，由牛津大学完成的（2009-2010 年）。该项目的目标是将不同数据生命周期的研究数据基础设施的要素结合起来，改进研究数据工作流，建立大学的数据管理政策，保证数据能够通过网络文件服务器（Hierarchical File Server）而被存储和检索，元数据能够在数据资产管理系统中被存储和检索。

该项目形成了多项研究成果，如：数据审计和需求分析报告、大学研究数据管理政策、研究数据管理网络门户、数据监管工作流模式、核心研究数据的元数据模式、大型可视化软件 workbench 等。本文主要介绍后面 3 个方面的内容。

4.4.1　数据监管工作流模式　图 2 描述的是 EIDCSR 项目的 DC 工作流模式，其中白色框中的行为是研究者的行为，而方格框中则是计算机文件，

184

两个圆柱代表的是数据存储的基础设施，卷轴框中代表的是元数据描述和搜索的界面。

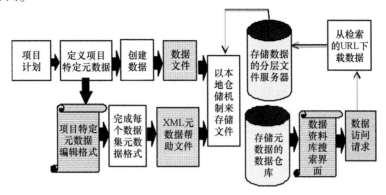

图 2 EIDCSR 的 DC 工作流[42]

注：图 2 来源于 EIDCSR report 2011

EIDCSR 项目启动初期需要研究人员加入项目特定的核心元数据字段（可以利用以前的元数据，也可以新建）。一旦项目启动后，研究过程中就形成了相应的研究数据集，研究人员可以为每个数据集合形成完整的元数据格式，这些元数据格式产生了一系列 XML 代码，研究人员只需要将其简单保存到数据所在的存储中即可。当用户想要利用这些历史数据时，就可通过搜索激活元数据，并将元数据与数据文件联系起来。而数据资料库（Databank）搜索界面就可用于查找相关数据，也可查看每个数据集合的元数据；研究人员也可请求访问数据，只要访问被数据监管者同意，用户就可以通过相应的 URL来下载相应的数据。

4.4.2 元数据要素 为了推进上述工作流，EIDCSR 制定出核心元数据模式（主要根据其 3D 心脏项目）。EIDCSR 项目与牛津大学图书馆认为现有的元数据标准可以用于研究数据的管理。而现在虽然有很多学科的元数据标准，但找到一个基本的元数据框架也很困难。因此，EIDCSR 倾向于建立自己的核心元数据域，允许研究人员根据这个来定义自己的元数据，这将促使项目的数据监管人员利用 XML 的扩展集合来建立项目元数据。

EIDCSR 项目的数据资料系统非常灵活，要求元数据至少有 4 类元素：唯一的标示符、数据创建者、权利信息、数据集文件。此外，还考虑了都柏林核心集中的元素以及 DataCite 模式，诸如数据集名称、项目名称、资助机构、项目批准号、数据描述、流程、关系、关键词、语言种类等内容。此外，数据监管的元数据元素还包括：访问限制、发布日期、数据评价日期、数据监

185

管者、数据监管者联系方式、数据存入的日期、文件格式等。

4.4.3 可视化工具 EIDCSR 项目不仅仅是研究数据的保存，也强调为研究人员的数据获取服务（这也是数据保存的价值）。因此开发了可视化软件 workbench，可以阅览三维的 MRI 图片，而且该软件不仅可以在牛津大学使用，因为是开源的，也可以被其他组织使用。

4.5 国外数据监管项目的比较分析

以上 4 个项目代表了美国和英国的典型数据监管项目，表 1 从多个方面对 4 个项目进行了比较分析。可以看出：①数据监管主要在于对数据进行获取、组织、保存、共享，从而实现研究数据的增值；②数据监管需要大学的数据管理政策和计划的支持；③数据监管与图书馆机构库密不可分，但文档和数据的管理方式不同，要重新构建数据监管中的元数据标准；④数据监管项目需要与科研人员密切合作，嵌入到科研流程和科研人员社会网络中，提升他们的数据共享意愿，从而推进项目开展；⑤数据监管需要平台的支持，开发相应的软件或平台很重要，并应尽量与现有的机构库、科研人员交流软件或平台从技术上建立起关联。

5 图书馆在数据监管中的主要职责

很多研究资助机构（如美国国家自然基金会、国家人文基金会和国家卫生研究院）已经意识到提供保存研究数据服务和基础设施的重要性，研究型图书馆已经被认为是提供研究数据服务的基地。这里的研究数据服务是指贯穿数据生命周期的服务，包括：数据管理计划、数据监管（选择、保存、维护和归档）、元数据创建和转换。而且美国研究图书馆学会（Association of Research Libraries，ARL）正在将研究数据服务作为新的战略性服务来开发[43]。"数据和出版物的整合报告"中提到了图书馆可在数据的可获得性、可查找性、可解释性、重用性、可引用性等方面进行努力，这也是图书馆的一个机遇[8]。

表 1　4 个数据监管项目的比较

项目　　　指标	D2C2	DataStaR	DDC	EIDCSR
项目开始时间	2007 年	2009 年	2009 年	2009 年
项目目标	分布式环境中监管研究数据	促进人员之间的数据共享	促进研究数据的保存与共享	建立研究数据的基础设施，改进数据工作流
获得奖励	2013 年获得了 ACRL STS 创新奖	2011 年获得了 IMLS 图书馆国家领导力奖（National Leadership Grants for Libraries）	获得了 NSF DataNet 的奖励	无
资助机构	IMLS	IMLS	NSF	JISC
主导机构	普渡大学图书馆	康奈尔大学 Albert R. Mann 图书馆	约翰霍普金斯大学 Sheridan 图书馆	牛津大学计算服务中心
项目特点	建立在机构库基础上，开发了多项数据监管的工具	将科研数据与机构库联系起来，并与研究人员的社交网络联系来建立数据存储的平台	机构库是数据监管的基础，并为机构库和科研数据建立联系提供了可能性	将数据管理服务嵌入到科研中，根据数据生命周期建立数据监管的基础设施和数据工作流
项目平台或软件	数据监管概况工具包 DCPT，Databib 等	DataStaR 成为一个开源的软件和平台	无专门的软件	开源可视化软件 workbench
项目代表人物	S. Brandt	M. Ochs	S. Choudhury	J. A. J. Wilson
项目贡献	促进了研究人员、技术专家与图书馆员之间的合作以及分布式环境中的数据共享，产生了 DCPT	与研究人员的社交网络工具 VIVO 合作，形成数据监管的开源平台	建设了资源整合和交换的描述标准 OAI-ORE 协议	建立了自己的核心元数据，开发了开源可视化软件 workbench

187

5.1 调研不同学科的用户数据需求，制定合理的数据监管计划

调研用户数据需求，是为科研用户提供合理数据监管服务的基础。不同学科产出的数据都有自身的学科特征，如人文社会科学产生的数据可能大多是文本数据和调研数据，生物科学和医学专业产生的可能大都是实验数据和观测数据。不同类型的数据对数据监管的要求也有所不同：对于不可再生的数据，如带有历史色彩的观测数据，需要进行长期的监管和保存；对实现成本较低的实验数据则可能只需要记录实验的条件和设备，而无需监管整个实验数据本身。图书馆需要按照不同的要求和学科标准调研科研用户的数据需求，分析他们产生数据的类型、特点、重要性、机密性以及是否需要遵循资助机构的数据管理要求。再根据以上调研结果，学科馆员和科研用户要一起制定数据监管计划，内容包括：数据收集的范围、存储的地点、保存的期限和共享权限，即根据用户的需求为科研数据提供量身定做的监管服务。

5.2 将机构库和数据监管结合起来建设

图书馆机构库建设的目的是实现科研成果的开放获取和长期保存，而研究数据本身也是研究成果中的一部分。但由于学科之间的数据格式差异较大，在数据存储的元数据标准上差异也很大。文档与数据之间很难用统一的格式或技术来存储，但可以通过关联数据等将机构库中的文档与监护中的数据关联起来。这将激发研究人员共享数据的意愿，也可提高机构库的使用率。

5.3 建立数据标准和规范，搭建数据监管平台

图书馆要根据不同的学科数据特征建立相应的数据规范和元数据标准，并将这些标准和规范嵌入到数据监管平台之中。图书馆建设数据管理平台有多种模式，有校内合作模式，也有校外合作模式，甚至是国内外合作模式。从平台的技术架构来说，欧洲普遍使用 Nesstar 软件来构建社会科学平台，如德国的社会科学基础服务、荷兰的数据档案和网络服务、欧洲的社会科学数据联盟均采用 Nesstar。许多图书馆也利用开源软件构建数据监管平台，如前述的 DataStaR 项目采用 Fedora 系统，剑桥大学的机构仓储项目和武汉大学的蝎物种与毒素数据管理平台基于 Dspace 开发，复旦大学社会科学数据平台和荷兰乌德勒支大学图书馆数据管理平台采用 Dataverse 开发。

5.4 培训馆员的数据监管技能

数据监管中图书馆员要承担的职责有：①选择购买或授权数据集；②为数据、数据集创建和选择元数据标准；③为数据提供保存服务；④帮助用户找到需要的相关数据，激励用户分享数据成果；⑤图书馆员在保持和科研人员之间的紧密合作关系的基础上，参与创建数据监管模型，制定数据组织、描述、存储的标准。现在图书馆相对缺乏特定领域的知识和处理大型数据的经验与能力，对图书馆员进行数据技能的培训是迎接数据监管浪潮的必要工作。图书馆界应该积极参与国际大型数据监管培育项目，邀请国内外数据专家为骨干图书馆员进行技能培训，鼓励图书馆员开辟、规划新的职业领域。

6 结 语

数据是科研人员从事科研工作的重要基础，而图书馆要提升自己对科研工作的支持力度和影响力，必然要将数据的管理工作纳入其中。国外高校图书馆已经开展的项目可为我国图书馆提供参考，图书馆应积极评估其数据监管工作的必要性、开展的可能性、图书馆在其中的具体职责，提升馆员的数据监管能力，推动图书馆知识服务的深入开展。

参考文献：

[1] 吴敏琦. Digital Curation：图书情报学的一个新兴研究领域[J]. 图书馆杂志, 2012, (3): 8-12.

[2] Yakel E. Digital curation[J]. OCLC Systems & Services：International Digital Library Perspectives, 2007, 23(4): 335-340.

[3] Digital curation：Digital archives, libraries and e-science seminar [EB/OL]. [2014-03-02]. http://www. ariadne. ac. uk/issue30/digital-curation.

[4] DCC. What is digital curation? [EB/OL]. [2014-03-02]. http://www. dcc. ac. uk/digital-curation/what-digital-curation.

[5] Gray J, Szalay A, Thakar A, et al. Online scientific data curation, publication, and archiving[EB/OL]. [2014-03-02]. http://research. microsoft. com/pubs/64568/tr-2002-74. pdf.

[6] Shreeves S, Cragin M. Introduction：Institutional repositories：Current state and future[J]. Library Trends, 2008, 57(2), 89-97.

[7] OCLC. Web characterization[EB/OL]. [2014-03-02]. http://www. oclc. org/research/activities/past/orprojects/ wcp/stats/misc. htm.

[8] ODE. Report on integration of data and publications[EB/OL]. [2014-03-02]. http://

epic. awi. de/31397/1/ODE−ReportOnIntegrationOfDataAndPublications−1_1. pdf.

[9]   Small sciences could benefit from better data-sharing practices (2010) [EB/OL]. [2014−06−15]. http://www. lis. illinois. edu/articles/2010/09/small − sciences − could − benefit − better−data−sharing−practices.

[10]   Researchers' use of academic libraries and their services. A report commissioned by the Research Information Network and the Consortium of Research Libraries (2007) [EB/OL]. [2014−03−02]. http://www. rin. ac. uk/system/files/attachments/Researchers−libraries−services−report. pdf.

[11]   No brief candle: Reconceiving research libraries for the 21st century (2008) [EB/OL]. [2014−03−02]. http://www. clir. org/pubs/reports/pub142/pub142. pdf.

[12]   Role of libraries in data curation [EB/OL]. [2014−03−02]. http://www. oclc. org/research/activities/ datacuration. html.

[13]   Nielsen H, Hjørland B. Curating research data: The potential roles of libraries and information professionals [J]. Journal of Documentation, 2014,70(2): 221−240.

[14]   Fox R. Digital libraries: The systems analysis perspective[J]. OCLC Systems & Services: International Digital Library Perspectives, 2012,28(4):170−175.

[15]   Osswald A, Strathmann S. The role of libraries in curation and preservation of research data in Germany: Findings of a survey[EB/OL]. [2014−03−02]. http://conference. ifla. org/ifla78.

[16]   Ball A, Chen S, Greenberg J, et al. Building a disciplinary metadata standards directory [J]. International Journal of Digital Curation. 2014, 9(1):142−151.

[17]   Willis C, Greenberg J, White H. Analysis and synthesis of metadata goals for scientific data[J]. Journal of the American Society for Information Science and Technology, 2012, 63(8):1505−1520.

[18]   Peer L, Green A. Building an open data repository for a specialized research community: Process, challenges and lessons [J]. International Journal of Digital Curation, 2012, 7(1): 151−162.

[19]   Parsons T. Creating a research data management service[J]. International Journal of Digital Curation, 2013, 8(2):146−156.

[20]   Bicarregui J, Gray N, Henderson R, et al. Data management and preservation planning for big science [J]. International Journal of Digital Curation, 2013, 8(1):29−41.

[21]   Choudhury S, Furlough M, Ray J. Digital curation and e-publishing: Libraries make the connection[EB/OL]. [2014−03−02]. http://dx. doi. org/10. 5703/1288284314782.

[22]   Carlson J, Johnston L, Wester B, et al. Developing an approach for data management education: A report from the data information literacy project [J]. The International Journal of Digital Curation, 2013, 8(1):204−217.

[23]   Molloy L, Gow A, Konstantelos L. The DigCurV Curriculum Framework for Digital

Curationin the Cultural Heritage Sector ［J］. International Journal of Digital Curation, 2014, 9(1): 231-241.

［24］ Botticelli P, Fulton B, Pearce-Moses R, et al. Educating digital curators: Challenges and opportunities［J］. International Journal of Digital Curation, 2011, 6(2):146-164.

［25］ Kim Y, Addom B K, Stanton J M. Education for e-Science professionals: Integrating data curation and cyberinfrastructure［J］. The International Journal of Digital Curation, 2011, 6(1): 125-138.

［26］ Rice R, Haywood J. Research data management initiatives at university of Edinburgh ［J］. The International Journal of Digital Curation, 2011, 6(2): 232-244.

［27］ Rice R, Ekmekcioglu C, Haywood J, et al. Implementing the research data management policy: University of Edinburgh roadmap ［J］. The International Journal of Digital Curation, 2013, 8(2): 194-204.

［28］ Choudhury S. Case study in data curation at Johns Hopkins University［J］. Library Trend, 2008, 57(2): 211-220.

［29］ Steinhart G. DataStaR: A data sharing and publication infrastructure to support research ［J］. Agriculture Information Worldwide, 2011,4(1): 16-20.

［30］ Walters T. Data curation program development in U. S. universities: The Georgia Institute of Technology example［J］. The International Journal of Digital Curation, 2009, 4(3): 83-92.

［31］ Wilson J, Martinez-Uribe L, Fraser M, et al. An institutional approach to developing research data management infrastructure ［J］. The International Journal of Digital Curation, 2011,6(2):274-287.

［32］ 杨鹤林. 从数据监护看美国高校图书馆的机构库建设新思路——来自 DataStaR 的启示［J］. 大学图书馆学报,2012(2):23-28.

［33］ 杨鹤林. 英国数据监护研究成果及其在高校图书馆的应用——DCC 建设回顾［J］. 图书馆杂志,2014(3):84-90.

［34］ 叶兰. 国外数据监护教育与职业发展研究［J］. 大学图书馆学报,2013,(3): 5-12.

［35］ 叶兰. 国外图书馆数据监护岗位的设置与需求分析［J］. 大学图书馆学报,2013,(5):22-28.

［36］ 杨淑娟,陈家翠. 研究成果传播与共享——英美国家基金项目数据管理计划概述［J］. 情报杂志,2031,(12):176-179,69.

［37］ OECD principles and guidelines for access to research data from public funding(2007)［EB/OL］. ［2014-03-02］. http://www. oecd. org/dataoecd/9/61/38500813. pdf.

［38］ Council conclusions on scientific information in the digital age: Access, dissemination and preservation［EB/OL］. ［2014-03-02］. http://www. consilium. europa. eu/ueDocs/cms_Data/docs/pressData/en/intm/97236. pdf.

［39］ JISCprogrammes ［EB/OL］. ［2014-03-02］. http://www. jisc. ac. uk/whatwedo/

programmes. aspx.

[40] National Science Board. Long-lived digital data collections: Enabling research and education in the 21st century [EB/OL]. [2014-06-05]. http://www. nsf. gov/pubs/2005/nsb0540/.

[41] D2C2 Projects [EB/OL]. [2014-03-02]. http://d2c2. lib. purdue. edu/projects.

[42] Embedding data curation services in research - Final report for JISC (2011) [EB/OL]. [2014-03-02]. http://eidcsr. oucs. ox. ac. uk/docs/EIDCSR% 20Final% 20Report% 20v1%201. pdf.

[43] E-Science and data support services: A study of ARL member institutions [EB/OL]. [2014-03-02]. http://www. arl. org/bm~doc/escience_report2010. pdf.

作者简介

蔚海燕，华东师范大学商学院信息学系讲师，博士；

卫军朝，上海大学图书情报档案系讲师，博士。

英国科研资助机构的数据管理
与共享政策调查及启示

科学数据（或研究数据）是指在科技活动中（实验、观测、探测、调查等）或通过其他方式所获取的反映客观世界的本质、特征、变化规律等的原始基本数据以及根据不同科技活动需要，进行系统加工整理的各类数据集[1]。英国数字保存中心（Digital Curation Centre，DCC）认为数据管理与共享具有多重益处：①在需要使用数据时，用户能够找到并理解数据；②当有研究人员离开团队，或有新研究人员加入团队时，能够保持工作的延续性；③用户可以避免不必要的重复工作，例如重新采集数据；④支持文献的数据得以保存，从而可对文献结论进行验证；⑤通过数据共享可以开展更多的合作，推动科学研究；⑥能够提高研究的显示度；⑦其他科研人员可以引用数据，使数据拥有者获得更多荣誉[2]。

在开放获取（open access）理念指导下，科研资助机构积极推动其资助的科研产出的开放获取。以往科研资助机构主要关注期刊论文、会议论文等正规出版物的公开获取，近年来以数据为中心、数据驱动科研的特征越来越突出，为保证科学研究的完整性，科研资助机构开始促进作为科研产出组成部分的研究数据的共享与开放获取，并制定数据管理与共享政策。科学数据管理与共享政策的制定是科学数据共享工作顺利进行的保障，也是推动科学数据管理与共享的主要驱动力之一。在科研资助机构的数据管理与共享政策的要求下，研究型图书馆及大学图书馆开始为研究人员制定数据管理与共享计划提供支持与服务。英国是第一个开展 e-Science 研究的国家，成为数据管理与长期保存研究的典范。对英国科研资助机构的数据管理与共享政策进行研究有利于图书馆、科研人员及其他未制定数据政策的科研资助机构理解数据管理与共享政策，共同促进数据管理与共享计划的实施。

1 英国主要的科研资助机构简介

英国科研资助主要来自 4 个公共基金：高等教育拨款委员会（Higher Education Funding Council for England，HEFCE）、英国研究理事会（Research Council UK，RCUK）、惠康基金（Wellcome Trust）和研究信息网络（The Re-

193

search Information Network，RIN）。其中，HEFCE 是介于高等教育和政府部门之间的非政府机构，从政府部门接受资金并分配给各高校，以维持高校基本的科研基础设施、科研能力和教学经费。RCUK 是由以下 7 个研究理事会组成的联合会：艺术与人文研究委员会（Arts and Humanities Research Council，AHRC）、生物技术与生物科学研究理事会（Biotechnology and Biological Sciences Research Council，BBSRC）、工程和自然科学研究理事会（Engineering and Physical Sciences Research Council，EPSRC）、经济与社会研究理事会（Economic and Social Research Council，ESRC）、医学研究理事会（Medical Research Committee，MRC）、自然环境研究理事会（Natural Environment Research Council，NERC）和科学与技术设施理事会（Science and Technology Facilities Council，STFC）。7 个研究理事会均为依法成立的独立公共机构，为学术研究及研究生培养提供资金。惠康基金是非盈利的慈善机构，是英国最大的非政府来源的生物医学研究资助者。RIN 是一个政策部门，受 HEFCE、7 个研究理事会及 3 个国家图书馆的资助，为英国的研究人员、研究机构及科研资助机构提供有效的政策支持。

2 调查结果

2.1 政策发布时间

从时间上来看，NERC、ESRC、AHRC 发布数据管理与共享政策的时间较早，这三个机构在 20 世纪 90 年代末至 21 世纪初即制定了数据政策。其余机构政策发布的高峰期集中在 2005—2007 年及 2010—2011 年两个阶段。2004 年 1 月，OECD（经济合作与发展组织）的成员国签署了《开放获取公共资助研究数据的宣言》，英国作为成员国之一，为响应 OECD 的政策，英国科研资助机构开始大规模制定数据政策。MRC、BBSRC、Wellcome Trust 及 RIN 相继在 2005—2007 年间以 OECD 的数据政策为蓝本制定了数据管理与共享政策。之后，RUCK 在 2011 年发布了《RUCK 数据政策通用原则》，这在数据开放获取运动史上具有里程碑意义。受 RUCK 的影响，EPSRC 和 STFC 分别在 2011 年 5 月和 9 月发布了其数据政策[3]。此外，NERC、ESRC 这两个制定政策较早的机构也在 2010—2011 年间更新了其数据政策。以上政策的具体发布时间如表 1 所示：

表 1　英国科研资助机构数据管理与共享政策发布的时间[4]

科研资助机构	政策名称	政策发布时间
RUCK	RUCK 公共科研行为维护条例	1998 年 12 月
	RUCK 公共研究行为管理的准则与政策	2009 年 7 月
	RUCK 数据政策通用原则[5]	2011 年 4 月
AHRC	数据集要求	未发布正式的数据政策，但 1999 年提出了关于数据访问及保存的要求
BBSRC	数据共享政策[6]	2007 年 4 月开始实行，2010 年 6 月版本更新为 V1.1
EPSRC	科研数据政策框架[7]	2011 年 3 月制定，2011 年 5 月正式实施。要求科研人员在 2012 年 5 月 1 日开始执行，在 2015 年 5 月 1 日前完全执行
ESRC	科研数据政策[8]	2000 年 4 月发布数据政策，2010 年 9 月发布新的数据政策，要求科研人员在 2011 年春季开始执行
MRC	研究数据共享政策[9]	2005 年制定，2006 年 1 月正式实行，2011 年 9 月更新
NERC	数据政策[10]	1996 年发布数据政策手册，1999 年及 2002 年进行了更新，2010 年 9 月发布新的数据政策，2011 年 1 月正式生效
STFC	科学数据政策[11]	2011 年 9 月发布
Wellcome Trust	数据管理与共享政策[12]	2007 年 1 月发布，2010 年 8 月更新
RIN	研究数据管理的原则与指南[13]	2007 年中期发布

2.2　政策内容分析

　　笔者参考 DCC 2009 年发布的科研资助机构的数据管理政策报告[14]及 D. Dietrich 等[15]对美国科研资助机构数据政策的调查，删除、扩展及合并了这两项调查所涉及的政策内容。如考虑到 DCC 报告中的"出版的成果"主要针对已发表的期刊论文而非科学数据，笔者去掉了这个元素，同时合并了

DCC 报告中的"数据中心"及"机构库"内容元素，还增加了这两项调查都未包含的"数据安全与保护"元素。最终将数据管理与共享政策所包含的内容划分为五大类 16 项元素。从调查的总体情况来看，英国的这 10 个科研资助机构制定的数据政策比较具体，能很好地帮助科研人员和政策管理者理解并制定符合要求的数据管理与共享计划。这些机构的数据政策所覆盖的内容元素有所不同。除 RUCK 外，数据管理与共享政策所覆盖的元素比例都高于50%，BBSRC 的数据管理与共享政策甚至覆盖笔者所总结的全部元素。其中，数据访问、数据保存、数据共享是这 10 个机构的政策都涵盖的内容元素。大部分政策对数据管理计划、数据管理指导与服务、资金支持、数据访问的时滞期都有详细描述，而对数据管理计划时间表、数据管理政策执行情况的监督、数据标准、元数据标准、数据版权与隐私、机构库、数据中心等内容元素的描述则较为笼统，涉及这些内容的政策也不多，亟须对这些内容进行完善（详见表 2）。

2.2.1 一般数据政策

• 数据管理计划。10 个科研资助机构中有 8 个都要求研究人员提交数据管理计划，但在详细程度上有所差别。数据管理计划内容比较详细的有AHRC、BBSRC、ESRC、MRC、NERC，而 STFC、EPSRC、Wellcome Trust 等机构描述得较为简单。ESRC 详细说明了其所要求的数据管理与共享计划应该包含的具体内容，包括：①项目的数据来源；②分析现在可能利用的数据与研究项目所需求的数据存在的差距；③研究项目将产生的数据的相关信息，即数据量、数据类型（质化数据或量化数据）、数据质量、数据格式、数据标准、元数据标准、数据收集方法等；④数据质量保证及数据备份计划；⑤数据共享所预期的困难及应采取的措施；⑥数据保密性与数据使用道德；⑦数据版权；⑧研究项目小组成员数据管理职责等内容。此外，MRC 也在 2011 年12 月发布了关于数据管理计划的指南，为研究项目申请者制定数据管理计划提供指导，并提供数据管理计划的模板。

该指南对什么是数据管理计划、为什么要制定数据管理计划、什么时候提交数据管理计划、数据管理计划的具体内容等进行了说明，并指出项目申请者需要重点说明数据发现方式、数据访问范围及资源范围、数据标准及元数据标准等内容。另外，NERC 也提供数据管理计划指南及数据管理计划的模板。

196

表 2　英国科研资助机构数据管理与共享政策的主要内容[16]

科研资助机构	一般政策						数据标准		数据访问与保存					数据共享	数据安全与保护	
	数据管理计划	数据管理计划时间表	对数据管理政策执行情况的监督	资金支持	数据范围	数据管理指导与服务	数据标准	元数据标准	数据访问	数据访问的时滞期	数据保存期	机构库	数据中心	数据共享	数据版权	数据隐私
RUCK	○	○	○	√	○	○	○	√	√	√	√	○	○	√	√	○
AHRC	√	○	○	○	○	√	○	√	√	√	√	○	√	√	√	√
BBSRC	√	√	√	√	√	√	√	√	√	√	√	√	√	√	√	√
EPSRC	√	○	√	√	√	√	√	√	√	√	√	○	○	○	√	○
ESRC	√	○	√	√	√	√	√	√	√	√	√	√	√	√	√	√
MRC	√	○	○	√	√	√	○	√	√	√	√	√	√	√	√	√
NERC	√	○	√	√	√	√	√	√	√	√	√	√	√	√	√	√
STFC	√	○	√	○	○	√	○	○	√	○	√	○	√	√	○	○
Wellcome Trust	√	○	√	√	√	√	√	√	√	√	√	√	√	√	○	○
RIN	○	○	○	√	√	√	√	√	○	√	√	○	○	√	√	√

注：“○代表未涵盖此项内容”

- 数据管理计划时间表。大部分科研资助机构没有要求研究人员制定数据管理实施的具体时间表，而是笼统地指出数据管理与共享应贯穿整个数据生命周期，同时最好应从项目的初期阶段就开始实施。

- 对数据管理政策执行情况的监督。6 个科研资助机构表示会监督数据管理政策的执行情况，特别是在研究项目结题阶段评估数据管理计划的实施。不过，大部分科研资助机构对政策监督的描述都比较笼统，只提及了惩罚措施，未给出具体的奖励措施。其中，损害研究人员的声誉及停止资金拨付是最常见的惩罚措施。如 ESRC 规定如果研究人员在项目结题后的 3 个月内未将数据进行存档，ESRC 将终止其最终项目经费的拨付。

- 资金支持。大部分科研资助机构，如 BBSRC、EPSRC、ESRC、NERC、Wellcome Trust、RUCK 都表示数据共享及管理产生的费用可包含在项目的经费中，认为数据是公共资助科研产出的一部分，是公共产品，利用公共资金支持数据管理与共享是合理的行为。

- 数据范围。7 个科研资助机构的数据管理与共享政策都明确要求研究人员说明其项目将产生的数据类型，包括：实验数据、仿真数据、观察数据、原始数据、衍生数据、参考数据等。

- 数据管理指导与服务。9 个科研资助机构的数据政策都明确指出会为研究人员提供数据管理相关的指导，但各科研资助机构提供的政策指导及服务水平各不相同。提供指导及服务较好的机构有 ESRC 及 NERC，它们通过自建的数据中心提供完善的数据管理指导与服务。AHRC 则为考古学科的研究人员提供类似服务。MRC 与 STFC 也提供一些最佳实施指导与工具包。BBSRC 及 Wellcome Trust 提供与它们的数据政策相匹配的指导，帮助研究人员制定数据管理与共享计划。EPSRC 则推荐研究人员寻求英国联合信息系统委员会（Joint Information Systems Committee，JISC）、DCC 等机构的支持。

2.2.2 数据标准

- 数据标准。评估数据或数据集价值的标准有利于指导研究人员采选有价值的数据进行保存与管理。6 个科研资助机构的数据管理与共享政策要求研究人员提供数据格式、保存目的、数据采选标准等内容。

- 元数据。用户查找及使用数据依赖数据相关信息的完备程度（包括题名、作者等信息），这些关于数据的数据即元数据。元数据包含数据的相关信息，为其他人使用数据提供必要的信息。9 个科研资助机构要求数据应当附加相应的元数据以保障数据的正确利用，但都未针对具体数据类型提出具体的元数据方案，而是笼统地建议采用学科领域通用的元数据标准。

2.2.3　数据访问与保存

● 数据访问。自 RUCK 在 2006 年签署《科研产出开放获取宣言》，要求公共资助的出版物尽可能广泛且更快地开放获取后，与出版物相关的数据的开放获取运动也逐步展开。英国的这些科研资助机构都要求获取数据时能尽可能减少访问限制，要求将数据存储在相关的机构库或数据中心，以便公众获取。但这些资助机构都未详细规定可访问数据的群体、访问的数据范围及访问的条款。

● 数据访问的时滞期。大部分科研资助机构要求研究论文在发表后 6 个月内存储至机构库中。对于数据，有的科研资助机构希望在研究论文出版后立即开放，而大部分科研资助机构都允许数据访问保留一定的时滞期。不过，各资助机构所允许的时滞期各不相同。如 ESRC 要求研究人员在项目结题后的 3 个月内将数据存档；NERC 要求研究人员在数据采集完成后 2 年内存储至相关的机构库或数据中心；EPSRC 则要求科研人员在数据产生的 12 个月之内提交。

● 数据保存。科研资助机构都要求对数据进行保存，但对于保存期限的要求各不相同。AHRC 希望数据能保存 3 年，BBSRC、MRC 及 Wellcome Trust 希望能保存 10 年，EPSRC 则希望能保存至少 10 年，STFC 也认为 10 年是比较合理的期限，不过应该尽可能地永久保存数据。

● 机构库。6 个科研资助机构为科研人员提供了一个公共的出版物存储机构库。ESRC、NERC 及 STFC 建有自己的机构库，而 BBSRC、MRC 及 Wellcome Trust 则是 UK PubMed Central 的合作伙伴。AHRC、EPSRC、RUCK、RIN 没有提供相关的机构库，因此受这 4 个机构资助的科研人员需要选择其他的机构库或学科知识库来保存其数据。

● 数据中心。提供完整的数据服务的科研资助机构很少，只有 ESRC 及 NERC 建有自己的数据中心，它们分别通过经济与社会数据服务部门、NERC 环境数据中心提供综合的数据保存与支持服务。AHRC 则通过考古数据服务部门提供数据支持服务，STFC 也通过英国太阳能系统数据中心及地图数据站提供数据服务。

2.2.4　数据共享

10 个科研资助机构都要求科研人员能够共享其科研产出的数据，规定科研人员在制定数据共享计划时需详细说明是否愿意共享数据、不愿意共享的原因、数据共享方式（包括数据保存地点、数据潜在使用者等）等内容。

2.2.5　数据安全与保护

大部分科研资助机构都要求科研人员确定数

据的所有者、数据使用的许可协议、对数据使用的限制、数据保密性或相关隐私问题等的详细处理方案以确保数据安全。但内容描述都比较笼统，仅ERSC 的数据版权与隐私政策比较具体。ERSC 认为只要在签订数据管理与共享协议时获得了研究人员的同意，并隐藏涉及个人隐私或保密信息的数据，同时强调数据访问的受限性，即可实现敏感与保密数据的共享。

3　评价及启示

英国科研资助机构的数据管理与共享政策是国际上相对比较完备的范例，而且还在动态调整，但也存在一定的不足，例如各资助机构政策内容的完备程度不够平衡，需要从不同的角度进一步修改和完善。我国的科研资助机构需要借鉴英国已取得的成果，加快我国科研资助机构数据管理与共享政策的推出，同时避免英国已经显现的一些问题。此外，图书馆与科研人员需各司其职，共同促进数据管理与共享政策的具体实施。

3.1　从科研资助机构的角度来看

3.1.1　完善数据管理政策　对于科研人员而言，研究数据没有完整妥善地保存、共享和利用的很大原因之一即是研究资助方未做出明确规定。因此，研究资助方对科学数据开放共享与管理方面的政策规定显得至关重要。在笔者对英国科研资助机构的数据管理与共享政策的调查中，仅 BBSRC 一家的政策覆盖笔者所归纳的 16 项内容，其余机构的数据管理与共享政策的内容都不够完整。因此，科研资助机构需要继续完善其数据管理与共享政策，政策越详细则越能指导科研人员实现数据管理与共享。根据调查，科研资助机构亟须在数据管理计划时间表、数据管理政策的监督、数据标准、元数据标准、数据版权与隐私等这些描述较为笼统或极少涉及的内容上作进一步的细化和完善。

科研资助机构应该对科研人员的数据管理与共享计划的执行情况进行监督，要求受资助的个人或机构必须遵守数据创建、收集或管理的相应责任，制定数据管理计划的时间表，在年底资助款项汇报中，汇报相关的数据管理与共享活动。科研资助机构还需制定详细的奖惩制度，如优先资助那些对研究数据有科学、实践性规划的项目，建立科学数据及数据集使用的评估标准与机制，将科研人员对数据的贡献纳入科研或职称评估体系，使科研人员得到应有的回报，进而激发其数据共享的意愿。

科学数据的价值与可用性很大程度上依赖于数据本身的质量。因此，科研资助机构应要求数据管理者或数据搜集机构提供满足明确质量标准的数据，最好能提供各研究领域所需求的数据的具体标准及元数据标准，保证数据利用者能够了解数据来源或处理过程中的细节，防止数据的误用、误解或混淆。

数据版权与隐私是数据管理政策的一项非常重要的内容，科研资助机构应该在这方面制定详细的政策，以帮助科研人员处理问题。科研资助机构需专门针对敏感数据、合作项目数据的管理与共享制定详细的解决方案。如规定项目所有者如果在项目开始即预见到因保密性问题阻碍数据共享时，需及时与科研资助机构的数据服务部门联系，科研资助机构应及时为其提供相关策略，以实现数据共享。当涉及合作项目的数据时，科研资助机构需确定数据的最终所有者，征求合作研究人员的同意，尽可能促进数据共享。

3.1.2　提供数据管理的资金支持　研究数据的管理、保存与访问需要大量的资金支持，且随着数据量及任务复杂程度的增加，所需要的资金也随之增加。这给科研资助机构带来了巨大挑战。随着数据管理越来越成为研究过程的一部分，科研资助机构需要在研究项目本身及数据管理两者的资金分配上做出权衡。不过目前，大部分科研资助机构在资助项目本身的同时，也提供对数据管理与共享活动的资助。

3.1.3　明确各方职责　在笔者的调查中，很少有科研资助机构要求科研人员在制定数据共享与管理计划时明确参与数据管理的各个角色的职责，仅 ESRC 要求科研人员明确基金申请者、项目所有者、ESRC、数据服务提供者等角色的相关职责。相关角色及职责的不清晰将影响数据管理与共享行动的实际执行力度，因此，科研资助机构的数据政策应明确数据管理与共享过程中所涉及的角色及其职责。数据管理与共享过程一般涉及科研资助机构、科研人员、科研人员所在机构、数据服务提供商等。科研资助机构的主要职责是制定数据管理与共享政策，为科研人员制定数据管理与共享计划提供相关指导。科研人员作为基金申请者的主要职责在于制定并提交数据管理与共享计划，科研人员所在机构应为数据管理与共享提供基础设施，并向科研资助机构提供计划的实施情况，所提交数据应保证数据共享与重用。数据服务提供商（如图书馆、数据中心等）则保证数据的长期保存与访问，为科研人员实施数据管理与共享计划提供相关资讯，同时与科研人员联系，保证数据的质量。可以说，数据管理与共享是由这些角色相互协助才能完成的一项事业。因此，科研人员在数据共享与管理的工作计划中需明确定义各个角色和相关职责，以使计划更加具有说服力，使资助方相信数据管理与共享已责任到人，并能够落实到位。

3.2 从科研人员的角度来看

3.2.1 熟悉数据管理政策制定的工具 科研人员可利用相应的工具辅助其制定数据管理与共享计划。英国 DCC 根据英国主要科研资助机构的要求研发了 DMP Online[17]。DMP Online 可以制定三种不同版本的数据管理计划：①最低计划——仅涵盖科研资助机构申请阶段要求的内容；②核心计划——涵盖 DCC 所考虑的其他相关的数据管理计划所要求的内容；③完整计划——增加了数据长期保存与管理的相关内容。DMP Online 还可提供数据管理相关问题的指导，输出不同格式的数据管理计划。2011 年 3 月，DCC 提供的数据管理计划列表详细列举了数据管理与共享计划中应包含的八大核心内容，包括：①项目介绍与背景；②数据类型、格式、标准与数据采集方法；③数据使用道德与知识产权；④数据检索、共享与重用；⑤短期保存与数据管理；⑥数据长期保存；⑦资金与人力支持；⑧监督与评估[18]。科研人员可基于这些框架，根据研究领域的特点制定符合资助机构所要求的数据管理与共享政策。

3.2.2 制定数据及元数据标准 通过调查，笔者发现项目资助方一般不会说明希望科研团队使用哪种具体的文件格式、标准和方法。科研人员需要选择和验证所采用的文件格式、标准和方法对于科研团队自身、相关学科和未来的用户来说是最合适的。因此，科研人员所在机构或研究组织应该独自或联合相关研究团体共同制定数据的质量标准，这对促进任何领域数据质量的提高都是有利的。数据及元数据标准的制定可提高科研人员的数据质量意识，使科研人员在提交数据时养成附加相应的背景信息或元数据记录的习惯，增加数据的可访问性。

3.3 从图书馆角度来看

3.3.1 辅助科研人员制定数据管理计划 随着科研资助机构要求研究人员在项目申请时必须提供数据管理计划，研究人员为了更好地获得科研资助，纷纷开始制定科研项目的数据共享与管理计划。这也为图书馆发展与研究人员的关系提供了新的机遇。目前，英国越来越多的大学图书馆已开始为科研人员提供数据管理与共享计划制定的支持服务，以帮助科研人员更好地理解并制定符合要求的数据管理计划。爱丁堡大学图书馆专门提供了一个"数据管理计划"的网页指南，为科研人员提供数据管理计划制定前应思考的主题，还推荐了数据管理计划应包含的内容及参考 DMP Online 制定数据管理计划。南安普顿大学图书馆也提供了类似的"数据管理计划"网页，指导科研人员制定数据管理计划。图书馆的参考馆员、学科馆员或联络馆员将在帮助研究人员制定数据管理计划中扮演重要角色，他们在前期工作中已与研究人员建立了良好的关系，未来这些馆员需要继续与研究人员进行沟通交流，以了解其数据管理需求，辅助其制定数据管理计划。

3.3.2 辅助科研人员进行数据保存 在本次调研中，有的科研资助机构指定了数据存储的具体数据中心或机构库，对于没有指定具体数据中心或机构库的，图书馆应承担起帮助科研人员选择合适的数据中心或机构库的责任。图书馆在机构知识库或学科知识库的建设上已具备一定的经验，可协助学者进行数据归档和整理、完善数据和元数据，最终帮助他们向各自领域的学科库发布数据成果，供长期使用和保存。另外，图书馆应努力将其机构库转变成为支持数据密集型学术的数据仓储，以往机构库只是一味收集校内学术成果而非数据，未来图书馆应以机构库为基础，承担科研出版物及科学数据的双重保存职责，使机构库成为本校共享数据集的一个存储节点。

总体来看，英国科研资助机构制定的数据管理与共享政策比较务实具体，对数据访问、数据保存、数据共享等内容都给出了详细的规定。我国的科研资助机构（如科技部、中国科学院、国家自然科学基金委员会和全国哲学社会科学规划办公室等）也应制定详细的数据管理与共享政策，提高科研人员数据管理与共享的意识。科研资助机构、科研人员及图书馆需协作推进政策的执行。同时，科研资助机构需要根据学科的发展及科研人员的需求，不断更新及发展数据管理与共享政策。

参考文献：

［1］ 司莉,邢文明. 国外科学数据管理与共享政策调查及对我国的启示［J］. 情报资料工作, 2013,(1):61-66.

［2］ DCC. How to develop a data management and sharing plan［EB/OL］. ［2013-02-28］. http://www. dcc. ac. uk/resources/how-guides/develop-data-plan.

［3］ Jones S. Developments in research funder data policy［J］. The International Journal of Digital Curation,2012,7(1):114-125.

［4］ Thorley M. Data sharing & curation policies across the UK Research Councils［EB/OL］. ［2013-02-28］. http://www. dpconline. org/component/docman/doc_download/182-policies-for-digital-curation-a-preservation-thorley2-policies-for-digital-curation-a-preservation-thorley2.

［5］ RCUK common principles on data policy［EB/OL］. ［2013-03-02］. http://www. rcuk. ac. uk/research/Pages/DataPolicy. aspx.

［6］ BBSRC data sharing policy［EB/OL］.［2013－02－28］. http://www. bbsrc. ac. uk/web/ FILES/Policies/data-sharing－policy. pdf.

［7］ EPSRC policy framework on research data［EB/OL］.［2013－03－01］. http:// www. epsrc. ac. uk/about/standards/researchdata/Pages/policyframework. aspx.

［8］ ESRC research data policy［EB/OL］.［2013－03－01］. http://www. esrc. ac. uk/_images/ Research_Data_Policy_2010_tcm8－4595. pdf.

［9］ MRC policy on research data-sharing［EB/OL］.［2013－03－01］. http://www. mrc. ac. uk/ Ourresearch/Ethicsresearchguidance/datasharing/Policy/index. htm.

［10］ NERC data policy［EB/OL］.［2013－03－01］. http://www. nerc. ac. uk/research/sites/ data/policy2011. asp? cookieConsent＝A.

［11］ STFC scientific data policy［EB/OL］.［2013－03－01］. http://www. stfc. ac. uk/Re-sources/pdf/STFC_Scientific_Data_Policy. pdf.

［12］ Wellcome Trust. Policy on data management and sharing［EB/OL］.［2013－02－28］. ht-tp://www. wellcome. ac. uk/about-us/policy/policy － and － position － statements/wtx035043. htm.

［13］ Stewardship of digital research data-principles and guidelines［EB/OL］.［2013－03－02］. http://www. rin. ac. uk/our-work/data-management-and-curation/stewardship-digital － re-search-data-principles-and-guidelines.

［14］ Jones S. A report on the range of policies required for and related to digital curation［EB/ OL］.［2013－02－27］. http://www. dcc. ac. uk/sites/default/files/documents/reports/ DCC_Curation_Policies_Report. pdf.

［15］ Dietrich D, Adamus T, Miner A, et al. De-mystifying the data management requirements of research funders［EB/OL］.［2013－02－27］. http://www. istl. org/12－summer/ refereed1. html.

［16］ DCC overview of funders' data policies［EB/OL］.［2013－02－27］. http://www. dcc. ac. uk/resources/policy－and－legal/overview-funders-data-policies.

［17］ DMP Online［EB/OL］.［2013－03－05］. http://www. dcc. ac. uk/dmponline.

［18］ DCC. Checklist for a data management plan［EB/OL］.［2013－03－02］. http://www. dcc. ac. uk/sites/default/files/documents/data－forum/documents/docs/DCC_Checklist_DMP _v3. pdf.

作者简介

陈大庆，深圳大学图书馆副研究馆员，副馆长。

英国基金机构数据管理
计划的实践调查与分析*

在数据密集型科研环境下，规范科研数据的产生、采集、存储、分析处理的过程对促进科研数据的长期保存和开放共享具有重要意义。数据的管理和保存是一个长期的过程，对数据管理整个生命周期进行计划具有必要性[1]。数据管理计划（data management plan, DMP）是一份正式文件，记录和描述了整个科研生命周期的数据管理过程。数据管理计划通过拟定一份参与方认可、可执行、符合学科领域特点的文件，集中概括、描述与数据管理活动相关的事项，以此提高科研数据管理过程的标准化和透明化，促进科研数据的开放共享与利用。

近年来，数据管理计划的重要性逐渐引起了国内学者的广泛关注，对数据管理计划的内容、政策和工具等的研究逐渐增多。关于数据管理计划促进研究成果传播与共享，杨淑娟[2]对英国的数据共享政策和美国的数据管理方针进行了深入的阐述，并对数据管理计划的内容要素进行了系统的梳理；王凯等[3]对数据管理计划的生成工具 DMPOnline 和 DMPTool 作了详细的描述、分析和对比研究；陈秀娟等[4]侧重于对数据管理计划服务的研究，对国外图书馆的服务情况进行了总结，为国内图书馆引进数据管理计划服务提供指导和借鉴；王璞[5]从英美主要基金机构数据管理与共享的需求分析出发，对英美数据管理计划实践中的政策制定、工具应用以及内容要素进行了总结；刘峰等[6]提出了一套科学数据管理计划的细化构成规范，并从可操作的角度构建了数据监护模型，以利用数据管理计划有效地控制和约束科研全生命周期的数据监护过程。国外的数据管理计划主要由基金机构提出，并强制要求项目申请者制定和提交，以保证研究中的数字产出得到更好地保存和共享。因此，本文从基金机构的角度，对数据管理计划在英国的实践情况进行了分析和总结，为国内基金机构开展数据管理计划提供借鉴和参考。

* 本文系国家自然科学基金项目"大数据环境下面向科学研究第四范式的信息资源云研究"（项目编号：71373191）和"云计算环境下图书馆的信息服务等级协议研究"（项目编号：71173163）研究成果之一。

1 背景和问题

2012 年，C. L. Borgman 提出了科研数据共享的 4 个理由：进行研究再现或验证；促使公共资助的研究成果为公众所用；允许其他人在现有数据上提出新的研究问题；提升科研创新水平[7]。在科研数据密集型环境下，如何充分利用海量的科研数据，发挥其促进科技创新和经济发展的作用，是科研数据开放共享的重要驱动力。

不难发现，国外基金机构已不同程度地要求开放数据，并采取不同力度的检查约束措施。英国在 20 世纪 90 年代开始规划数据发布政策，在英国数据监护中心（DCC）和英国研究理事会（RCUK）的引导下，英国科研数据管理在理论和实践上成果丰富，在推动科研数据共享和再利用上效果显著。英国主要基金机构要求其项目申请者提交数据管理计划，来规范科研数据管理的过程。DCC 收集了英国主要基金机构、高校的计划模板，并基于此开发了 DMPOnline 工具。以数据管理计划为核心指导，DCC 还同其他机构合作，在数据政策、数据监护、基础设施、工具开发和人员培训等多方面开展工作。

随着"互联网+"时代的来临，信息化不断深入，"产学研"一体化成为趋势。我国对科研数据共享越来越重视，科研数据共享的需求不断增加。2015 年国务院《促进大数据发展行动纲要》[8]中提出要大力发展科学大数据，积极推动由国家公共财政支持的公益性科研活动中获取和产生的科学数据逐步开放共享，构建科学大数据国家重大基础设施，实现对国家重要科技数据的权威汇集、长期保存、集成管理和全面共享。2016 年中国科学院计算机网络中心承担的"科研数据资源整合与共享工程"项目通过验收[9]，该项目包括数据存储与管理的云服务环境、海量科学数据分析与应用示范、科学数据整合与共享服务，形成支持科研活动与科技创新的数据云平台。

但我国在科研数据共享的进程中仍面临诸多挑战，主要表现在以下方面：①研究机构及研究人员对数据共享的重要性认识不足；②基金机构及高校缺乏相应的激励机制，数据共享缺乏内在的动力；③研究者的技能缺失，相应的基础设施建设不足，使得共享实践的阻力较大；④外部政策环境不完善，道德认识不足，知识产权、隐私保护等问题突出；⑤科研数据环境复杂，数据体量大，来源分散，结构多样，使得数据管理与共享的实施难度大。这些问题都成为制约我国科研数据共享的阻力。数据管理计划从整体规划着手，促进科研数据共享的优势明显，将成为国内科研数据管理与共享实践的重要推动力。

2 英国基金机构数据管理计划实践现状

英国是最早制定和实施数据管理计划的国家，已经积累了丰富的理论和实践经验。英国的科研基金主要通过高等教育基金委（HEFCE）和英国研究理事会（RCUK）划拨给科研项目申请者，其中 RCUK 每年的科研经费预算占英国政府科研经费总预算的 80% 以上。RCUK 由 7 个成员理事组成，均不同程度地实施了数据管理计划。因此，本文选取 RCUK 的 7 个成员理事，以及英国最大的生物医学研究资助机构惠康基金（WT）和癌症研究中心（CRUK）作为研究对象，如表 1 所示：

表 1　主要调研的英国基金机构

机构名称	机构简称
艺术与人文研究理事会	AHRC
生物技术与生物科学研究理事会	BBSRC
经济与社会研究理事会	ESRC
工程和自然科学研究理事会	EPSRC
医学研究理事会	MRC
自然环境研究理事会	NERC
科学与艺术设施理事会	STFC
惠康基金	WT
英国癌症研究中心	CRUK

由于学科领域的不同，数据对象在内容、属性等方面不同，数据管理的过程和需求有所差异，最终体现在数据管理计划的形式和内容要素上。通过访问上述 9 个基金机构的官方网站，对各个机构的数据管理计划和数据政策进行了调研和分析。为更全面地了解英国基金机构的数据管理计划实施情况，表 2 总结了这 9 个机构在数据管理计划的形式、需求、内容上的实践现状，并总结了其实践特点。

表 2　英国主要基金机构数据管理计划实践现状

基金机构	计划形式	机构要求	实践内容	实践特点
AHRC[10]	技术计划	将数字产出和实现技术作为重点，要求：①从实践可行性和方法论的角度交付计划；②满足 AHRC 对数据长期保存和可持续访问的需求	①数字产出和数字技术的概括；②技术方法：包括标准和软件、硬件和格式、分析和使用方法、数据获取、处理、④数据存储，数据可持续访问和再利用	①强调技术的实践性和机构间合作；②计划围绕数字产出的描述、数据管理过程展开，并紧密联系；③注重数据的可持续性，也强调资源的利用与规划
EPSRC[11]	科研数据政策框架	不要求制定数据管理与共享计划，但科研数据管理与共享应遵从 EPSRC 的预期，并符合其政策框架	①制定了科研数据的管理规定，机构的政策范围；②制定了科研数据共享的时间和责任范围；③明确保护研究过程中不适当的数据共享的影响	①重视高校、科研学者、行业研究员对政策框架的支持和建议；②机构间的合作提升行政政策框架的可实施性，并扩大其应用范围
BBSRC[12]	数据管理与共享计划	①强制要求申请者提交数据管理计划；②以科研数据的管理与共享为核心，以 RCUK 的数据共享原则为参考；③计划应与机构的数据政策相一致；④计划必须通过同行评议，以确保计划的可行性和质量	在不考虑学科背景和政策差异的前提下，围绕数据生命周期，可将 DMP 的内容总结为以下 4 个层面： （1）数据层：包括已有数据、元数据、数据格式、数据文档和数据质量标准； （2）数据共享层：①共享的方式；②共享的时间；③共享范围；④共享的限制；框架及解决方式 （3）数据安全层：①数据存储备份；②数据获取方式及权限控制；③道德与法规；④知识产权保护；⑤责任范围； （4）资源计划层：①人员培训与引入；②软硬件设施配置；③数据存储花费；④数据再利用的成本	①注重数据共享的权限问题；②对共享的限制进行说明；③重视专有数据使用和管理
ESRC[13]	同上	同上	同上	①数据管理的过程服务于最终的数据共享；②明确权责范围确保数据质量；③考虑共享的预期困难及解决方案

基金机构	计划形式	机构要求	实践内容	实践特点
WT[14]	同上	同上		①注重共享安全和隐私保护；②规划支撑计划的相关资源，并做出成本预算
STFC[15]	数据管理计划	同上		①合理化资源利用，强调成本预算和同行评议的重要性；②确保计划质量和计划的可行性
MRC[16]	同上	同上		①计划作为项目审查的一部分，引导数据管理的实施与开展；②重视研究人员的共享意识及责任
NERC[17]	同上	同上		①重视计划的纲领性和引导作用；②建立数据中心以实现数据长期存储与共享
CRUK[18]	数据共享计划	同上		①数据类型影响数据管理和不能共享的原因

通过对调研结果进行分析发现，DCC 的数据管理计划模板和案例为上述机构提供了实践的指导和参考，RCUK 的数据共享共同原则为机构制定计划提供了政策标准。在结合学科及数字产出方面，大多数基金机构以数据为核心，围绕数据管理生命周期制定计划。AHRC 注重数据管理与共享过程的数字产出和技术实施的可行性，WT 在制定 DMP 的引导框架和基于医学背景的数据隐私及安全保护上具有鲜明特点。因此，本文以 AHRC 和 WT 作为案例，进一步阐述不同机构在实践中的具体做法与特点。

（1）AHRC 的技术计划[19]：AHRC 认为技术对项目的实施具有深远的影响，重视技术对实践的支撑作用，要求其资助的项目在启动前提交一份技术计划。该计划主要包括数字资源定义、技术协作、数据长期保存和成本预算，具体内容有：①申报者需要明确数字产出的类型和内容，提出 IT 服务的需求；②借鉴同行在相似领域的实践经验，或与相关的技术伙伴协作，例如在数据库服务上与 KMI（Knowledge Media Institution）展开合作，寻求 IT 服务中心的技术支持等；③AHRC 将技术伙伴作为研究的参与者，利用其专业性指导技术计划的制定，提升其可行性；④项目结束后，AHRC 注重数字产出的长期保存和开放获取，将形成可持续数字资源作为技术计划的重要挑战；⑤技术需要资金的支持，从时间、资金、人力等角度制定成本预算，能实现有限资源的优化分配。

（2）WT 的数据管理和共享计划[20]：WT 是英国最大的生物医学研究资助者，强调科研数据的管理与共享两个核心。通过引导申请者思考研究中会产生哪些数字资源、哪些数据应该被共享、何时共享、以何种方式共享、共享的限制及要做的努力等问题，为制定计划提供了清晰的思路。WT 的数据主要来源于问卷、临床记录、生物样本和采访记录，数据涉及用户隐私和商业机密，因此 WT 分别采取匿名处理和加强使用者权限控制的方式保障数据安全。WT 注重数据的隐私和知识产权保护，从政策法规、权限控制和伦理道德方面着手，为数据管理与共享的实践创建安全的环境。

3 英国数据管理计划实践的经验分析

3.1 需求管理与机构合作

数据管理计划是科研数据管理与共享需求驱动下的产物，计划与需求的契合度决定了最终能否实现数据管理与共享的目标。英国的基金机构引入同行评审，对申请者的数据管理计划要素进行评估，确保计划符合基金机构的数据管理要求、计划中的资源需求是合理的、科研人员具有较高的数据共享

210

意识等。此外，部分基金机构通过制定数据管理计划的指导框架和数据政策，来控制计划的具体要素与机构要求保持一致。

机构合作是数据管理计划实施的基础，在计划中明确各自的权责范围，通过紧密协作来提升数据管理的效率和质量。从计划制定的角度，RCUK 和 DCC 凭借丰富的实践经验，为其他机构提供可行的计划模板作为参考与指导。从计划实施的角度，数据管理是一个长期、复杂的过程，需要各参与方协作完成。如基金机构同高校合作，针对具体的项目制定计划，提升科研团队的数据管理意识，加强项目数据的管理与整合能力。基金机构同 IT 服务部门合作，借助其技术的专业性，对基础设施和技术支持进行规划，提升计划实施的可行性。

3.2 政策与伦理法规

科研数据的管理与共享离不开政策的指导与规范，政策定义了科研数据管理的核心原则和管理框架[21]。英国的数据政策是比较完善的国际典范，大多数基金机构以 RCUK 的数据共享共同原则为标准，同时结合机构所覆盖领域的特点和需求，制定数据政策以增强政策的针对性和适应性，EPSRC 的科研数据政策框架是典型的代表。表 3 总结了英国主要基金机构的政策实践情况，包括期刊政策、数据管理规定、数据安全等[22]。

表 3　英国主要基金机构的数据政策实践

基金机构	政策涵盖		管理规定					提供的支持			
	出版物	数据	时间限制	数据计划	开放获取/共享	长期监护	监控	指南	存储	数据中心	成本预算
AHRC	F	F	F	F	F	F	N	F	N	P	P
EPSRC	P	N	P	N	P	N	N	N	N	P	F
BBSRC	F	F	F	F	F	F	F	P	F	P	F
ESRC	F	F	F	F	F	F	F	F	F	F	P
WT	F	F	F	F	F	F	P	N	F	P	F
STFC	F	N	F	F	P	N	N	N	F	P	P
MRC	F	F	F	F	F	F	N	F	F	P	P
NECR	F	F	F	F	F	F	F	F	F	P	P
CRUK	F	F	F	F	F	F	F	F	F	N	F

F：全部涵盖；P：部分涵盖；N：无涵盖

伦理法规以道德约束和法律责任的形式在计划中声明，对不可控的人为因素进行限制，以保障数据在开放获取和重复利用中的安全。这种以申明的方式明确参与者的权责范围，对数据获取和使用过程中的隐私安全、知识产权等问题进行控制的做法，得到了英国基金机构的认可，是 DMP 的要素之一。

3.3 工具和基础设施建设

DMPOnline[23]是以 DCC 的数据生命周期模型为基础架构，综合了多个机构的 DMP 内容清单，而推出的一款数据管理计划在线生成工具。DMPOnline 收录了多个基金机构 DMP 样本，并提供了在线的计划创建、编辑、保存、输出、删除及共享等功能。DMPOnline 主要包括 4 个部分：总体描述、制定细节、设置数据共享权限以及导出计划。用户可以选择已有的模板，也可以根据自己的需求创建新的模板，按照流程填写内容细节，最终以 PDF、DOC 等多种形式输出。DMPOnline 提供了便捷、灵活的 DMP 生成服务，提高了数据管理计划的制定效率，促进了数据管理计划的标准化。

基础设施建设是数据管理的基础，包括数据管理所需要的硬件和软件，以及连接基础设施与服务的各种接口。基础设施的建设需要人力、资金和技术可持续的支撑[24]，因此预先制定计划，明确技术需求和支持，明确资金、人员及相关可用资源，为设施建设的可行性提供前提。制定基础设施的建设标准，便于不同的系统、数据库实现对接，为规范数据管理提供基础，为制定数据描述标准提供参考。

3.4 资源和成本预算

项目的资金往往是有限的，在项目启动前明确已有的、可利用的和需要使用的资源，并制定资源规划和成本预算，具有必要性。基金机构需要充分考虑发布和实施计划的资源，将硬件、软件和人员培训等费用规划在项目预算中。RCUK 在数据共享共同原则中要求，应合理使用公共基金来支持科研数据的管理与共享，使有限的研究经费效益最大化[25]。资源利用主要有 3 类：①直接发生的成本，即数据产生、监护和共享过程中发生的费用，如存储、备份等；②直接成本分配，包括外部的 IT 服务和数据管理等相关费用；③间接成本，即与数据管理相关的可变化的部分，如长期数据存储及维护、人力培训成本等[26]。有效的数据管理计划能帮助研究机构确保项目中任何一项费用的合理性，有效的资源规划和成本预算可以将与资源相关的角色和权责联系起来，共同推进数据管理计划的开展[27]。

4 对国内基金机构促进科研数据管理与共享的启示

国内科研机构的科研数据管理与共享程度低，水平落后，表现在科研人员对数据重要性的认识不足，科研管理体制不健全，基础设施建设不足，数据体量大、来源分散、管理难度大，数据共享的安全、隐私保护和知识产权纠纷等问题凸出。数据开放和共享程度的不足，严重影响了科研成果的转化，对科技创新和经济发展的推动力有限。数据管理计划作为数据管理与共享的基础准备，将成为基金机构对项目申请者审核的必要条件。基金机构作为科研项目的主要资助单位，以我国的国家自然科学基金委员会（NSFC）为例，肩负国内科研项目的计划、审批、资助、监督和咨询等责任，在推动科研数据管理与共享的过程中扮演着重要角色。因此，由基金机构提出项目申请必须制定数据管理计划的要求，项目依托单位结合具体项目的数据管理过程，制定符合基金机构整体规划的数据管理计划，具有一定的合理性。英国丰富的实践经验，将对我国开展数据管理计划提供多方面的启示。

4.1 以数据管理计划驱动数据管理

基金机构是数据管理计划的主要提出者，也是计划实施的重要推动者。国内的科研数据共享以期刊论文为主，科研成果的转化率较低，大量的科研数据并未很好地被保存并充分利用。以 NSFC 为代表的基金机构可以充分借助英国的实践经验，以数据管理计划为依据，规划和规范数据管理的过程，促进国内科研数据的开放共享。一方面，基金机构根据不同的学科领域，制定数据管理计划的内容框架和指南，引导项目申请者制定计划；另一方面，项目申请者预先对项目的数字产出、数据管理过程充分考虑，完善计划的细节，并在项目实施过程中以计划作为数据管理的指导。

4.2 加强需求管理与机构合作

国内基金机构缺乏数据管理与共享的经验，通过制定数据管理计划能明确数据管理与共享的最终目标，将数据管理过程与最终目标紧密结合，并清晰规划。借鉴英国的实践经验，应注重机构需求与最终目标的管理：①基金机构制定数据管理计划的框架或指南，项目申请者结合项目需求和特点，完善计划细节；②通过同行评议，对计划要素进行评估，对项目实施的可行性进行评估，确保计划不偏离数据管理与共享的目标；③制定计划实施过程中的监管方式，如定期对计划审核、调整，以避免因前期对项目的错误预估，导致实际过程与计划相偏离。

科研数据的管理与共享是一个复杂的过程，涉及多方的参与和协作。目前，国内科研机构数据管理与共享的技术及实践的能力不一，因此，基金机构需要与科研机构紧密合作，在计划中明确所需要的软硬件和人员支持，并明确各自的权责范围。例如，可以借鉴 WT 的经验，通过协商制定合作保障制度，明确各参与方的职责，并依照实施，这样能够消除机构间的沟通障碍与隔阂，实现跨学科、跨机构的数据传递，提高计划的可实施性。

4.3 完善数据政策和伦理法规

基金机构在制定科研数据管理政策中起到主导作用。NSFC 在《国家自然科学基金条例》[28]中明确声明了科研项目参与者的法律责任，注重对学术道德和诚信的管理，并要求科研人员进行学术道德与规范学习。但我国仍存在科研数据政策体系不完善的问题，需要从政策法规和道德两个方面，对数据共享过程中的数据访问和使用安全、知识产权等问题进行约束：①通过分析英国主要基金机构发布的数据政策，总结出一套完整的科研数据政策框架，以指导国内数据政策体系的完善；②根据不同学科背景和领域的差异，对政策进行调整，增强政策的针对性和适应性；③学习英国数据政策在实施、推行过程中的具体做法和思路，发挥数据政策引导和促进数据管理的作用；④国内的版权意识、知识产权意识低，一方面应完善相关法规，另一方面应在数据管理计划中对数据访问和使用发布道德声明；⑤通过培训、课程等方式，加强科研人员的学术道德规范意识；⑥通过技术上的权限控制来保障数据获取和使用安全。

4.4 促进基础设施建设

基金机构能够从顶层设计对基础设施建设进行规划，并划拨相应的资金到具体依托单位，推动基础设施建设的落实和完善。目前，国内多个科研单位建设了自己的门户网站，部分科研机构和高校开始建设专门的数据库、知识库，以提升信息公开的力度和数据资源管理的能力。但通过实际的访问，仍存在建设零散、大部分功能未能实现、信息更新慢且缺乏系统性等问题。面对国内基础设施建设层次不一的现状，在数据管理计划中对项目所需基础设施建设进行规划，使之既符合基金机构的总体规划，又能满足项目的具体需求和建设实力。具体的措施包括：①总结英国基础设施建设的技术架构和体系，为我国提供引导。②以基金机构为顶层设计，制定战略规划和建设基础环境；以项目依托单位为底层实现，完成具体的设施建设，如数据库、机构库和知识库的建设。③借鉴英国的 DMPOnline 工具，开发一款符合我国科研环境的数据管理计划工具，加快数据管理计划在我国科研项目中应用的普及。④以基金机构为引导，组织和加强对研究人员、管理人员的技能培训。⑤适当引入商业机构，提供技术支持或直接参与到数据管理过程，提高技术专业性。⑥基金机构统一技术标准，实现跨领域、跨项目数据传递与共享。

4.5 加强科研数据资源管理的体制建设

NSFC 的科研数据管理体制包括程序管理规章、经费管理规章和监督管理规章等，对科研过程进行监督，对科研经费预算进行严格审核。基金机构作为项目的资助方，不能直接参与到项目的实施中，只能通过项目评审和经费预算对科研项目的实施进行控制，确保资源的有效利用[29]。数据管理与共享的过程需要人员、软硬件设备等资源的支撑，为确保最终计划可实施，且具有充足的经费，应在计划中明确资源的合理分配并制定资源预算。具体包括：①健全基金机构的资源管理和控制体系，相关人员严格遵循基金机构的管理条例和章程；②增加项目中科研数据管理与共享的费用支出，并要求申报者在计划中制定相关经费预算；③在项目审批过程中，对资源规划与预算可行性进行评估，并在项目开展过程中，对项目的费用支出进行严格监管。

5 结语

英国在数据管理计划上的实践为国内基金机构促进数据管理与开放共享提供了可借鉴的经验。基金机构作为主要的科研项目资助单位，是科研项目的统筹者，由基金机构要求项目申请者提交数据管理计划，能提升科研领域对数据价值的认识、规范数据管理过程、促进数据资源的整合和标准化数据存储，对提高国内科研数据开放共享程度具有重要意义。

参考文献：

［1］ Planning for preservation［EB/OL］.［2016-04-20］. http://www.dcc.ac.uk/digital-cura-tion/planning-preservation.

［2］ 杨淑娟,陈家翠. 研究成果传播与共享——英美国家基金项目数据管理计划概述［J］. 情报杂志,2012,31(12):176-180.

［3］ 王凯,彭洁,屈宝强. 国外数据管理计划服务工具的对比研究［J］. 情报杂志,2014,33(12):203-206.

［4］ 陈秀娟,胡卉,吴鸣. 英美数据管理计划与高校图书馆服务［J］. 图书情报工作,2015,59(14):51-58.

［5］ 王璞．英美两国制定数据管理计划的政策、内容与工具［J］．图书与情报，2015，（3）：103－109．

［6］ 刘峰，张晓林．数据管理计划构成规范及其可操作数据简化模型研究［J］．现代图书情报技术，2016，（1）：11－16．

［7］ BORGMAN C L．科研数据共享的挑战［J］．青秀玲，译．现代图书情报技术，2013，（5）：1－20．

［8］ 国务院关于印发促进大数据发展行动纲要的通知［EB/OL］．［2016－04－20］．http://www.gov.cn/zhengce/content/2015－09/05/content_10137.htm.

［9］ 国内首个大数据科研成果云服务示范平台建成［EB/OL］．［2016－04－20］．http://www.istic.ac.cn/TechInfoArticalShow/tabid/641/Default.aspx? ArticleID＝97174.

［10］ Technical plan［EB/OL］．［2016－07－27］．http://www.ahrc.ac.uk/funding/research/researchfund-ingguide/attachments/technicalplan/.

［11］ Policy framework on research data［EB/OL］．［2016－07－27］．https://www.epsrc.ac.uk/about/standards/researchdata/.

［12］ Data management plan［EB/OL］．［2016－07－27］．http://www.bbsrc.ac.uk/funding/apply/application-guidance/data-management/.

［13］ Data management plan: guidance for peer reviewers［EB/OL］．［2016－07－27］．http://www.esrc.ac.uk/files/about-us/policies-and-standards/data-management-plan-guidance-for-per-reviewers/.

［14］ Developing a data management and sharing plan［EB/OL］．［2016－07－27］．https://wellcome.ac.uk/funding/managing-grant/developing-data-management-and-sharing-plan.

［15］ Data management plan［EB/OL］．［2016－07－27］．http://www.stfc.ac.uk/funding/research-grants/data-management-plan/.

［16］ Data management plans［EB/OL］．［2016－07－27］．http://www.mrc.ac.uk/research/policies-and-resources-for-mrc-researchers/data-sharing/data-management-plans/.

［17］ Data management planning［EB/OL］．［2016－07－27］．http://www.nerc.ac.uk/research/sites/data/dmp/.

［18］ Practical guidance for researchers on writing data sharing plans［EB/OL］．［2016－07－27］．http://www.cancerresearchuk.org/funding-for-researchers/applying-for-funding/practical-guidance-for-researchers-on-writing-data-sharing-plans.

［19］ Planning for the future: developing and preserving information resources in the art and humanities［EB/OL］．［2016－04－20］．http://www.dcc.ac.uk/resources/developing-rdm-services/dmps-arts-and-humanities.

［20］ Writing a Wellcome Trust data management & sharing plan［EB/OL］．［2016－04－20］．http://www.lshtm.ac.uk/research/researchdataman/plan/wellcometrust_dmp.pdf.

［21］ RDM strategy: moving from plans to action［EB/OL］．［2016－04－20］．http://www.dcc.ac.uk/resources/developing-rdm-services/rdm-strategy-moving-plans-action.

［22］ Overview of funders' data policies［EB/OL］．［2016-04-20］．http://www.dcc.ac.uk/resources/policy-and-legal/overview-funders-data-policies.

［23］ DMPOnline［EB/OL］．［2016-04-20］．https://dmponline.dcc.ac.uk/about us.

［24］ 陈大庆．国外高校数据管理服务实施框架体系研究［J］．大学图书馆学报,2013,（6）:10-17.

［25］ RCUK common principles on data policy［EB/OL］．［2016-04-20］．http://www.rcuk.ac.uk/research/data policy.

［26］ Guidance on best practice in the management of research data［EB/OL］．［2016-04-20］．http://www.rcuk.ac.uk/documents/documents/rcukcommonprinciplesondatapolicy.pdf.

［27］ How to develop a data management and sharing plan［EB/OL］．［2016-04-20］．http://www.dcc.ac.uk/resources/how-guides/develop-data-plan.

［28］ 国家自然科学基金条例［EB/OL］．［2016-04-20］．http://www.nsfc.gov.cn/publish/portal0/tab218/info182 97.htm.

［29］ 国家自然科学基金资助项目资金管理办法［EB/OL］．［2016-04-20］．http://www.nsfc.gov.cn/publish/port al0/tab229/info48335.htm.

作者简介

彭鑫：确定论文选题，收集资料，撰写与论文修改；

邓仲华：负责论文审核与定稿；

李立睿：论文研究方案修正与论文修改。

加州大学伯克利分校数据
管理的实践剖析[*]

随着大数据时代对数据价值的不断强调，开展数据管理能够更好地管理科学数据，从而为科研工作服务。美国在数据管理研究方面最为超前，也取得相当的实践成果。早在 1980 年，第一个"数据管理国际协会"（The Data Management Association International，DAMA）就在美国洛杉矶建立[1]。"美国图书馆协会技术资源"（ALA TechSource）组织于 2015 年出版《图书馆数据管理：图书馆与信息技术协会指南》（*Data management for libraries：a LITA guide*)[2]。美国加州大学伯克利分校在同类高校数据管理实践中最为突出，该校图书馆与"IT 研究"（Research IT，RIT）共同提出"加州大学伯克利分校科研数据管理计划"（UC Berkeley's Research Data Management Program）系统整合其数据管理资源来为科研数据管理提供便利。相比美国已积累的几十年的数据管理研究经验和实践成果，我国在该领域的研究尚处在起步阶段，研究集中在基本的数据管理系统、方法、平台、技术和软件等方面，尚无具体实践模型和成果。本文拟剖析伯克利分校数据管理实践工作，以期为今后我国在数据管理实践操作上提供启示和参考，进而服务于各个学科之科学研究。

1　领军数据管理实践

在数据管理研究实践方面，加州大学伯克利分校（以下简称"伯克利分校"）相对同类高校有着较高水平和较深程度的涉入，在此研究领域贡献突出。其拥有多项自主研发的数据管理工具和软件，例如 DMPTool、EZID、Merritt 等；另提供类型丰富的数据管理服务项目和系统化的数据管理人才培养专业课程。表 1 对伯克利分校、斯坦福大学、普渡大学 3 所高校所做实践进行比较分析。

＊　本文系国家自然科学基金项目"开放数据下公共信息资源再利用体系的重构研究"（项目编号：71373195）和国家留学基金委资助项目"美国科学信息和学术出版物开放存取的现状与趋势研究"（项目编号：201406275062）研究成果之一。

表 1 数据管理实践内容比较

数据管理实践内容	加州大学伯克利分校	斯坦福大学	普渡大学
撰写数据管理计划	自主研发的 DMPTool	图书馆链接加州大学伯克利分校的 DMP-Tool	图书馆帮助撰写，未提供工具
数据描述	提供工具：EZID，DataUp	提供工具：Annotare，ISA Creator，Morpho，OMERO，OntoMaton，RightField	提供工具：EZID，DataCite
数据分析	指导使用：R，Stata，SPSS，SAS，Python	未提供相关内容	未提供相关内容
数据保存	提供工具：Merritt	提供工具：Stanford Digital Repository（SDR）	提供工具：Purdue University Research Repository（PURR）
数据发布	提供工具：Dash	未提供相关内容	提供数据管理和评估数据工作流的咨询服务
数据管理教育	开设信息与数据科学硕士教育课程；图书馆 Data Lab 数据管理培训课程	开设数据管理相关主题研讨会	提供相应数据管理技能指导
其他	搭建数据管理交流平台：DMTool Webinars，BIDS	提供关于数据管理实际操作的学习案例	提供对大数据的专项咨询服务

219

总体上来说，3 所大学的数据管理实践研究都较为先进，且不乏出彩之处，但加州大学伯克利分校的数据管理实践相比较而言最为成熟和全面。从所比较的数据生命周期中数据描述、数据保存、数据发布几个需要技术工具支持阶段中的数据管理情况来看，伯克利分校都有相应的工具和科研服务支持，而此方面斯坦福大学和普渡大学都有未能覆盖的项目。从工具专业水平和自主研发来看，伯克利分校的数据管理工具都是自主研发而斯坦福大学和普渡大学多来自第三方资源，没有自主研发工具，而且伯克利分校数据管理工具较为专业和全面，能够被其他高校认可和利用，例如斯坦福大学数据管理计划撰写直接链接伯克利分校主导开发的 DMPTool，普渡大学所提供的元数据描述工具里则包含伯克利分校的 EZID 工具。在数据管理教育方面，能够看出伯克利分校极为重视，不仅有图书馆提供的数据管理技能培训课程，更是把数据管理教育提升为硕士学位教育内容，进行系统化高水平的培养。

2　开发数据管理工具组件

由伯克利分校主导开发的"数据管理计划工具"（data management plan tool，DMPTool），在伯克利分校图书馆科学数据服务版块可以快速访问。DMPTool 被"大数据、伦理与社会委员会"（Council for Big data, Ethics, and Society）评为最杰出的高校研究型图书馆所提供的数据管理工具[3]。

2.1　组件特色

DMPTool 作为一个综合性的数据管理工具，总体来说具有以下特点：

2.1.1　整合性　DMPTool 作为在线数据管理计划工具组件，根据基金机构的要求，综合汇集数据管理计划制定中所需表格、数据、样例等，并为科研数据管理新手提供分步骤的指导说明[4]。DMPTool 虽然是撰写数据管理计划的在线工具，但提供对数据全周期管理指导，在其帮助页面中可以整合获取的数据管理工具，并对元数据描述、数据安全保存、数据引用等环节相对应的工具进行推荐和提供链接，例如就数据保存仓库的选择为用户提供 Databib、re3data、BioSharing 3 个网络数据库资源。

2.1.2　共享性　DMPTool 基于 DMPOnline 生成数据管理计划，能够实现公众可获取，同时透明化各项基金赞助的要求细则，资源被用户所共建共享。根据 DMPTool 所创建的数据管理计划在得到计划持有者的同意后能够在 DMPTool 网站中被其他用户查看、下载和使用。

2.1.3 专业性 DMPTool 提供数据管理计划创建中各个步骤具体格式填写的向导服务，支持用户随时访问修改原有自创数据管理计划，并长期保存用户数据管理计划资料，确保科研数据安全保存。

2.2 组件功能

DMPTool 作为在线数据管理计划工具，其下分多个功能组件，各个组件聚类数据管理相关资源。

2.2.1 汇集数据管理政策与要求 "DMPTool Requirements"组件汇集了美国各政府部门与资助机构数据管理计划的相关政策与要求，方便科研项目工作者获取这些信息和具体要求，从而顺利地申请基金支持。通过调查，发现政府部门设立的基金项目占比最大，共有 25 个项目，占总体的 83.3%，这从侧面反映出 DMPTool 是一项得到一定程度认可的专业数据管理计划工具组件，通过它能够较全面地查询到权威组织、机构和政府的科研项目基金申请样表。另外，通过查看这些样表内容，发现这些基金赞助方特别是政府出资的项目，对于科研数据管理计划的填写，要求非常严格，需要科研人员提供详细的数据政策、前期准备、数据类型描述、数据格式、整个研究过程中数据保存和发布方式等情况。

2.2.2 共享数据管理计划 "Public DMPs"组件提供由 DMPTool 工具创建，并得到公开传播许可的数据管理计划。用户在该组件中可获取那些得到基金资助的科研项目的数据管理计划名称、科研项目的机构、项目持有人等信息，以及相关数据管理计划文档下载，便于科研项目查新及参考利用。其中，数据管理计划模板的数据大多无使用权限限制，用户可以引用所需信息而不涉及版权问题。笔者通过对这些文件进行调研发现，数据格式、数据保存、阶段数据保存、数据访问这几个方面是数据管理计划提到和要求撰写最多且需详细交代的项目，同时这些也是数据管理的重要内容，反映出伯克利大学对数据管理的核心内容把握明晰。

2.2.3 提供工具使用帮助 "Help"功能组件可以指导用户使用和了解 DMPTool 并提供整体把握数据管理各阶段的策略。"帮助项目"采用第一人称提问式语句，导引用户访问相关栏目。以第一人称的提问方式体现以用户为主体，克服机器查询的单调繁琐；提问方式可以触发用户联想关联问题，进而挖掘出用户在使用 DMPTool 过程中和进行数据管理时所面临的问题。

3 搭建数据管理交流平台

3.1 基本技能交流平台

"DMPTool Webinars"[5]是位于 DMPTool Blog 中为广泛数据管理用户而开设的针对 DMPTool 使用方法和数据管理基本技能的培训平台，方便用户与用户、用户与图书馆员之间交流。此平台将整合的培训音频资料按时间新旧排序供用户自主学习。同时引入 Web2.0 的思维，强调用户广泛参与，用户可对相应标题内容展开讨论，自发在参与过程中搜集方案解决自身数据管理中遇到的问题；而且之前已成功利用策略克服类似数据管理问题的用户可以将所得经验利用平台交流来帮助其他用户。图书馆在此平台中可以作为一般用户回答相关问题，也可以作为观察者，在用户的讨论中搜集用户存在的普遍问题，为后期优化数据管理培训设计积累数据材料。

3.2 专业跨学科交流平台

"加州大学伯克利分校数据科学研究所"（Berkeley Institution for Data Science，BIDS）是加州大学伯克利分校的研究和教育的中央枢纽，旨在促进和培养数据密集型科学。BIDS 相较于 DMPTool Webinars 来说更具有学科专业性，主要针对来自各学科背景的专业数据管理研究人员而开设，为他们搭建跨学科的数据管理交流平台。着重强调人才概念，BIDS 自身定位为多学科的科学人才社区，积极寻求创造性的方式促进不同研究领域的合作。在 BIDS 人才社区中，根据这些专业人员所擅长的学科将他们分为 6 个小组，多组协同为 BIDS 中针对时下数据科学热点和实践应用的科研项目服务。

4 开展科学数据管理服务

科研数据高效管理能够节省时间、可视化研究流程，对科研工作有序开展和最新研究数据及时获取极具意义。

4.1 提供科学数据重用服务

科学地保存数据能够为数据重用提供帮助，通过对数据进行元数据描述，创建嵌入互联网网址的永久标识符，能在网络检索和数据库检索中定位数据，方便后续研究对数据的访问、跟踪和引用。

4.1.1　创建数据文献　数据文献常被称为元数据，即关于数据的数据。

创建元数据是描述数字数据的重要一步，能够简明展示数据内容。元数据描述标准有不同侧重点，研究人员根据数据的不同特点选择不同的元数据创建标准，如果希望分享或发布研究数据，伯克利分校图书馆科学数据服务建议使用 DataCite 元数据标准。在一份元数据描述文档中，首先应当将文档保存为"readme. txt"文件或是以文档本身进行保存，接着按照元数据的常规记录内容进行创建，具体如表 2 所示：

表 2 元数据常规记录内容[6]

常 规 记 录	总 体 概 览
标题	数据集或研究项目的名称
创建者	创建数据的组织或者群体名称；个人名最好以姓在前的格式进行记录，例如：J. Smith
标识符	用独特的数字来识别数据，即使它只是一个内部项目参考号码
日期	与数据相关的关键日期，包括：项目开始和结束日期；发布日期数据所覆盖的时间段；其他与数据寿命相关的日期，如维护周期、更新计划；格式最好以"yyyyy-mm-dd"或"yyyy. mm. dd-yyyy. mm. dd"为一范围
方法	数据如何产生的，列出所用到的设备和软件（包括模型和版本号）公式、算法、实验协议及可能包括在实验室笔记本的其他内容
处理	如何改变或处理的数据（例如归一化）
源数据	引用来自其他来源的数据，包括源数据在哪里出现和它如何被访问等细节
资助者	资助研究的组织或机构

4.1.2 创建永久标识符 伯克利分校图书馆提供的 EZID（easy-eye-dee）[7]数据标识服务目前支持两种标识符：Digital Object Indentifiers（DOIs）和低成本的 Archival Resource Keys（ARKs）[8]。EZID 能够帮助用户控制数据集的管理和分配，分享和获取数据集权限，其在数据管理上的运用可以使数据资源更容易被访问、被再利用及验证，从而有助于用户在以前工作的基础上进行新的研究，避免重复工作，提高效率。EZID 提供的 DOIs 和 ARKs 的综合使用步骤见图 1。通过这种方式，将两种标识符建立起联系从而使得数据对象能够在它的整个生命周期被追踪到。用户运用 EZID 能够访问这两种标识符，且以最优方式加以利用。

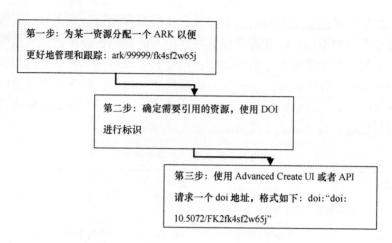

第一步：为某一资源分配一个 ARK 以便更好地管理和跟踪：ark/99999/fk4sf2w65j

第二步：确定需要引用的资源，使用 DOI 进行标识

第三步：使用 Advanced Create UI 或者 API 请求一个 doi 地址，格式如下：doi:"doi: 10.5072/FK2fk4sf2w65j"

图 1   DOIs 和 ARKs 综合使用步骤[9]

4.2　提供软件服务

伯克利分校 D-Lab 为深度参考咨询提供跨学科资源、专业人员和其他基础设施支持，D-Lab 于 2013 年春季合并 UC DATA 和"加州人口普查研究数据中心"（california census research data center，CCRDC）来提供数据资源[10]。UC DATA 为新数据集的管理和其他来源产生的数据提供技术援助，并为数据分析提供咨询和帮助。其提供在线数据分析软件"调查文档和分析"（survey documentation & analysis，SDA）[11]是基于 Web 的"图形用户接口"（graphical user interface，GUI），用户检索"菲德尔民调"（field poll）问题找出感兴趣的调查项目后，通过 SDA 可以对某一点做详细分析。另外，伯克利分校图书馆数据实验室（Data Lab）提供数据统计分析软件，包括 R、Stata、SPSS、SAS和 Python。

伯克利分校基于本身教学科研任务繁重，用户对数据管理服务需求大的现实情况，其数据管理意识较强，不仅致力于开发相关数据管理软件，同时也在其用户群体中积极推广数据管理软件服务。在其图书馆网站提供的数据管理软件，具体如表 3 所示：

表 3　伯克利分校图书馆提供的数据管理软件[12]

软件名称	服 务 功 能
Dash	研究人员自主发布数据集的工具
DataUp	一项帮助研究人员描述、管理和存档列表数据的开源工具，DataUp 在科学家工作流中运作并通过 Microsoft® Excel 集成
DMPTool	建立数据管理计划的在线工具，能够根据特殊基金机构的要求为数据管理计划的制定提供分步骤的指导说明
EZID	对永久定位符（DOIs 和 ARKs）数字化内容进行获取和管理服务。伯克利分校的研究人员可以通过联系 data-consult@ lists. berkeley. edu 申请一个免费账户进行使用
Merritt	来自于"加州大学数据管理中心"（University of California Curation Center, UC3）的一项管理、存档并分享数字内容的数据存储库服务

5　重视数据管理教育

目前经英国"科学数据管理中心"（Digital Curation Center，DCC）认证的美国科学数据管理相关课程和培训项目有 8 个[13]，图书情报学院通过开设科学数据管理相关课程、支持相关项目、提供相关项目奖学金等方式提供科学数据管理专业教育。DCC 对控制数据管理教育质量认证颇为苛刻，加州大学伯克利分校所开设的信息管理与信息系统专业能够位列其中，可见伯克利分校在数据管理类教育领域拥有相当高的水平。此外，其重视数据管理教育与推广，严格的面授教学方式，系统培养具有数据管理能力的人才并可授予硕士学位。更有部分学校将科学数据管理作为独立的专业，如约翰·霍普金斯大学开设"数字管理"（digital curation）专业，提供更为有针对性的、专业化的教育。

伯克利分校具有超前的数据管理意识，为给其科研工作的长远发展提供扎实的精英后备力量，结合学科交叉日益频繁、科研项目对来自不同学科背景的人才需求更为迫切的现状，不仅设立信息与数据科学硕士学位课程这样系统化的数据管理人才教育项目，还对在校师生提供基本数据管理技能的培训课程，旨在全方位地提升整体数据管理能力。

5.1　培养信息与数据科学硕士

伯克利分校信息学院（School of Information，ISchool）专设"信息与数据科学硕士"（master of information and data science，MIDS）授予点，培养具有专业数据科学素养的人才。ISchool 培养信息科学能力水平一流，其毕业生主要就业于旧金山湾区知名企业，例如苹果公司、谷歌公司、Facebook、Salesforce、Twitter 和 LinkedIn 以及非营利组织如 Kaiser Permanente 和老牌企业（例如富国银行（Wells Fargo）和雪佛龙公司），还有许多毕业生利用机会自主创业或为初创公司工作[14]。MIDS 作为专门培养信息数据科学硕士项目，其最新一届毕业生更是得到了 Fitbit、Castlight Health 和 Autodesk 等公司的数据科学职位[15]。

5.1.1　制定数据管理人才培养目标　ISchool 培养的数据管理硕士须具备的数据管理技能包括：推测大型数据集的其他有价值用途；运用培训技能和创造性方法对数据结果进行提问和解释；检索、组织、结合、清理和存储多源数据；应用统计分析技能和技术学习机器来识别模式和提出预测；对数据进行可视化设计并有效地交流数据结果；遵守数据道德和法律要求的数据隐私和数据安全规范。

5.1.2　开设数据科学硕士课程　伯克利分校 ISchool 的 MIDS 人才培养课程分为信息课程（information courses）和数据科学课程（data science courses），其中数据科学课程只面向 MIDS 学生开设。从数据课程内容设计看出课程侧重于数据管理中数据分析、数据保存、数据发布以及配套数据统计分析工具的教学；设置实习课程强调数据管理实践，旨在培养学生综合的数据科学能力。课程分梯度科学授课有益于学生循序渐进地接收和巩固知识，促进学生拓展数据管理的理论认识和实践能力。ISchool 的 MIDS 数据科学课程安排具体情况如表 4 所示：

表 4　MIDS 数据科学课程安排[16]

课程阶段	课程名称	课程学时
基础课程	数据和分析的研究设计和应用程序	3
	探索和分析数据	3
	保存和检索数据	3
	应用机器学习	3
	数据可视化和交流	3
顶点课程	顶点	3

高级课程	数据背后的人性与价值观	3
	实验和因果推论	3
	按比例扩大！真实的大数据	3
	大规模机器学习	3
	回归应用和时间序列分析	3

5.2 提供数据管理培训课程

伯克利分校图书馆特设 Data Lab 直接为培养师生数据管理能力服务，开展嵌入课堂式的教学形式，教授数据库、统计软件、数据处理等多方面的数据管理知识。

在访问伯克利分校期间，笔者了解到 Data Lab 目前主要是帮助师生查找科研数据，指导其使用数据库处理研究数据以及培训师生使用统计软件实现数据重现。实验室向师生提供涉及数字数据研究的咨询，包括发现数据源、推荐咨询技术、转换数据文件格式、实现网页抓取和使用基本统计软件等；Data Lab 工作人员可以帮助用户定位、检索和使用数字数据，而用户可根据Data Lab 的时间表与工作人员预约面谈。Data Lab 还为不断增长的电子数据文件提供访问途径，以及诸如 ArcGIS、Stata、SAS、SPSS、Stata、R、Python 等的数据分析软件，并为学生授课，教授其如何利用数据库和软件检索数据。

伯克利分校数据管理教育依靠数据管理基本技能的培训课程在全校范围内推广，配合专业的信息与数据科学硕士课程的开设来提高师生数据管理能力。师生不需要通过系统化的课程学习来掌握所需技能，而是仅经过集中短期培训就能快速提升科研工作效率，处理研究中的数据，这种短期培训方式能够辅助数据管理教育全面落实。

6 启示

剖析加州大学伯克利分校数据管理实践内容，笔者认为以下几点是我国今后在数据管理研究和相关服务提供上可以借鉴之处：

6.1 开发功能完善的数据管理工具

伯克利分校为数据管理的各个步骤推出了一系列功能完备的工具软件，例如数据管理计划在线工具 DMPTool、管理永久定位符的 EZID、保存数据资源的 Merritt 等，这些工具配置为数据管理流程环环相扣提供保障，辅助提升数据管理实施效率。

6.2 提供全面细致的数据管理服务

为科研项目有序进行提供智力服务支持，配备一批数据管理专业人员，提供全方位的数据管理指导，帮助科研人员对项目数据进行描述、保存、引用等，克服普通研究人员数据管理技能经验不足的问题。

6.3 重视培养高素质的数据管理人才

数据管理有益于科研工作有序开展和缩减科研成本，科研数据科学管理能够为数据长期保存和有效利用带来便利，发挥数据的最大价值。从长远来看，必须重视数据管理教育，培养一批精英后备力量，为领域研究提供人才储备，促进数据管理水平提高，进而更好地为科研工作提供服务。数据管理教育的实现可采取多种方式，既可通过系统化课程培养专业人才队伍，又可以辅以数据管理技能短期培训课程、讲座等形式多样的教学项目，使数据管理教育在科研学术领域广泛渗透，从而提升科学工作者总体数据管理素质。

参考文献：

[1] About Us | Dama[EB/OL]. [2015-11-11]. http://www.dama.org/content/about-us.

[2] BURROWS T. Data management for libraries：a LITA guide[J]. The Australian library journal, 2015, 64(1):62-63.

[3] METCALF J. Data Management Plan：A Background Report[EB/OL]. [2015-12-03]. http://bdes.datasociety.net/wp-content/uploads/2015/05/DMPReport.pdf.

[4] SWAUGER S. DMPTool[J]. Charleston advisor, 2015, 16(3):12-15.

[5] 王璞. 英美两国制定数据管理计划的政策、内容与工具[J]. 图书与情报, 2015(3)：103-109.

[6] Data management general guidance：DMPTool[EB/OL]. [2015-11-03]. https://dmptool.org/dm_guidance#metadata.

[7] STARR J. Case study 10-EZID：a digital library data management service[J]. A handbook of digital library economics, 2013, 29(1)：175-183.

[8] JANTZ R C. A report on the DataCite summer 2013 meeting[J]. Library hi tech news incorporating online & cd notes, 2014, 31(1):4-7.

[9] EZID: Understanding identifiers[EB/OL]. [2015-05-25]. http://ezid. cdlib. org/home/understanding.

[10] Data resources | D-Lab[EB/OL]. [2015-11-14]. http://dlab. berkeley. edu/data-resources.

[11] CHUNG K,MULLNER R,YANG D. Access to microdata on the internet: web-based analysis and data subset extraction tools[J]. Journal of medical systems, 2002, 26(6):555 -560.

[12] Data/GIS | UC Berkeley Library[EB/OL]. [2015-11-11]. http://www. lib. berkeley. edu/how-to-find/data-gis.

[13] Data management and curation education and training[EB/OL]. [2015-11-03]. http://www. dcc. ac. uk/training/data-management-courses-and-training.

[14] Information management lecturer | UC Berkeley School of Information[EB/OL]. [2015-05 -25]. http://www. ischool. berkeley. edu/about/ischooljobs/lecturer-info.

[15] Career paths | UC Berkeley school of information[EB/OL]. [2016-01-12]. http://www. ischool. berkeley. edu/careers/paths.

[16] Course catalog | UC Berkeley School of Information [EB/OL]. [2016-01-11]. http://www. ischool. berkeley. edu/courses/catalog#datasci-200.

作者简介

黄如花：拟定题目，提出论文修改意见；

林焱：搜集与整理资料，论文撰写。

美国社会科学数据管理联盟
（Data- PASS） 的发展与借鉴

随着 e-Research 的发展，数据密集型科研范式得到了广泛的关注，在社会科学（简称社科）领域，表现为定量化研究和复制性研究受到越来越多的重视[1]，社会科学数据管理作为这种研究范式的重要支撑，将成为图书馆业务拓展的重要方向。在推进社科数据管理的过程中，各图书馆除自行开展数据管理外，更应通过联盟的方式，共同推动社科数据管理领域的合作与发展。美国社会科学数据管理联盟（Data Preservation Alliance for the Social Sciences，Data-PASS)[2]作为全球最大的社科数据管理项目，其运作模式和成功经验为我国发展社科数据管理联盟提供了有益的借鉴。

1 Data-PASS 概况

社科数据可能是世界上最早的数字资源，始于 1890 年的美国人口普查中，用于社会、经济、政治研究的数据首次被转化为数字化形式，以便于计算机技术的分析，并由此诞生了第一台制表机[3]。自 20 世纪 60 年代计算机化研究时代开始，图书馆、档案馆等可持续机构就对社会科学家使用的关键数据进行了保存[4]。但是直至 21 世纪伊始，社科数据管理在支撑新研究和重复已有研究方面仍存在重大不足：大量的机构从事社科数据管理，致使采集的数据不可避免地出现重复，各自为阵的模式也使得各项目呈现信息孤岛的现象，造成用户检索利用困难；此外，也给各项目管理机构在人力物力的投入上造成较大压力。因此，在鉴别、采集、保存社科数据的过程中，需要建立面向未来的合作机构，以解决上述问题。

2004 年，Data-PASS 应运而生，它是为社会科学研究而建立的数据采集、加工和长期保存的自愿性合作组织，是美国国家数字管理联盟（National Digital Stewardship Alliance，NDSA）的创始成员，得到了美国国家数字信息基础设施与保存项目（National Digital Information Infrastructure and Preservation Program，NDIIPP）的支持。其成员包括哈佛大学定量社会科学研究所（Institute for Quantitative Social Science，IQSS）、北卡罗莱纳大学教堂山分校霍华德·奥德姆社会科学研究所（The Howard W. Odum Institute for Research in Social Science，Odum）、密歇根大学政治与社会研究校际联盟（Inter-university Consortium for Political and Social Research，ICPSR）、美国国家档案和记录管理局电子与特殊媒体文件服务部（The Electronic and Special Media Records Service Division，National Archives and Records Administration，NARA）、康涅狄格大学罗珀民意研究中心（The Roper Center for Public Opinion Research，Roper）、加州大学洛杉矶分校社会科学数据档案中心（Social Science Data Archive，SSDA）。成员加入时需签署会员协议，参加虚拟会议，同意 Data-PASS 收割系统采集其数据。各成员保持独立的合作伙伴关系，使 Data-PASS 形成联邦结构[5]。

Data-PASS 的最初目标是通过可持续发展模式，建立长期保存的信息基础设施，以抢救存在遗失风险的社科数据，并相互保障数据安全。然而，随着项目的进行，它将关注点从遗留的或存在风险的社科数据转向了当前或未来研究中将产出的数据。如今，其目标主要是对社科研究与发展提供资助，同时对社科数据管理的领导、运作和维护提供少量资助，并为合作伙伴起草数据存储标准，为数据长期存取提供各种技术解决方案。此外，对提高数据再利用率进行规划。

Data-PASS 由 ICPSR 牵头负责管理、交流、预算和提交报告，并设立了督导委员会和运营委员会。督导委员会由各成员负责人及其代表组成，负责联盟的合作方向与管理方面的重大决策，并承担联盟的日常管理工作；必要时还会邀请国会图书馆工作人员参加会议。运营委员会由各成员代表组成，负责发展与协调成员间的合作，制定标准，采集数据及日常编目等工作，同时，还要发现影响数据选择、采集和传播的潜在问题并提出解决方案。除这两个委员会之外，还建立了两个咨询委员会，一个由代表私立研究机构的成员组成，另一个由代表大学研究机构的成员组成[6]。各成员在决策上具有同等的权利。

Data-PASS 的资金来源于 NDIIPP 和所有成员的出资。在经费支出方面，除 NARA 外，其他成员根据运营委员会确定其承担的建设内容，从 Data-PASS 获取相应的经费。

2　数据管理规范及其流程

Data-PASS 管理的社科数据主要包括：民意调查、投票记录、家庭增长与收入调查、社交网络数据、政府统计数据与指标以及衡量人类活动的地理信息数据[2,7]。各成员向 Data-PASS 提交数据，但保留数据所有权。Data-PASS 制定了详细的数据管理流程，主要包括数据选择标准、数据来源、数据鉴定、

数据获取、数据引用等几个方面:

2.1 数据选择标准

2005 年,督导委员会发布了数据选择标准[8]:经典的社科数据,或注定要成为经典且存在遗失风险的社科数据。具体包括下列研究所产生的数据:高被引社会科学研究,高被引社会科学家的研究;在理论上或方法上有重大突破的研究;基于国家样本、重要地区样本或历史上较少代表性群体样本的研究;开创性研究的组成部分;偶然性事件的研究。

2.2 数据来源

Data-PASS 将数据来源分为如下几种不同的类型,并根据各成员的数据管理基础,由其分工负责对这些不同来源的数据进行追踪、鉴定、采集、加工。

2.2.1 以大学为基础的社科数据 包括 ICPSR、穆雷研究中心、奥德姆研究所和罗帕中心的专家建议的数据以及学术界建议的数据。在主要的社科领域,ICPSR 邀请权威学者组成特别顾问委员会,以协助识别其各自领域应当保存的重要数据;对密歇根大学调查研究中心主要的历史性调查数据进行鉴定;对 SSCI 数据库和网上没有长期保存计划的重要数据进行检索、采集、保存。罗珀中心负责对全国民意研究中心主要的历史性调查数据进行鉴定,对罗珀中心追踪数据库中的7 000余个调查数据进行审核。

2.2.2 联邦政府资助项目的科研数据 ICPSR 负责对 CRISP(Computer Retrieval of Information on Scientific Projects)数据库中的数据进行审核,主要是 1972~2003 年由美国国家卫生研究院(National Institutes of Health,NIH)资助产生的数据;同时,还对美国国家科学基金会(National Science Foundation,NSF)资助产生的数据进行审核。

2.2.3 联邦政府的科研数据 NARA 和罗珀中心负责清点、审核美国新闻署 1953~1999 年间的民意调查数据;此外,还对 NARA 认定的联邦记录进行清点、审核。

2.2.4 政治过程数据 即政治活动中产生的数据,其中,ICPSR 负责对选举与投票数据以及第 105~107 届国会点名投票记录进行采集;奥德姆研究所则负责州和地区民意数据的采集工作。

2.2.5 私立研究机构的数据 奥德姆研究所负责对 RTI 国际的所有历史性调查数据和哈里斯(Harris)民意调查公司的双月民意调查数据进行鉴定。该研究所还致力于成立私立研究机构咨询委员会,以便建立私立研究机构的电子数据鉴定与选择标准。

2.2.6　专业档案中的弱势数据　专业数据档案由 ICPSR 负责清点。为此，ICPSR 需要联络大学社科部门、专业性学术组织，或进行网络检索，以便发现并获取这些数据。

2.3　数据鉴定

Data-PASS 在数据鉴定与评估过程中采用了分散合作的模式，有利于充分发挥各成员在数据资源类型和数据来源方面的专长。其具体流程是：各成员向 Data-PASS 的主数据库提交数据鉴定来源信息，运营委员会集中对数据集进行鉴定，数据的鉴定以评估指南为依据，包括：数据对学术界的意义、数据来源及其上下文的含义、数据的唯一性与可用性，等等。委员会对主数据库中的数据集进行审核后，编制数据清单。对于确定要收购的数据，运营委员会将根据成员的数据管理目标与管理基础，由各成员根据清单分工负责数据的采集、加工与保存。

2.4　数据获取

数据的获取通常包括如下几个步骤：审查评估清单、验证数据内容、审查数据保密性、提交收购材料、清点收购。根据采用步骤的多寡，Data-PASS 将数据获取分为 3 类：① 最简程序：通常是数据托管人已经完成了大部分程序，如果数据适合于公开，就将其提供给研究人员利用，不需要或较少需要进行进一步的处理。②常规程序：针对那些同当前的研究、政策或实践相关度不是很高，但有一定的当前价值或潜在的未来价值的数据，按照如上几个常规步骤进行数据获取。③ 精深加工程序：对重要研究项目的数据，或者是濒危格式的数据，在处理过程中，采取更为严谨的方式，例如对数据内容差异的检查，要联系数据生产者或其代表、或数据集的关联人，与数据相关的文献也要同数据一并进行处理。在质量检测后对数据及其文献进行打包，并长期保存；同时制作两个磁带备份，一个就地存储，另一个异地存储。对于不适合传播的数据，则只能保存。

2.5　数据引用

Data-PASS 致力于推动数据引用，以促进数据再利用。Data-PASS 建立的虚拟数据中心（Virtual Data Center）是系统支撑永久数据引用的第一个数字图书馆系统。此外，它还提出了一套数据引用的原则和标准，建立了

Dataverse Network 平台，为各种内容的数据引用提供稳定的、可检验的开放式信息基础设施。如今，Data-PASS 应邀与期刊出版社、科研资助机构和仓储机构一道推动学术界的数据引用和数据开放，同时，面向开源出版期刊整合相关开源软件，以支持数据开放和数据引用[9]。

此外，Data-PASS 对元数据版权与许可、数据保密、数据安全、脆弱材料的处理、数据托管、监护数据的鉴定与收购、数据鉴别目录与清单等方面也制定了相应的规范。

3 数据管理平台

在数据管理平台建设方面，Data-PASS 建设了 3 个平台：①主数据库：各成员将其拟保存数据的来源信息上传至库中，供运营委员会审核。②Dataverse Network 平台：各成员全部数据的联合目录，是 Data-PASS 数据管理与服务的核心平台，提供分类导航、基本检索和高级检索 3 种检索方式。在分类导航方式下，可浏览各成员不同类别数据集中的数据；基本检索供用户在检索框中输入检索词，系统执行全字段检索；高级检索有 19 个检索途径，可选择检索单个或全体成员的数据。对检索结果，可从来源数据库、主题分类、作者、机构等 9 个途径进行筛选。允许用户下载数据，但受限下载的除外。Data-PASS 提供数据引用格式，复制后可作为参考文献来源。③SafeArchive 平台[10]：2013 年 6 月，Data-PASS 积极响应 NIH 的数据管理需求，开展基于政策驱动的数据监护服务[11]，与 NDIIPP 共同投资开发了该平台，供用户按相关政策要求将数据提交到平台中进行保存。该平台目前已成为开放式资源工具，可供图书馆、博物馆和档案馆使用。

Data-PASS 原本打算采用 DC 等较为简洁的元数据标准，但由于社科数据专业性强，属性多样，使用软件需提供数据引用、在线分析和深层次再加工等功能，致使要求著录的元素尽可能详细，最终根据 DDI（Data Documentation Initiative）元数据标准确定了可选元素。同时，Data-PASS 尽可能选用现有的标准、模型和协议，而不是创设新的元素；努力找出核心元素，并使之符合 OAIS 参考模型；保证模型和协议的开放性，以减少加入联盟的壁垒性障碍。

4 Data-PASS 的经验及其借鉴

4.1 广泛的合作关系

Data-PASS 的成功在很大程度上得益于 NDSA 和 NDIIPP 的支持，使社科数据管理纳入到国家层面的发展战略中，进而获得稳定的资金支持和项目的可持续发展。Data-PASS 采用开放、低壁垒的合作模式，对各级别组织和技术参与保持开放，成员可以最低成本加入联盟。其成员以 ICPSR 为核心，包含大学研究机构和政府部门的 NARA，其中，ICPSR 拥有 700 余家会员[12]；此外，还同诸多私立研究机构进行合作。这种广泛的合作关系，增加了其经费数额，拓宽了数据来源，分享了彼此的技术与经验，并将广大的数据生产者和数据消费者联系在一起；通过重复保存制度，成员间相互保障数据安全，在制度和技术层面降低了成员信息设施的成本和数据毁损风险。此外，联合目录还扩大了成员数据的知名度。

反观我国，虽然已建立了包括 CALIS、CASHL、NSTL 等在内的多个全国性图书馆联盟，但大都局限于图书馆领域，同档案馆、博物馆等机构缺乏合作，且存在条块分割、各自为阵的情况，在数字化保存领域缺乏国家层面的顶层设计和统一领导。因此，我国有必要建立国家数字保存战略。一方面，对我国数字保存进行整体规划，将社科数据管理纳入其中并予以资助；另一方面，积极推动国家相关部委、科研资助机构、大学、期刊出版社等制定各级层面的数字保存政策，从而推动我国社科数据管理的发展。

4.2 有效的分工协作机制

Data-PASS 成员之间在社科数据管理目标上存在相关且互补的关系，各自有着不同的关注领域[5]，这种差异性成为成员间分工协作的基础。成员在数据管理过程中，分工推荐各自关注领域的社科数据，运营委员会集中审核后，各成员再根据审核结果各自进行数据采集与加工工作。这种分工协作的模式保障了数据鉴定、采集、加工的高效性，同时又避免了数据重复采集和保存的资金浪费。

我国社科数据管理联盟在成员间的分工上，宜以各自所在单位的数据管理为主，对成员外的社科数据，应通过协商机制，明确各自关注的领域，分工协作，避免重复。

4.3 经费保障与分配机制

稳定的经费保障与合理的利益分配机制是社科数据管理联盟成功运行的重要因素。NDIIPP 的资助和所有成员的出资使得 Data-PASS 有了稳定的经费来源；同时，各成员根据所承担的建设内容从 Data-PASS 获取经费，又有利于调动成员的积极性。

鉴于此，我国社科数据管理联盟应积极争取国家社科基金委员会、教育部、科技部等政府部门的资助，以期获得稳定的经费来源；另一方面，科研资助机构可在项目经费管理办法中规定，项目承担人提交数据时，可从项目经费中向数据管理部门缴纳数据管理费用。此外，会员单位应缴纳会费，同时，向联盟提交数据时可从联盟获得相应的经费。

4.4 标准规范与平台建设

Data-PASS 的成功，在很大程度上源于一套完备的制度与规范，包括精简的加入协议，灵活的组织架构与工作制度，完备的管理流程规范与指导方针，涵盖了从馆藏发展战略到数据鉴别、评估、采集、加工、数据保密与数据安全等各个阶段，这些制度与规范保障了整个项目的运作。此外，Data-PASS 建设的 3 个平台，彼此联系，分工协作，既保证了采集数据的质量，又为那些未被采集的数据提供了保存平台。

我国社科数据管理联盟在标准规范建设方面，应尽量与现有的数字图书馆标准规范，如已有的"我国数字图书馆标准规范建设"[13]相统一，同时在该标准体系中增加社科数据管理特有的标准规范。在平台建设方面，我国社科数据管理联盟应提供统一的管理平台与技术支撑，包括联合目录系统、网络安全技术和信息处理技术。除联合目录系统外，全国中心还可以提供数据托管平台，供没有实施数据管理的单位或个人按照相关政策将数据托管在该平台中。同时，全国中心还应根据数据类型，建立专题数据管理平台，如建立 GIS（Geographic Information System）平台，对具有时空属性的人文社科数据按单条记录进行管理，并提供数据在线分析功能。此外，还可以同谷歌等搜索引擎合作，让用户通过搜索引擎即可以发现数据，从而提高数据的知名度和影响力。

5 我国社科数据管理联盟规划的设想

在我国，作为在全国人文社科机构与人员中占比达 85% 以上的高校[14]，是社科数据生产与消费的主要群体，因此，我国社科数据管理联盟应以高校为主轴、以 CASHL 为依托进行建设，同时，加强与档案馆等其他信息服务机构的合作，共同构建"全国中心–省级中心–数据管理单位"的三级联盟体系，如图 1 所示：

全国中心的职责主要是对我国社科数据管理进行整体规划，制定相应的标准、规范和数据加工流程等制度，提供统一的数据管理平台和技术支撑。根据 Data-PASS 的经验，对社科数据的鉴定、审核需要进行集中讨论、决定，

236

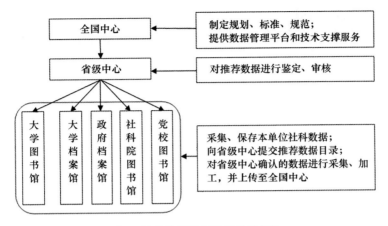

図1 社科数据管理联盟体系架构

因此，我国社科数据管理联盟宜以省级中心为核心，以方便对各数据管理单位的数据集中进行鉴定、审核。社科数据管理联盟体系的第三级单位，主要包括大学图书馆、大学档案馆、政府档案馆、社科院图书馆、党校图书馆等，这些单位可以机构知识库的方式对本单位的社科数据进行管理，同时向省级中心提交数据目录，供省级中心鉴定、审核，并对确认的数据予以采集、加工，上传至全国中心的数据管理平台中，形成全国社科数据联合目录。

为调动各数据管理单位加入联盟的积极性，可采用会员制方式，共建共享，会员单位可检索、浏览、下载联合目录中的数据（保密数据除外）；非会员单位则仅能检索、浏览数据，不能下载。

除以上几方面外，我国社科数据管理联盟还应借鉴 ICPSR 的用户教育模式，通过暑期班、研讨会等形式，加强对科研用户和图书馆员的培训，一方面，提高研究人员数据共享与数据利用的意识；另一方面，提高图书馆员数据管理与数据服务的技能。此外，图书馆还应通过嵌入式学科服务，将数据管理嵌入研究人员的科研活动中，在科研项目申报阶段即着手开展数据服务与数据管理工作。

6 结 语

Data-PASS 的成功为我国建立社科数据管理联盟提供了有益的借鉴。高校图书馆作为可持续的信息服务机构，在资源、技术、设备和人员等方面具有数据管理的天然优势，各高校图书馆应尽快加强联系，同档案管理部门、科研单位等进行跨界合作，共同推动社科数据管理联盟的建立。同时，应将遗留社科数据的管理同科研过程中的数据监护一并予以规划、实施。此外，还应在制度和技术层面深度合作，以免各自为政，造成技术标准和平台的混乱，给后续的合作造成障碍。

参考文献：

［1］ 陈云松，吴晓刚."复制性研究"：社会科学定量分析新趋势［J］.评价与管理，2012，（4）：47.

［2］ The University of Michigan. Data-PASS［EB/OL］.［2013-08-02］. http://www.data-pass.org/.

［3］ Gutmann M P, Abrahamson M, Altman M, et al. From preserving the past to preserving the future：The Data-PASS project and the challenges of preserving digital social science data［J］. Library Trends, 2009, 57(3)：315-337.

［4］ Heim K M, McCook K de la Peñña. Data libraries for the social sciences［J］. Library Trends, 1982, 30(3)：321-509.

［5］ Maynard M. Data-PASS partners：Plans for moving forward［EB/OL］.［2013-06-11］. http://www.data-pass.org/presentations.jsp.

［6］ Data-PASS. Articles of collaboration［EB/OL］.［2013-11-10］. http://www.data-pass.org/sites/default/files/collaboration.pdf.

［7］ 彭建波.北美人文社会科学数据管理实践及其启示［J］.大学图书馆学报，2013，（6）：33-37,87.

［8］ Data-PASS. Content selection［EB/OL］.［2013-11-10］. http://www.data-pass.org/sites/default/files/content.pdf.

［9］ Data-PASS. Response to National Institutes of Health request for information：Input on development of a NIH data catalog［EB/OL］.［2013-11-06］. http://data-pass.org/sites/default/files/NIHRFIResponse-DataCatalog.pdf.

［10］ Data-PASS. SafeArchive［EB/OL］.［2014-01-27］. http://www.safearchive.org/.

［11］ National Human Genome Research Institute. Request for information(RFI)：Input on development of a NIH data catalog［EB/OL］.［2013-11-06］. http://grants.nih.gov/grants/guide/notice-files/NOT-HG-13-011.html.

［12］ 孟祥保，钱鹏.高校社会科学数据管理的国际经验及其借鉴——以 UKDA 和 ICPSR 为例［J］.情报资料工作，2013，（2）：77-80.

［13］ "中国数字图书馆标准规范建设"项目组.中国数字图书馆标准规范建设［EB/OL］.［2014-04-03］. http://cdls.nstl.gov.cn/.

［14］ 肖珑.人文社会科学繁荣发展的软性基础设施建设［J］.图书情报工作，2011，55(1)：5-9.

作者简介

　　彭建波，中国美术学院图书馆副研究馆员。

国外大学数据监护教育
的调查与分析

随着大数据时代的到来，科研数据的数量急剧增长，传统的图书情报专业人才的技能已经不能满足海量数据有效管理的要求，数据监护（data curation 或 digital curation）由此出现。英国为促进数据监护的发展，于 2004 年成立数据监护中心（Digital Curation Center，DCC），致力于在英国高等教育研究中构建数据监护培养体系。DCC 将数据监护定义为：对数字型研究数据生命周期的维护、保存和增值的活动[1]。都柏林大学公布的数据显示，随着数字化资料数量的持续上涨，美国对于数据监护人才的需求，2014 年比 2010 年增长了 60%[2]，特别表现在对各种格式的数据进行监管、保存、共享和再利用等方面。社会各界意识到开展数据监护教育是解决数据监护人才需求的关键所在，各大学和研究机构也开始对数据监护教育进行了相关研究和实践。

1 国外数据监护教育研究与实践

1.1 文献研究

为了解国外数据监护教育的研究情况，笔者围绕主题对相关文献进行了梳理，主要分为行业及岗位需求、能力需求和课程构建 3 方面。

1.1.1 行业及岗位需求方面 研究认为对数据监护需求较大的为图书馆和数据中心，岗位职责主要涉及数据管理及其应用。如叶兰调研了 2010—2013 年 ALA JobLIST、ARL Job Announcements、LISjobs. com 等招聘网站的 60 个数据监护岗位，得出 90% 的招聘信息来自大学图书馆，主要职责是对整个数据生命周期进行处理，如数据采集、管理、存档、保存、数据管理工具的应用等[3]；孟祥保等调研了 2010—2013 年之间 ALA JobLIST、IASSIST（International Association for Social Science Information Services & Technology）等网站关于"数据馆员""研究数据馆员""研究数据管理专家"等岗位的 25 条招聘信息，得出数据监护的岗位主要分布在研究性图书馆中，岗位职责主要包括：数据管理政策制定、数据资源管理、数据服务以及其他相关问题[4]；M. H. Cragin 等分析了科学和社会学领域内 12 个网站的 75 个与数据监护相关的岗位要求，得出对数据监护人才需求最大的是科学领域，占 56.6%；需求最广泛的是图书馆和信息研究中心，分别达到 55.83% 和 28.3%[5]。

1.1.2　能力需求方面　有学者从教育能力的角度明确数据监护技能，也有研究者从实践需求的角度进行总结。如 C. Lee 调研了档案和档案员（archives and archivists）等 9 个专业网站的 304 条招聘信息，得出有数据监护技能需求的岗位包括档案员、图书馆员、管理员、助手以及专家和指导者等[6]，并且从 6 个维度构建了数据监护教育的知识和技能，即元数据、价值和原则，功能和技能，专业化、学科、机构、组织内容，资源类型，基础知识以及数字对象的转换[7]。高珊等调研了国际社会科学信息服务技术协会（International Association for Social Science Information Services & Technology）发布的美国 5 所著名大学图书馆的招聘要求，得出数据监护能力主要包括 3 个方面：①对数据生命周期管理具有一定的理论知识和实践技能；②具有数据服务和数据分析能力；③具有项目管理与规划能力。此外，还对团队合作能力、学习能力、交流能力等综合能力具有较高要求[8]。

1.1.3　课程开展方面　前人主要针对数据监护专业课程进行调查，对课程性质和内容进行划分，并对教育和课程特点进行研究。R. L. Harris-Pierce 等调查和分析了北美 52 所设有图情专业院校的课程描述、授课对象、课程大纲和主题、课程要求和评估等，认为当时已有 16 所院校开设了数据监护相关课程，而且有逐渐增多的趋势，表明教育机构在积极应对数据监护专业人才的需求[9]；V. E. Varvel Jr 等对 iSchool 和开设图书馆学专业之院校的在线课程进行调查，统计含有"数据监护""数据科学"和"数据管理"的课程，并将所获得的 476 门课程分为传统课程、数字课程、以数据为中心的课程和涵盖数据的课程四大类，调研结果发现 54.6% 的课程属于传统图情类的课程，18.4% 的课程围绕数据展开，多数以数据为中心的课程都是新开设的[10]；叶兰通过调研国外研究数据监护教育与职业发展的相关文献，结合 DCC 网站列举的开设有数据管理课程的院校，认为国外的数据监护课程教育体现出专门课程数量少、课程类型多样化、课程内容设置结合实际岗位技能需求以及合作培养多渠道等特点[11]。孟祥保等通过搜集英美等国信息机构的研究报告，并对国外图书情报学院的数据管理的专业教育实践进行调研，认为国外的数据监护教育呈现教育层次多元化、课程设置能够凸显数据管理专业特色、数据管理教育的发展具有实践性和应用性等特点[12]。

通过以上研究可以看出：国外对于数据监护教育方面的人才需求明显，且呈增长的趋势，主要表现在对数据监护专业技能的专深度、工作领域的全覆盖、实际问题的解决能力等方面的需要。同时，在现实需求的基础上，国外已经开展了关于数据监护课程教育的探索和实践。

1.2 实践研究

国外的数据监护研究大约始于 2001 年，随着社会需求的不断增长，开展了各种形式的教育实践，主要包括举办专题会议和论坛、成立专门机构以及研究小组等形式。以英国为例，DCC 不仅提供数据监护的政策指导，每年还定期举办国际数据监护会议（International Digital Curation Conference），聚集不同学科领域的个人、组织和机构，探讨数据监护的相关政策和实践[13]；每年定期两次召开科研数据管理论坛（Research Data Management Forum），汇集来自图书馆、科研机构的研究者和数字存储管理者以及数据监护人员、数据科学家、研究资助机构等，通过演讲和分组讨论的形式探讨数据监护的相关内容[14]。培训方面，DCC 不仅提供培训机会和相关资料，还列举了开展数据监护教育项目的高校和研究机构[15]，为深入了解数据监护的课程教育提供了有价值的线索。

同时，国外还注重课程教育，如开设专门学位教育或专题课程等。以亚伯大学的数据监护硕士（masters in digital curation）项目[16]为例，该项目于 2013 年 2 月开设于信息学院，以培养机构或组织所需要的具有搜集和监护数据技能的人才为目标，要求学生掌握确保数据资料完整性的相关政策、管理流程以及处理任何类型组织信息的知识和技能。培养对象定位于全职硕士研究生，培养年限为一年，包括两个学期：第一学期为教学部分，第二学期目标为毕业论文。教学部分通过讲座、学生讨论、实践练习、案例研究、课程作业和考核构成，学生完成该部分要求后，可获得数据监护认证证书；在此基础上继续完成第二部分的学位论文，可以获得数据监护的硕士学位证书。该项目的课程设置采用阶段划分的方式，课程名称中虽未出现以数据监护命名的课程，但是涵盖了数据监护生命周期的整个流程，主要包括：①数字信息的获取、保存和管理（digital information：management for access and preservation）；②知识信息架构（knowledge and information architecture）；③信息组织系统（information systems in organisations）；④馆藏发展和描述（archives collection development and description）等。课程主要针对信息、系统和相关技能进行教学，具有很强的操作性和应用性。

242

2 国外数据监护教育项目分析

针对国外高校开展的数据监护课程教育，本研究以 DCC 网站列举的开展数据监护教育项目较为成熟的 16 所院校为线索，逐一访问学校官网，搜集数据监护教育信息，分析项目的培养目标、培养方式和课程体系，归纳总结数据监护教育的共性，如表 1 所示：

2.1 培养目标

培养目标是学生知识和技能的具体体现，直接影响培养方式和课程体系的设定。如爱丁堡大学，要求学生理解不同学科的数据本质，元数据标准和数据引用原则，人文学科的数据管理的法律、道德要求和知识产权，数据共享、数据保存以及再利用的原则，创建并应用数据管理计划，命名、组织、转换不同格式信息，安全存储和传递数据，备份和加密，提高处理数据技能，学会掌握一种数据处理软件等[37]。通过对各个项目进行分析归纳，发现国外数据监护教育的培养目标主要体现在理论知识、技术能力和综合能力 3 个方面：

2.1.1　理论知识　理论知识是数据监护教育的学科基础，指导数据监护实践的开展。在所调研的项目中，学生应当具备以下理论知识：①了解数据监护的起源、内涵和现状，研究对象的本质、服务对象以及工作价值；②掌握数据描述和处理的基本知识，如元数据标准、知识表征、描述原则和方法等；③熟悉在应用和管理过程中所涉及的法律道德和知识产权等政策性问题；④知道数据监护生命周期的计划流程以及各个部分所涉及的概念和原则，如数据创建、共享、格式转换、长期保存和再利用等。

2.1.2　技术能力　技术能力是数据监护工作或解决相关问题所应具备的能力，主要包括：①掌握数据监护生命周期中所涉及的各种技能，如数据创建和组织、数据格式转换、数据传递和共享、数据安全和保存，以确保数据的完整性、交互性以及再利用性；②重视信息技能的交流和应用，掌握新的数据技术（如云计算和众包技术等）的能力。

2.1.3　综合能力　数据监护工作在应用过程中，除理论知识和技术能力之外，还应注重综合能力的培养，主要包括以下几个方面：①批判和反思能力、战略性思维和领导能力，能够从多角度分析问题；②组织管理能力，能够灵活沟通并注重团队合作；③方法能力，能够理解数据监护的研究过程、研究方法，并正确运用。

表1 DCC网站上16所代表院校的数据监护教育项目

所属国家	院校名称	项目名称
英国	亚伯大学 (Aberystwyth University)	MSc Digital Curation[16]
	爱丁堡大学 (University of Edinburgh)	Research Data MANTRA[17]
	格拉斯哥大学 (University of Glasgow)	Information Management & Preservation (Digital) / (Archives & Records Management) MSc[18]
		Curatorial Practice (Contemporary Art) MLitt[19]
	伦敦国王学院 (Kings College, London)	MA Digital Curation[20]
	拉夫堡大学 (Loughborough University)	Digital Curation Module[21]
	罗伯特戈登大学 (The Robert Gordon University)	Masters in Digital Curation[22]
	伦敦大学 (University College London)	Digital Curation MOOC[23]
爱尔兰	都柏林大学 (University College Dublin)	MSc Digital Curation[24]
美国	亚利桑那大学 (University of Arizona)	Digital Curation Graduate Certificate[25]
	伊利诺伊大学香槟分校 (University of Illinois at Urbana-Champaign)	Digital Information Graduate Certificate[26]
		Data Curation Education Program[27]
	缅因大学 (University of Maine)	Digital Curation Program[28]
	北卡罗来纳大学教堂山分校 (University of North Carolina at Chapel Hill)	DigCCurr I[29]

所属国家	院校名称	项目名称
	圣何塞州立大学 (San Jose State University)	DigCCUrr II[30]
		Post-Masters Certificate: Data Curation Program[31]
	西蒙斯学院 (Simmons College)	Certificate in Digital Curation[32]
	约翰霍普金斯大学 (Johns Hopkins University)	Post-Master's Certificate[33]
		Digital Stewardship Certificate[34]
	普拉特学院 (Pratt Institute)	Certificate in Digital Curation[35]
		Digital Management for Cultural Heritage[36]

总之，国外注重全方位培养学生，不仅注重理论基础和专业技能，同时也注重培养学生开展独立性和创新性研究的专业与综合能力，以推动该学科更快更好地发展。

2.2 培养方式

统计分析发现，目前国外的数据监护教育，根据不同的培养目标设定了不同的培养方式，包括学位教育（博士和硕士）、认证教育和培训教育，学生可根据自身背景和实际需求灵活选择。

2.2.1 学位教育

（1）硕士学位。本次调研的 16 所数据监护教育院校中，共有 9 所提供数据监护硕士学位教育。根据学位授予名称可将数据监护教育分为两种：一种是授予专门的数据监护硕士学位，学位名称均以数据监护命名，如伦敦国王学院的艺术和人文学院、罗伯特戈登大学的信息管理学院等；另一种是将数据监护教育内嵌在其他专业中，作为学位教育的一部分或一个发展方向，如都柏林大学、圣何塞州立大学等均提供图书馆学硕士学位，北卡罗来纳大学教堂山分校的 DigCCUrr I 项目提供图书馆学或情报学硕士学位，伊利诺伊大学香槟分校和格拉斯哥大学提供理学硕士学位等。

（2）博士学位。在调研的院校中，提供博士学位的只有北卡罗来纳大学教堂山分校的 DigCCUrr II 项目。该项目认为如果文化遗产、科学、商业、医疗、教育和政府领域需要对数字资源进行长期的获取和再利用，则必须开展博士层次的数据监护教育[38]。因此，在 DigCCUrr I 项目课程的基础上，形成了博士学位的课程体系，其中包括两年（每周 20 个小时）的实习期。该项目的开设是数据监护教育博士学位的初次尝试，成功培养了多名数据监护方向的高级专业人员，同时表明社会对于数据监护人才有更高的要求，也反映出数据监护教育具有很大发展空间。

2.2.2 认证教育

认证教育的开设是为了培养申请者特定的技能和知识，与学位教育相比要求较低，修读的学分较少，不需要完成学位教育的所有课程，获取更加容易。调研发现开设认证教育的院校数量较多，具体从以下两个角度分析：

（1）培养流程方面。一种是学生可以根据自身需要，选择性获得学位证书或者学历证书，即学生可以在完成规定学分的基础上获得学历认证，也可以继续完成毕业设计，获得硕士学位。如都柏林大学的 MSc Digital Curation[39] 项目，学生可以在完成 60 个基础学分之后，获得学历证书，也可以选择继续完成 30 个毕业论文学分后获得硕士学位；另一种情况是，只提供单独的学历认证，不与学位等挂钩，例如亚利桑那大学、约翰霍普金斯等大学的数据监护项目。

（2）培养要求方面。不同的认证教育面向不同层次或背景的培养对象。如北卡罗来纳大学教堂山分校的认证项目 Post-Masters Certificate[31] 是面向硕士层次开设的，以培养高级数据监护专业人才，Certificate in Digital Curation[32] 则面向学士层次开设，旨在培养就业所需的高技能型人才。约翰霍普金斯大学也有类似的设置。数据监护认证教育的开设体现了社会对于数据监护人才技能的不同需求，同时数据监护教育与特定专业领域或机构的紧密结合，体现了社会对于数据监护人才需求的广泛性。

2.2.3　培训教育　国外还开设了数据监护的培训教育，旨在提升培养对象的素质和技能。该类项目对培养对象没有任何限制和要求，也不提供任何教育认证，一般以免费的在线学习为主。培养周期方面，学习时间较短，几周至几个月不等。如英国爱丁堡大学的 MANTRA 项目[40]，起止时间为 2010 年 9 月至 2011 年 8 月，为所有对数据监护有兴趣的人提供免费的课程教育；伦敦大学的信息学院为该院师生开设了为期 8 周的 MOOC 课程[23]。培训方式方面，以在线教育为主，申请者只要连接互联网就能实现在线学习。培训内容上，有的以介绍数据监护为主，有的则围绕数据生命周期开展多个知识模块的培训。

2.3　课程体系

本次调研在 16 所院校及其所包含的 256 门课程的基础上展开，其中基础课和必修课共 135 门、选修课 121 门，不包括实习和毕业论文。

2.3.1　课程结构　国外的数据监护教育课程结构设置方式多样，主要包括以下几种：

（1）按项目模块划分，即根据数据监护教育的内容，将课程分为不同模块，每个模块有不同的培养内容和培养要求，学生可以顺序进修或者选修。如缅因大学将课程分为采集、表征、获取、保护、实习和选修课 6 个模块，每个模块都包含不同的主题课程[41]。

（2）按课程性质划分，即根据课程的专业性和重要性将其分为学位基础课、学位专业课、专业选修课和其他选修课。伊利诺伊大学香槟分校的课程就是按照该种方式划分的；或者简单分为必修课程和选修课程，如都柏林大学将课程分为核心课程和选修课程，该种划分方式的可选空间较大。

（3）按照培养阶段划分，即根据学习过程，将课程划分为多个阶段，每个阶段都有规定的课程。阶段性划分的课程多数都属于必修课，可选空间不大。以罗伯特戈登大学为例：第一阶段和第二阶段分别包括4门课程，第三阶段为毕业论文和项目设计[22]。

此外，不同的认证方式下，课程结构也有差异。学位项目的课程设置多数按照课程性质划分；学历认证和培训的课程一般只包含几个模块或罗列几门必修课程。从调研结果来看，国外对于数据监护教育的课程结构的设置不仅考虑到培养方式，还考虑到培养层次和教学内容等因素，可供国内参考。

2.3.2　课程设置和内容构成　通过对获得的数据监护教育课程名称和课程描述进行整理，发现国外数据监护教育的课程内容可以分为两大类：一类称为数据监护教育的核心课程，这里的核心课程，是指在本研究所调研的不同学校的数据监护教育课程体系中共有的。这些课程在名称上可能完全相同，也可能略有差异，但内容基本相同。另一种称为专门课程，是指那些在以前其他专业的课程体系中没有的、根据各校的自身特点和社会需求专门为满足数据监护教育而新设置的课程。专门课程可以是核心课程，也可以是非核心课程。从课程名称来看，专门课程多数是全新的，内容可分为两种情况：一是由全新的知识组成，二是原有某个领域的知识或技能的组合或集成。表2是从16所院校中所提炼的核心课程和专门课程：

表2　数据监护教育中的核心课程和专门课程

课程性质	课程名称
核心课程	信息组织和获取
	数据库和信息系统
	元数据理论和实践
	数字图书馆（包括数字图书馆：原则和应用）
	研究方法
既是核心课程，	数据监护概论
也是专门课程	数据监护技术研究
	数据监护管理
	数字保存

课程性质	课程名称
专门课程	数据监护系统开发
	研究数据概述*
	文件格式和转换*
	数据管理计划*
	数据共享、保护和许可*

注：加*的课程属于数据监护教育的培训项目课程

3 启示

通过以上研究，可以预测，虽然目前国外大学数据监护教育还处于起步阶段，但已初具规模，对其进行分析和研究，可为国内开展数据监护教育提供一定的借鉴和启示。

3.1 数据监护教育的培养重点在于应用能力

调研分析发现，国外数据监护教育的培养目标已经较为明确，主要包括理论知识、技术能力和综合能力 3 方面，并从专业和非专业两个角度展开，其培养目标的设定能够结合社会的实际需求，具有很强的针对性，重点在于应用能力的培养。同时，为了确保不同机构数据资料的长期交互性和可获取性，国外还注重培养具有处理不同层面信息技能的数据监护人才，包括一般人员、专业人员和该领域的领导者，以适应社会实践的需要。虽然目前我国还未开设相关的数据监护教育，但是对于数据监护的人才需求已经出现。如中国科学院文献情报中心近期开办的 2015 中国开放获取推介周[42]，明确提出应加强不同类型的科研数据的保存和再利用。北京大学图书馆也开始招聘专门的数据管理、学科数据服务等新型岗位人员[43]。因此，我国在数据监护教育方面，也应从实际应用能力入手，结合社会的不同需求，设定相应的教育目标。

3.2 数据监护教育的培养方式从培训教育向专业教育过渡

国外的数据监护教育具有多种培养方式，可供学习者自由选择。学位教育通过正规的专业学习培养高技能的数据监护专业型人才，为系统掌握学科知识做好准备，目前已经设立了硕士学位和博士学位，随着学科研究的深化和发展，还会设立相应的博士后学位；认证教育主要面向数据监护岗位的实用型人才，为解决数据监护工作的实际问题，教学要求较低，针对性地培养学生的专业技能；培训教育多数是通过免费在线学习的方式展开的，主要是为提升学生对数据监护的认识以及自身的数据管理素质，具有一定的普及性。由于我国的教育体制与国外不同，开设专门的数据监护专业的可行性比较低，建议先从培训教育入手，注重实际应用技能的培养，对数据监护教育进行推广，并进一步明确社会对数据监护人才的需求，从而进一步推动数据监护人才的培养。同时，随着数据监护教育在我国的不断发展，逐步过渡到专门的学位教育中，拓展我国的培养方式，完善培养体系。

3.3　数据监护教育课程设置依托图书馆学、情报学生长和发展

数据监护虽然是一个新出现的概念，但是其发展与数据和信息管理有着深刻的渊源。学院归属方面，有9所（56%）都隶属于图书馆学或信息学院，将数据监护作为一个新的发展学科或者研究方向；课程设定方面，数据监护的核心课程中约有50%的课程属于图书情报的专业课程，如信息组织和获取、数据库和信息系统、元数据理论和实践、数字图书馆；在其余的核心课程中，课程的部分内容仍与图书情报学科的课程内容相同，如数字保存、数据监护技术研究等。究其原因，笔者认为主要有3点：①数据监护教育与图书馆学或信息科学具有相同的管理对象，即数据；②数据监护教育是一个新的发展学科，图书馆学、情报学可以为其发展提供一个较为完整的学术环境，包括部分专业课程、学位授予以及学制设定等；③在新技术飞速发展的今天，数据监护教育同时为图书馆学、情报学的学科发展提供了新的增长点，两者相辅相成，共同发展。因此，我国的数据监护教育同样可以借鉴该种开设模式，依托图书馆学和情报学专业，设定新的培养或研究方向，在图书馆学、情报学相关专业课程的基础上，增加部分数据监护专门课程、数据库和信息系统方面的课程等，从而构建我国数据监护教育课程完整的教学体系。

国外数据监护教育的开展已经趋于稳定，虽然目前我国还未开设相关的数据监护教育课程，但是教育界应未雨绸缪，提前做好数据监护人才的培养准备工作，而了解国外开展的数据监护教育项目以及具体的开展方式，可以为我国提供可资借鉴的手段和方法，并为今后开展数据监护教育奠定经验性基础。

250

参考文献：

［1］ Digital Curation Center. What is digital curation？［EB/OL］.［2015－07－12］. http://www. dcc. ac. uk/digital－curation/what－digital－curation.

［2］ Digital curation facts［EB/OL］.［2015－07－16］. http://www. ucd. ie/sils/graduatepro-grammes/mscdigitalcuration/.

［3］ 叶兰. 国外图书馆数据监护岗位的设置与需求分析[J]. 大学图书馆学报,2013,(5)：5－12.

［4］ 孟祥保,钱鹏. 国外高校图书馆数据馆员岗位设置与管理机制［J］. 图书与情报,2013,(4):12－17.

［5］ CRAGIN M H, PALMER C L, VARVEL V E, et al. Analyzing data curation job descriptions ［EB/OL］.［2015－07－18］. https://www. ideals. illinois. edu/handle/2142/14544.

［6］ LEE C. What do job postings indicate about digital curation competencies?［EB/OL］.［2015－07－18］. http://ils. unc. edu/digccurr/digccurr－saa－research－forum－2008. pdf.

［7］ LEE C. Matrix of digital curation knowledge and competencies［EB/OL］.［2015－10－07］. http://www. ils. unc. edu/digccurr/digccurr－matrix. html.

［8］ 高珊,卢志国. 国外数据馆员的能力需求与职业教育研究[J]. 图书馆,2015,(2):65－69.

［9］ HARRIS－PIERCE R L, LIU Y Q. Is data curation education at library and information sci-ence schools in North America adequate? ［J］. New library world, 2012, 113(11/12):598－613.

［10］ VARVEL J R V E, BAMMERLIN E J, PALMER C L. Education for data professionals:a study of current courses and programs［C］//Proceedings of the 2012 iConference. New York：ACM, 2012:527－529.

［11］ 叶兰. 国外数据监护教育与职业发展研究[J]. 大学图书馆学报,2013,(3):22－28.

［12］ 孟祥保,钱鹏. 国外数据管理专业教育实践与研究现状[J]. 中国图书馆学报,2013,39(6):63－74.

［13］ International Digital Curation Conference［EB/OL］.［2015－10－07］. http://www. dcc. ac. uk/events/international－digital－curation－conference－idcc.

［14］ Research Data Management Forum［EB/OL］.［2015－10－07］. http://www. dcc. ac. uk/e-vents/research－data－management－forum－rdmf.

［15］ Data management and curation education and training［EB/OL］.［2015－10－07］. http://www. dcc. ac. uk/training/data－management－courses－and－training.

［16］ MSc digital curation［EB/OL］.［2015－07－24］. http://courses. aber. ac. uk/postgraduate/digital－curation－masters//.

［17］ Research data MANTRA［EB/OL］.［2015－07－22］. http://www. ed. ac. uk/information－

services/about/organisation/edl/data-library-projects/mantra.

[18]   Information Management & Preservation (Digital)/(Archives & Records Management)
        MSc[EB/OL]. [2015-07-22]. http://www. gla. ac. uk/postgraduate/taught/information-
        managementpreservationdigitalarchivesrecordsmanagement/.

[19]   Curatorial Practice MLitt [EB/OL] . [2015 - 07 - 25] . http://www. gla. ac. uk/
        postgraduate/taught/curatorialpractice/#/whythis programme, programmestructure, en-
        tryrequirements, englishlanguag-erequirements, faqs, feesandfunding, careerprospects.

[20]   Digital curation MA[EB/OL]. [2015-07-23]. http://www. kcl. ac. uk/prospectus/gradu-
        ate/index/name/digital-curation/alpha/D/header_search/.

[21]   CIS portal-module specification WP5015[EB/OL]. [2015-07-23]. http://cisinfo. lbo-
        ro. ac. uk/epublic/wp5015. module _ spec? select _ mod = 08ISP428 #
        sthash. M52AAwo1. dpuf.

[22]   Masters in digital curation[EB/OL]. [2015-07-24]. http://www. rgu. ac. uk/information
        -communication - and - media/study - options/distance - and - flexible - learning/digital -
        curation#sthash. M52AAwo1. dpuf.

[23]   Introduction to digital curation 2016 [EB/OL] . [2015 - 07 - 26] . https://extendstore.
        ucl. ac. uk/product? catalog = UCLXIDC25uDH16.

[24]   MSc digital curation [EB/OL] . [2015 - 07 - 24] . http://www. ucd. ie/sils/graduatepro-
        grammes/mscdigitalcuration/.

[25]   Digital curation graduate certificate[EB/OL]. [2015-07-25]. http://www. ucd. ie/sils/
        graduateprogrammes/digitalcurationgraduatecertificate/#d. en. 234913.

[26]   Digital information graduate certificate[EB/OL]. [2015-08-07]. http://si. arizona. edu/
        digital-information-graduate-certificate-digin.

[27]   Specialization in data curation[EB/OL]. [2015-07-27]. http://www. lis. illinois. edu/
        academics/degrees/specializations/data_curation.

[28]   Digital curation at the University of Maine [EB/OL] . [2015 - 07 - 29] . http://
        digitalcuration. umaine. edu/.

[29]   DigCCurr[EB/OL]. [2015-07-29]. http://www. ils. unc. edu/digccurr/aboutI. html.

[30]   DigCCurr[EB/OL]. [2015-08-02]. http://www. ils. unc. edu/digccurr/aboutII. html.

[31]   Post-masters certificate: data curation[EB/OL]. [2015-07-30]. http://sils. unc. edu/
        programs/graduate/post-masters-certificates/data-curation.

[32]   Certificate in digital curation[EB/OL]. [2015-07-30]. http://sils. unc. edu/programs/
        certificates/digital_curation.

[33]   Digital curation [EB/OL] . [2015 - 07 - 30] . http://ischool. sjsu. edu/programs/post -
        masters-certificate/career-pathways/digital-curation.

[34]   Digital stewardship certificate: online program[EB/OL]. [2015 - 07 - 31]. http://www.
        simmons. edu/academics/certificate-programs/digital-stewardship-certificate.

[35]　Digital curation [EB/OL]. [2015-08-01]. http://advanced. jhu. edu/academics/certificate-programs/digital-curation-certificate/#sthash. M52AAwo1. dpuf.

[36]　Digital management for cultural heritage[EB/OL]. [2015-08-05]. https://www. pratt. edu/academics/information-and-library-sciences/concentrations/digital-management-for-cultural-heritage/.

[37]　About MANTRA[EB/OL]. [2015-12-13]. http://datalib. edina. ac. uk/mantra/about. html.

[38]　Digital curation curriculum development for PhD students top[EB/OL]. [2015-08-03]. http://www. ils. unc. edu/digccurr/aboutII. html#curriculum.

[39]　Programme highlights[EB/OL]. [2016-02-20]. http://www. ucd. ie/ics/graduatepro-grammes/mscdigitalcuration/keyfeatures,227487,en. html.

[40]　MANTRA research data management training[EB/OL]. [2015-08-01]. http://datalib. edina. ac. uk/mantra/.

[41]　Program curriculum[EB/OL]. [2015-12-24]. http://digitalcuration. umaine. edu/.

[42]　顾立平. 科学数据开放共享的权益政策问题与基础设施需求[EB/OL]. [2015-10-29]. http://ir. las. ac. cn/handle/12502/7163? mode=full&submit_simple=Show+full+item+ record.

[43]　2015年度北京大学图书资料岗位(应届生)招聘公告[EB/OL]. [2015-10-03]. http://www. lib. pku. edu. cn/portal/news/0000001050.

作者简介

曹冉：进行文献和网络调研，撰写与修改论文；

王琼：指导论文内容及框架的写作与修改；

耿骞：确定论文选题并指导论文框架确立；

刘晓娟：指导论文写作与修改。

国 内 篇

高校研究数据管理需求
调查实践与探索[*]

——以上海大学为例

　　数据密集型科研范式正在兴起，数据成为新环境下支撑科研发现的重要资源[1-2]。高校是各国科学研究和科技创新的重要力量，在其科研活动中产生了海量的研究数据，如何对这些数据进行有效管理成为当前很多高校图书馆正在努力的目标。在进行研究数据管理时，首先要了解科研人员的数据管理需求和行为，掌握高校研究数据管理的现状，这样才能有针对性地制定研究数据管理策略，提供个性化的研究数据管理服务。国内外图书馆对研究数据管理需求调查越来越重视，且国外已有较多的理论与实践，而国内开展此项需求调查的实践还较少。本文通过对上海大学科研人员研究数据管理需求调查过程和结果的描述和分析，希望为我国高校图书馆开展研究数据管理需求调查提供参考和借鉴。

　　研究数据，即科学研究中通过测算、计量、观察、访谈、调查、实验、建模等方法获得或产生的数据，国外主要用"scientific data""research data"来表示[3-5]，国内学者一般以科学数据、研究数据来指代[6-8]。在国外图书馆的数据管理实践中，多用"research data management"来描述。例如牛津大学、诺丁汉大学、康奈尔大学、爱丁堡大学等，都建立了"research data management website"来服务学校的研究数据管理[9-12]。DCC也将研究数据管理简称为RDM[13]。国内图书馆的数据管理实践中，多用科学数据管理来描述。例如复旦大学社会科学数据平台、武汉大学科学数据管理平台等[14-15]。笔者认为，研究数据管理和科学数据管理都是指对科学研究获得或产生的数据进行管理和服务，二者具有相同的涵义，故以研究数据管理为表达方式。

　　* 本文系国家社会科学基金资助项目"基于知识链的图书馆学科服务平台研究"（项目编号：12CTQ010）和上海市哲学社会科学项目"面向知识服务的科学数据与科学文献关联及应用研究"（项目编号：2014ETQ002）研究成果之一。

1　开展研究数据管理需求调查的背景

研究数据管理需求调查是指通过对高校科研人员的研究数据产生、组织、管理和需求行为的调查，为开展研究数据管理服务提供现状和基础。目前，国外对研究数据管理需求调查的研究重点放在研究数据管理需求调查模型与相关的实践上。如 A. Cox 等对 JISC 提出的英国数据资产框架（Data asset framework，DAF）进行描述，并将其应用在谢菲尔德大学的研究数据管理需求调查中[16]。J. Sarah 等利用 Data curation profiles（DCP）模型来进行康奈尔大学的研究数据管理现状调查[17]。M. Laniece 分析和评估了阿拉莫斯国家实验室研究图书馆如何利用 Assessing institutional digital assets（AIDA）模型进行研究数据管理现状调查[18]。P. Thomas 对诺丁汉大学利用数据资产框架进行研究数据管理需求调查，并对研究数据管理如何持续发展问题进行了探讨[19]。研究数据管理需求调查成为图书馆开展研究数据管理服务的重要前提，越来越多的图书馆在开展研究数据管理服务时首先进行研究数据管理需求调查。

上海大学是国家"211 工程"重点建设的综合性大学，学科涵盖文科、理科、工科等多个学科。近年来，其科研水平不断提高，科学研究中产生了海量的科学数据。如何对这些科学数据进行管理已成为学校和图书馆日益关心的问题。笔者希望通过对上海大学科研人员的研究数据管理需求进行调查，为学校和图书馆了解科研人员的研究数据管理需求和行为、制定研究数据管理策略、开展研究数据管理服务提供参考。

2　选择参考模型

研究数据管理需求调查是开展研究数据管理服务的基础。如何进行研究数据管理需求调查，通过什么方式来进行调查，在进行调查时采用什么方法、手段、流程来规范调查，有没有可借鉴参考的模型来指导调查，如何更全面地收集科研人员的研究数据管理需求信息等则成为开展调查首先要考虑的问题。

2.1　国内研究数据管理需求调查主要实践

在国内研究数据管理实践中，以武汉大学图书馆和复旦大学图书馆为例，武汉大学图书馆在进行中国高校科学数据管理与服务机制和平台建设时，首先选取社会学系为试点，对师生科学数据管理的需求进行了问卷调查和访谈调查，以了解师生对科学数据的管理和需求行为[20]。复旦大学社会科学数据平台在进行选型时，也充分考虑了复旦大学的实际需求[21]。其他相关的调研还包括洪程、钱鹏对东南大学研究生科学数据需求与利用行为的调研[22]，胡永生、刘颖对武汉 11 所高校科研人员科学数据管理需求调研等[23]。

总体来看，国内关于研究数据管理需求调研的实践较少，且大多是根据自己的理解和项目的需求来设计问卷，实施需求调研，没有比较规范的调研标准和问卷设计依据。

2.2 国外研究数据管理需求调查实践与模型

国外很多高校在进行研究数据管理时，都对学校的科研人员进行过研究数据管理行为和需求调查。如牛津大学于 2012 年 11 月开展学校研究数据管理行为调研，从研究数据信息、研究数据管理现状、研究人员关注度、对牛津大学 Databank 数据管理服务的认识和态度 4 个方面了解研究人员的研究数据管理行为，为牛津大学开展研究数据管理活动提供保障[24]。谢菲尔德大学于 2014 年 1 月，对学校的研究数据资产信息、研究数据管理行为、研究人员需求等方面进行了调查，通过调查，谢菲尔德大学对本校的研究数据管理现状有一个整体把握，为更好地开展研究数据管理活动打下良好的基础[16]。普渡大学、诺丁汉大学、康奈尔大学、爱丁堡大学等高校也都进行了研究数据管理需求调查[25-26]。

国外研究数据管理需求调查的模型主要包括：DAF、DCP。迟玉琢、王延飞[27]认为研究数据管理需求调查模型还包括 AIDA[28]、Collaborative assessment of research data infra-structure and objectives（CARDIO）[29]。笔者认为，AIDA 和 CARDIO 更侧重于对需求信息进行评估，且 DAF 本身就是 AIDA 和 CARDIO 的一部分，用于对科研人员进行研究数据管理现状的调查。因此，笔者认为 DAF 和 DCP 是进行研究数据管理需求调查的主要模型。

2.2.1 基于 DAF 的机构数据资产审计 为了规范和指导高校在进行研究数据管理时，对本机构研究数据保存和管理现状调研，英国 JISC 提出一套系统且实用的审计机构数据资产现状的方法和程序。其目的是构建一种通用的高校数据资产审计框架（DAF），高校在进行研究数据管理时，可以参照 DAF 框架进行数据资产的调研[30-32]。

DAF 框架包含 4 个审计步骤，机构在进行审计时，可以参照 DAF 框架，制定适合自己的审计方案，其具体步骤见图 1[33]。由图 1 可知，DAF 框架设计了一系列的方法和手段来进行数据资产审计：①通过规定的步骤和动作保证审计的规范性。DAF 制定的 4 个步骤较全面地规范了调研的过程，避免调研中出现任务遗漏和错误。②通过文献调研、问卷调研、访谈调研3种方式来获得数据资产的全面信息。3种方式相结合，能够较全面地发现机构的数据资产和研究数据管理现状。③DAF制定了"机构数据资产核心元数据集"和"机构数据资产描述元数据集（扩展版）"来指导数据资产调查员进行调查，保证对元数据描述中的每个元数据进行信息采集，以避免遗漏某项信息[34]。

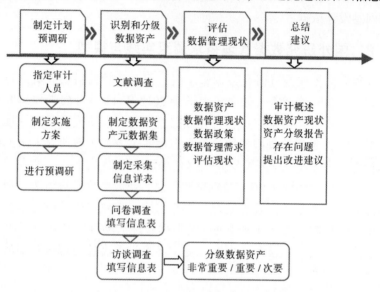

图1　基于DAF的机构数据资产审计步骤

DAF框架不仅为机构进行数据资产审计提供了参考，其提出的审计方法、手段、流程也适用于机构进行研究数据管理需求调查。

2.2.2　基于DCP的研究数据管理需求调查　DCP项目由美国博物馆和图书馆服务研究所资助，主要由普渡大学图书馆和伊利诺伊大学厄巴纳-香槟分校图书情报学院合作开展的，其目的是通过开发一系列的方法和工具包（data curation profiles toolkit）来识别和比较研究人员的数据管理和需求行为，收集相关数据信息，增强研究人员对数据访问、共享和监管的理解[35-36]。

DCP制定了一个三阶段模型来完成用户研究数据管理需求信息的采集，如图2所示：

DCP模型设计了一系列的方法和工具包来进行需求调查。由图2可知，①通过三个阶段保证调查的规范性，特别是准备阶段（确定调查对象、时间、地点、准备材料等），保证了用户调研的顺利展开。②通过多次用户访谈的方式来获得需求信息，面对面活动获取用户的第一手资料。③利用DCP工具包

260

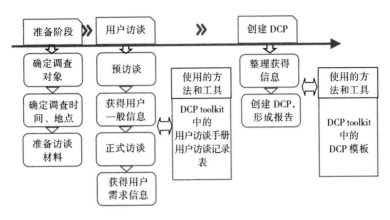

图 2　基于 DCP 的研究数据管理需求调查步骤

中的用户访谈手册、用户访谈记录表、DCP 模板来帮助进行需求调查，参照这些工具进行访谈和采集信息，保证获得数据的全面性。

2.3　本文的选择

从调查流程来看，DAF 规定了比较全面的调查步骤，从制定计划到最后的总结报告，帮助使用者规范自己的调查流程，避免出现遗漏。DCP 模型也对调查流程描述详细，帮助使用者更好地开展调查。

从调查方式来看，DAF 框架通过文献调查、问卷调查、访谈调查 3 种方式来获得用户需求信息，用户可以选择合适的调查方式。DCP 模型主要推荐访谈调查的方式来获得用户需求信息，通过多次用户访谈，与用户面对面交流获得第一手资料。

从使用的工具包来看，DAF 框架制定了"数据资产目录表""机构数据资产核心元数据集""机构数据资产描述元数据集（扩展版）"来帮助用户记录元数据信息。DCP 模型制定了用户访谈手册、用户访谈记录表、DCP 模板来记录用户的需求信息。

从用户范围来看，由 JISC 资助的 DAF 框架目前在英国高校使用广泛，据统计已有 14 所高校和机构参考 DAF 来进行数据资产审计或研究数据管理调研，包括爱丁堡大学、谢菲尔德大学、牛津大学、诺丁汉大学、巴斯大学等[3-4,13-14]。DCP 模型主要由美国高校图书馆在使用，二者都有较大的用户范围。

总体来看，二者都能较好地完成研究数据管理需求调查。笔者认为，DAF 框架有较全面的调查流程和步骤，有多种调查方式可供选择，且从制定

261

计划到最后形成调研报告，都有比较详细的指导。在进行研究数据管理需求调查时，可以参考其调查流程来规范我们的调查步骤和行为，采用文献调查、问卷调查和访谈调查的方式开展调查，参考数据资产核心元数据集来设计问卷等。

另外，DAF 框架不仅可以进行机构数据资产审计，也适用于研究数据管理需求调查。二者之间存在较多重合的部分：①二者都要对科研人员产生的研究数据进行调研，以掌握机构所拥有的研究数据现状；②二者都要对科研人员的研究数据管理行为进行调研，以掌握机构的研究数据管理现状；③二者都要对科研人员的研究数据管理需求进行调研，以掌握科研人员的数据管理需求行为。因此，本文拟参考 DAF 框架开展上海大学研究数据管理需求调查。

3　上海大学研究数据管理需求调查设计

3.1　基于 DAF 框架的调研设计

3.1.1　参考 DAF 模型制定、规范调查流程　DAF 框架制定的调查流程全面且规范，参照 DAF 来制定调查过程可以有效避免出现错误和遗漏。同时 DAF 也鼓励使用者根据自己的需求灵活调整，制定适合自己的调研步骤。本次调查在参考 DAF 调查流程的基础上，根据调查目标，考虑到人员和经费限制，最终制定本次调查流程为：确定调查实施人员和调查对象→制定实施方案→开展初步文献调查→参考国内外调查问卷→参考数据资产核心元数据集据→设计调查问卷→开展问卷调查→问卷统计和分析→总结和撰写调查报告。

3.1.2　进行初步文献调查，为调查问卷设计做准备　DAF 框架建议通过广泛的文献调查来初步了解高校的研究数据管理现状，如通过高校网站、规章制度、数据管理相关政策文件等初步了解高校研究人员的数据保存和管理行为、高校是否提供数据管理方案以及高校的数据管理现状等。在初步梳理的基础上，有针对性地设计调查问卷。本次调查通过对学校网站、图书馆网站、科技处网站、文科处网站、信息中心网站进行研究数据管理政策规范的调研，发现虽然已经存在诸如科研信息管理平台、机构知识库等系统，但是专门的研究数据管理平台或政策规范尚未见到，没有学校层面的研究数据管理规范实施。

3.1.3　参考 DAF 数据资产元数据集设计问卷　DAF 制定了"机构数据资产核心元数据集"和"机构数据资产描述元数据集（扩展版）"来记录

机构数据资产信息，从 5W1H，即 What（数据资产）、Why（数据来源）、Who（所有者）、Where（数据范围和地址）、When（数据保存时间）、How（数据管理）6 个方面来描述数据资产。笔者建议机构进行研究数据资产审计时，参照这两个元数据集来设计问卷。

本次调查问卷设计参考 DAF 元数据集，以及国内外的研究数据管理需求调查问卷，依据初步的文献调查结果和学校实际情况，主要从以下 4 个方面展开：①调查对象身份信息采集，通过身份信息的采集，比较不同学科、不同层次研究数据管理行为。②科研人员产生的研究数据信息，包括数据来源、数据类型、产生数据量等。③调研科研人员的研究数据管理行为，从研究数据管理行为、研究数据利用行为、研究数据开放共享行为三个方面来设计问题。④研究数据管理需求信息采集，主要从研究人员对服务和培训、研究数据管理平台的期望等方面设计问题。

3.2 问卷的发放与回收

本次调查开展于 2015 年 12 月–2016 年 1 月，调查方式是通过在问卷星上制作调查问卷，并将该问卷链接通过 Email 发送给调查对象。在学科分布上，考虑到理工科产生的研究数据多于人文社科领域，因此调查对象选择为 4 个理科院系和 2 个文科院系，分别为机电工程与自动化学院、通信与信息工程学院、计算机工程与科学学院、材料科学与工程学院、社会学院、图书情报档案系的教师和研究生，调查共发放 360 份问卷，回收 106 份，其中有效问卷 94 份。

从回收问卷来看，研究生人数最多，人数为 60，占 63.83%；讲师及以上职称为 34 人，占 36.17%。从年龄层次看，25 岁及以下年龄段人数最多，人数为 55，占 58.51%；26~35 岁年龄段为 20 人，占 21.28%；35 岁以上年龄段人数为 19 人，占 20.21%。从有效问卷的男女比例来看，男性占到 53.19%，女性占到 46.81%。

本次调查从学校各院系师资队伍网页获取被调查人员的 Email 信箱，通过 Email 将调查链接发给被调查人员，保证了被调查人员来源的准确性。从回收问卷来看，被调研对象涉及不同年龄、职称、性别、基本特征。最终本次调查回收率较低，可能是因为学校研究数据管理处于起步阶段，研究人员较少或尚未意识到研究数据管理问题，这是本文的调研结果之一，也是国内大多数高校的基本情况。笔者希望通过对已经意识到研究数据管理重要性研究人员的调研，为图书馆开展研究数据管理服务提供参考。

4　上海大学科研人员研究数据管理需求分析

4.1　科研人员产生的研究数据特征分析

科研人员在科研过程中会产生各种数据，在进行研究数据管理时，首先需要对研究数据的来源、类型、大小、格式等数据特征进行调查，从最基本的数据特征信息来整理并掌握研究人员的数据产生行为。

4.1.1　研究数据来源分析　研究数据主要从哪里产生，从调查的结果来看，实验室实验、模拟仿真以及对现有数据的分析计算是研究数据的主要来源，分别占到总数的48.94%、48.94%和40.43%，主要产生于理工科中。从网络上获取数据也是数据的主要来源之一，归结于目前网络上更多的开放数据出现。除了图3中所列举的几种来源以外，研究数据的来源还包括文献阅读和现场真实数据采集等。研究数据的来源复杂多样，图书馆需要对其来源进行甄别，提高科学数据的可信度。

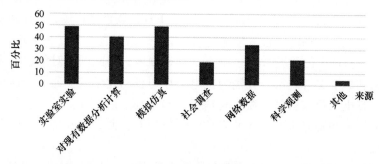

图3　科学数据来源分布

4.1.2　科研过程中产生的研究数据类型　梳理研究数据的类型是进行研究数据管理的基础工作，不同的数据类型需要不同的管理方式。调查结果显示（见图4）。研究人员在科研过程中产生的数据类型主要为文本数据，占27.66%，其次为结构化数据、统计数据、图片或图像数据，其余数据类型（包括网页数据，音视频数据、其他）占19.16%，理工科和人文科学领域产生的科学数据类型不同，理工科以结构化数据、文本数据为主，人文科学以统计数据为主。图书馆需要根据不同的数据类型，制定相应的数据规范格式来对其进行相应的管理。

4.1.3　每年科研活动产生的数据量　数据量的大小决定了数据保存的方式和数据管理的难度，随着数据量的增加，对数据的保存、备份、组织、

264

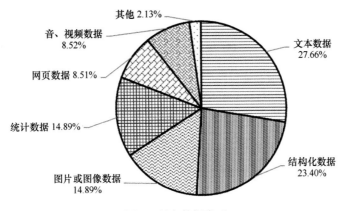

图 4　研究数据类型

管理逐渐成为研究人员面临的主要问题，因此，需要了解研究人员产生的数据量。从调查来看，科研人员每年产生科学数据总量不尽相同，数据量在500Mb 以内的研究数据比例最大，占到 74.5%，在被调查对象中，数据量最大（Tb 级）仅占 4.26%（见表 1）。针对不同的数据量级，可以制定不同的数据保存和管理策略。

表 1　每年科研活动产生的数据量

数据量	1Mb 以下	1Mb-500Mb	500Mb-1G	1G-500G	500G-1T	1T 以上
人数	20	50	6	8	6	4
比例（%）	21.27	53.19	6.38	8.51	6.38	4.26

4.2　研究数据管理行为分析

4.2.1　研究数据管理行为分析　对科研人员研究数据管理行为的分析，有助于了解科研人员对科学数据管理的现状，图书馆可以据此提出针对其弱势的科学数据管理的功能以及平台，为科研人员进行科学数据管理提供一定的借鉴。

（1）原始数据处理方法。研究人员如何处理其产生的研究数据的方法是进行研究数据管理行为调查的重点，是开展研究数据管理必须搞清楚的问题。从调研来看（见图 5），最主要的方法有 3 种：一是留在原始的文件夹里，不做处理；二是研究人员各自保存；三是项目组集中长期保存。而提交给科研管理部门、期刊或出版社一般都是学校或基金资助的行政要求，但是所占比例较小。其他的管理方法，例如第三方托管、图书馆保存等都处于起步阶段。由此可见，现在科研人员进行数据管理的观念不强，导致科学数据流失率大，数据比较繁杂，没有进行专门的整理和存储，导致以后的适用也会带来相应的困难，同时会影响研究数据的再开发和利用。

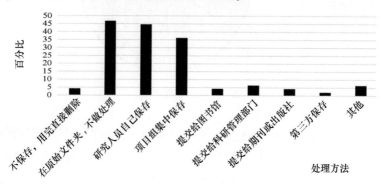

图 5　用户的原始数据处理方法

（2）研究数据的保存时间。调查的结果显示（见表2），将近60%的被调查者的原始数据保存时间在3年以下，说明研究人员虽然有保存数据的意识，但是随着时间的增长，会逐渐放弃这些数据，最终导致数据流失。值得高兴的是，还有接近30%的用户会永久保存自己产生的数据。因此，对于图书馆而言，需要加大研究数据永久保存和管理的宣传力度，科研人员需要意识到对科学数据进行永久保存的重要性，科学数据具有积累性，数据长期保存对揭示科学奥秘、发现科学规律有着重要的意义。

表 2　用户原始数据保存情况

时间	从不保存	半年以内	半年到一年	1-3年	4-6年	6年以上	永久保存
人数	4	10	22	20	4	6	28
比例（%）	4.26	10.63	23.4	21.28	4.25	6.38	29.79

（3）研究数据的元数据描述。科研人员是否对数据进行元数据描述以及如何描述，一方面可以分析现有数据的数据描述标准，另一方面可以分析科

研人员的科学数据素养。从表3中可见，绝大多数的科研人员都曾对科研数据进行元数据描述，表明研究人员的科学数据素养较高，具有进行研究数据组织和管理的意识。而使用专业领域元数据描述的研究人员仅占17.02%，表明还需要对其他研究人员进行培训，增强其研究数据描述和知识组织的实践能力。

表3　研究数据的元数据描述情况

使用元数据描述情况	人数	比例（%）
使用专业领域元数据描述	16	17.02
使用简单通用元数据描述	28	29.79
自己进行描述管理	34	36.17
根据需要决定是否描述	14	14.89
从不描述	2	2.13

4.2.2　研究数据利用行为分析

（1）科研过程中利用他人研究数据行为。在科研过程中，在他人的研究成果的基础上，继续实验和创新是一种常态。从调查结果来看，在利用他人的原始数据方面，有90.4%的用户经常利用他人的研究数据，7.44%的用户偶尔使用他人的数据，仅有2个调查对象从不利用（见表4）。因此，图书馆可以推广普及研究数据的利用途径和利用方法，鼓励大家互相利用研究数据。

表4　利用他人研究数据行为

选项	非常频繁	频繁	一般	偶尔	从不利用
人数	24	45	16	7	2
比例（%）	25.53	47.87	17.02	7.44	2.13

（2）获取研究数据的途径。调查结果显示（见图6）：通过网络搜寻所需要的数据是当前最主要的研究数据获取途径，从图书馆获取和同行提供次之，其他还包括从商业数据库以及利用其他机构的知识库等。调研表明，依然没有专门的机构来提供研究数据，研究人员依靠不同的手段查找研究数据，从不同的途径获取。图书馆可以提供研究数据获取的导航库，如科学文献的学科导航库，为研究人员获取数据提供服务。

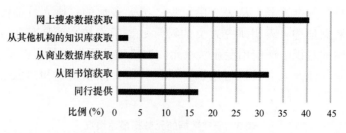

图 6　获取研究数据的途径

（3）获取研究数据遇到的困难分析。调查发现，基本上所有的研究人员在获取数据时都会遇到困难，有 61.7% 的用户频繁遇到困难，27.66% 的用户一般会遇到困难，10.64% 的用户偶尔会遇到困难。在获取需要的数据时遇到困难已经成为大概率事件。如表 5 所示：

表 5　获取研究数据遇到困难频次

选项	非常频繁	频繁	一般	偶尔	合计
人数	14	44	26	10	94
比例（%）	14.89	46.81	27.66	10.64	100

遇到这些困难的原因有很多，在被调查的科研人员中，一半以上的科研人员认为主要有以下 4 个方面的困难：①作者本人不愿意提供自己的原始数据；②科研人员不知道去哪里查找原始数据；③没有统一的数据管理平台来提供原始数据；④获得的原始数据质量不高（不完整、不真实和不准确等），见表 6。由表 6 可见，科研人员在获取他人原始数据过程中遇到的困难，严重阻碍了科学研究的进展，图书馆和科研人员应联合起来，积极克服这些困难，促进科学的发展。

表 6　获取研究数据遇到困难分析

情况分析	人数	比例（%）
作者不愿意提供原始数据	60	63.83
不知道在哪儿找	62	65.96
没有统一的数据管理平台	56	59.57
数据质量不高（不完整、不真实、不准确等）	54	57.45

268

情况分析	人数	比例（%）
检索工具功能不强	24	25.53
没有明确的版权说明，不敢用	22	23.4
其他	2	2.13

4.2.3　研究数据开放共享意愿分析　对用户关于研究数据开放共享意愿分析，可以了解用户对于研究数据的共享意识，促进科学数据的持续利用，推进科学研究的进程。

调查结果显示（见图 7）：93.62% 的研究人员赞同将自己的部分数据进行开放共享，在这些被调查对象中，大部分的科研人员还是希望能够让其他科研人员借鉴、了解自己的研究成果，开放共享意识较强，有利于科学研究的发展进程。85.1% 的研究人员明确表示同意将自己的原始数据交由专门数据管理机构（如图书馆）进行管理，表明研究人员希望研究数据能够以统一的数据结构形式集中存储，避免数据的分散存放造成的难以保存和利用问题，便于统一管理。同时，93.6% 的研究人员也愿意使用由图书馆提供的研究数据，认为图书馆也应像提供科学文献一样，提供科学数据。

科学数据开放共享是促进科学研究发展的途径之一。总体来看，绝大多数研究人员都愿意共享自己的全部或部分研究数据，且愿意通过图书馆来进行管理和获取开放数据，将图书馆作为开放数据的主要阵地。这就更需要图书馆开展研究数据管理，为研究人员提供管理和获取数据的入口。

表 7　研究数据开放共享意愿分析

选项	非常同意人数（百分比）	比较同意人数（百分比）	无所谓人数（百分比）	不太同意人数（百分比）	非常不同意
开放共享意愿	28（29.79）	60（63.83）	4（4.26）	2（2.13）	0
由管理机构（如图书馆）保存管理意愿	26（27.66）	54（57.45）	6（6.38）	8（8.51）	0
使用管理机构（如图书馆）提供数据意愿	34（36.17）	54（57.45）	6（6.38）	0	0

4.3　研究数据管理需求分析

4.3.1　希望得到哪些关于科学数据管理的帮助　科研人员最希望得到

的帮助包括：建立数据共享计划、数据管理计划、数据统计、数据检索、数据组织和保存、元数据描述、数据的知识产权保护、数据记录技巧等。从调查结果来看，科研人员几乎希望得到研究数据管理的各方面帮助，图书馆应该根据这些需求，拓展自己的职能，从多方面开展服务。如图7所示：

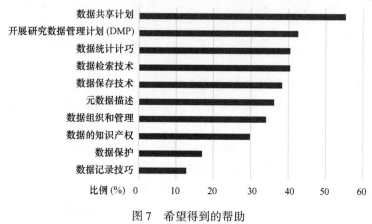

图7　希望得到的帮助

4.3.2　希望图书馆提供的研究数据管理服务　关于图书馆如何为科研人员提供服务，超过50%的研究人员认为图书馆应该积极参与到科研项目中，以此来了解人员需求，同时还应制定相应的科学数据规范化管理机制，以此来规范科学数据管理行为。超过40%的被调查者认为应提供元数据的收集整理，提供科学数据的开发服务、导航检索获取服务以及数据分析服务等（见图8）。研究人员希望得到的服务较多，图书馆应根据用户的需求，积极地开展研究数据管理服务。

4.3.3　期望的研究数据管理平台功能　数据管理和长期保存，以及与原来项目或系统的连接是研究人员最期望研究数据管理平台应该具有的功能，说明研究人员更关注原有的数据如何迁移到新的数据管理平台。其他期望的功能还包括数据的导入、检验，数据的浏览、检索、下载，以及数据的发布、再开发等。基本上覆盖了数据管理的整个生命周期。如图9所示：

5　上海大学科研人员研究数据管理需求特点

（1）研究数据管理处于起步状态。本次调查问卷回收率较低，从某种角度说明科研人员没有意识到研究数据管理的重要性，研究数据保存和管理行为较少，研究数据管理处于起步阶段。这也是国内大多数高校的基本情况。

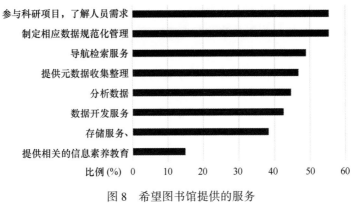

图 8　希望图书馆提供的服务

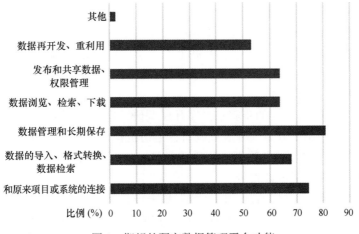

图 9　期望的研究数据管理平台功能

（2）科研人员产生研究数据的多样性。科研人员在科研过程中，由于学科、专业的特点，其产生的研究数据的来源、类型、格式、数据量等都具有较强的多样性。不同的研究数据必然造成研究数据管理的多样性。图书馆可以针对不同的研究数据，制定个性化的研究数据管理方案。

（3）科研人员已经意识到数据的重要性，有较强的管理欲望，但管理方法简单，专业性较差。主要表现为仅仅将研究数据保存在自己的工作电脑上，进行简单的元数据描述，在使用时依靠自己的记忆来查找数据，没有寻求专业机构的帮助等。

（4）科研人员普遍具有较高的数据共享意识，但是缺乏有效的共享方法和途径。多数科研人员只是通过自发的个人行为或通过网络来寻找需要的数

271

据。在科研过程中，利用别人的数据成为数据密集型科研范式的常态，研究人员已经意识到这点，希望共享自己数据以及利用别人的数据，但是却没有有效的共享和获取数据的途径。

（5）科研人员希望得到更多的关于研究数据管理的各方面帮助。研究人员虽然已经意识到数据的重要性，但是由于自身知识背景，大多缺乏研究数据管理的知识和技能。因此迫切希望能够得到数据管理方面的帮助和培训，以提高自身的数据管理素养。

6 总结与建议

数据密集型科研范式下，科研人员已经逐步认识到研究数据管理的重要性，且已经开始有自发的研究数据管理行为。图书馆有责任、有义务承担起帮助研究人员进行研究数据管理的重担，积极开展研究数据管理服务。国外基于 DAF 框架开展研究数据资产审计或研究数据管理需求调研的高校已经较多。本文也尝试参考 DAF 框架，开展上海大学研究数据管理需求调研。总体来看，基于 DAF 框架开展调研，对于成功实施研究数据管理需求调查具有以下重要作用。

（1）按照 DAF 框架的步骤来循序开展调研，避免出现重大遗漏。从指定审计人员、制定调研方案、开展预调研，走访机构管理人员，查询内部文献，到问卷调查，然后对重点数据进行重点访谈，进行数据资产分级，评估数据管理现状，最终形成审计报告。

（2）按照 DAF 框架所规定的元数据集来设计问卷调查，可以较全面地搜集研究数据管理需要的信息，保证研究数据管理需求的全面性。DAF 制定的扩展元数据集包含的元数据要素较多，本文根据需要，选择其中一部分元数据来设计问卷，从科研人员信息、数据资产信息、数据管理行为、数据需求行为 4 个方面进行元数据信息采集。

（3）DAF 框架建议的调查方法包括文献调查、问卷调查、访谈调查，通过这 3 个方法相互结合来完成调研，从多角度来发现数据资产信息。本文首先通过文献调查法初步了解上海大学研究数据管理现状，然后通过问卷调查的方式在全校范围展开，以获得更广泛的数据管理需求信息。本文没有进行重点访谈，因为本次调查通过问卷星在网络展开，一些科研人员没有留下联系方式，较难进行重点访谈。

本文还对上海大学科研人员研究数据管理需求现状和特点进行分析，希望能够管中窥豹我国高校科研人员的研究数据管理需求，构建高校研究数据管理与服务模型，为我国图书馆开展研究数据管理服务提供参考。如图 10

所示：

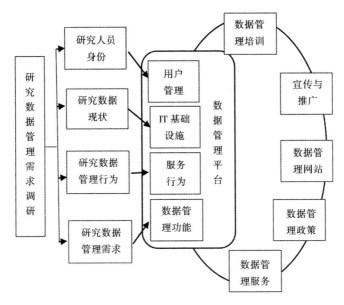

图 10　高校研究数据管理与服务模型

笔者针对高校研究数据管理与服务模型的构建提出如下建议：

（1）进行广泛的研究数据管理需求调研，掌握研究人员的数据管理行为和需求。在进行研究数据管理前，进行广泛的调研和分析，已经成为国外很多高校进行研究数据管理的共识，如牛津大学、爱丁堡大学、巴斯大学等都进行过相关的调研和分析，并掌握研究人员产生研究数据的特点，研究数据的管理行为特征以及研究数据管理需求等。

（2）搭建研究数据管理平台，实现自动化研究数据管理服务。从科研人员的研究数据管理需求调查出发，通过对研究人员身份的分析，研究数据数量大小、保存方式、数据类型的分析，研究数据管理行为的分析，科研人员的需求分析，制定研究数据用户分层策略、IT 基础设施的架构、制定研究数据服务规范、针对性的研究数据管理功能等。将这些功能集成到一起，构建高校研究数据管理平台。其功能包括数据的元数据描述、数据的提交、收集、组织、存储、共享、发布等。研究数据管理平台是开展研究数据管理服务的主要基础设施，是实现研究数据管理的主要技术支撑手段，我国图书馆在创建研究数据管理服务的过程中，要积极开发建设自己的研究数据管理系统，实现研究数据的自动保存、组织、管理、共享、备份等。

（3）开展研究数据管理培训，普及研究数据管理知识，提升研究数据管理素养。从调研来看，科研人员研究数据管理知识和技能的缺失是研究数据管理失败的主要原因，通过对其进行培训可以提高研究数据管理素养。美国开展了多样化的数据管理教育培训，包括全国性的数据管理者教育项目，如数据管理教育项目（Data Curation Education Program，DCEM）、高校图书情报专业的学校教育以及各类型项目、机构开展的有针对性的培训，培养专业的数据管理人员。图书馆可以针对科研人员的要求，开展定制化培训，普及研究数据管理知识，提高科研人员在研究数据组织、存储、管理和再利用方面的技能和素养。

（4）加大宣传与推广力度，提升研究数据管理意识。数据密集型科研环境下，研究数据逐渐成为科学发现的又一驱动力，研究数据成为支撑科技创新的重要资源。国内高校研究数据管理服务处于起步阶段，很多研究人员尚未意识到进行研究数据管理的重要性。图书馆应该积极开展研究数据管理的宣传与推广活动，提升研究人员的研究数据管理意识。

（5）建设数据管理网站，提供一站式服务。从调研结果以及国内外研究数据管理实践来看，研究数据管理网站是开展研究数据管理服务的主要阵地。网站应该集成图书馆提供的各种研究数据管理服务、信息、功能，成为图书馆提供服务的入口。用户通过网站能够获得自己需要的研究数据管理服务，例如各种研究数据管理培训、如何进行数据的提交、组织、共享，如何编写数据管理计划等。

（6）制定研究数据管理政策，规范数据管理行为。研究数据管理政策是指导高校开展研究数据管理活动的指导方针，主要从研究数据、科研人员、管理机构、服务机构4方面来规范和指导研究数据管理行为。它规定了哪些数据应该保存，应该如何进行组织和管理，科研人员在数据管理中的责任和权利，服务机构应该提供的数据管理基础设施和服务方式、手段；规定了管理机构在数据管理与服务中担当的责任和角色。高校在开展研究数据管理活动时，应该参考当前的信息资源管理政策，制定研究数据管理政策。

（7）嵌入科研过程，提供研究数据管理服务。图书馆应该提供嵌入科研过程的研究数据管理服务。研究人员对研究数据管理的需求贯穿于科研的整个生命周期，在项目申请阶段，需要进行研究数据的查找和检索，以进行项目可行性论证；在项目执行阶段，需要查找获得新的数据，同时自己也会产生新的数据；在项目结束后，需要对项目产生的数据进行长期保存和组织描述。图书馆应该服务于科研过程全谱段，从项目开始即进行研究数据管理，积极开发各种服务产品和工具，拓展图书馆的服务阵地。

参考文献:

［1］ CODATA 中国全国委员会. 大数据时代的科研活动［M］. 北京: 科学出版社, 2014: 2 –18.

［2］ TONY H, STEWART T. The fourth paradigm: data-intensive scientific discovery［M］. Redmond, WA: Microsoft Research, 2009: 19–33.

［3］ LIN H, VINITA N. Reuse of scientific data in academic publications: an investigation of Dryad Digital Repository［J］. Aslib journal of information management. 2016, (4): 478 –494.

［4］ JAMES A J, WILSON I M, MICHAEL A, et al. An institutional approach to developing research data management infrastructure［J］. International journal of digital curation, 2013, (2): 5–26.

［5］ AKERS K G, DOTY J. Disciplinary differences in faculty research data management practices and perspectives［J］. International journal of digital curation, 2013, (2): 5–26.

［6］ 吴金红, 陈勇跃. 面向科研第四范式的科学数据监管体系研究［J］. 图书情报工作, 2015, 59(16): 11–17.

［7］ 白如江, 冷伏海. "大数据" 时代科学数据整合研究［J］. 情报理论与实践. 2014, 37(1): 94–99.

［8］ 叶兰. 研究数据管理能力成熟度模型评析［J］. 图书情报知识, 2015, (2): 115–123.

［9］ Research Data Oxford［EB/OL］. ［2016–05–05］. http://researchdata. ox. ac. uk/.

［10］ Research data management website［EB/OL］. ［2016–05–05］. http://www. nottingham. ac. uk/fabs/rgs/research-data-management/index. aspx.

［11］ Research data management service group［EB/OL］. ［2016–05–05］. http://data. research. cornell. edu/.

［12］ Research data management website［EB/OL］. ［2016–05–05］. http://www. ed. ac. uk/information-services/research-support/data-management.

［13］ Research data management［EB/OL］. ［2016–05–05］. http://www. dcc. ac. uk/.

［14］ 复旦大学社会科学数据平台［EB/OL］. ［2016–05–02］. http://dvn. fudan. edu. cn/dvn/.

［15］ 武汉大学高校科学数据共享平台［EB/OL］. ［2016–05–02］. http://sdm. lib. whu. edu. cn/jspui/.

［16］ COX A, WILLIAMSON L. The 2014 DAF survey at the University of Sheffield［J］. International journal of digital curation, 2015, (1): 210–229.

［17］ SARAH J, WENDY A, KOZLOWSKI D D, et al. Using data curation profiles to design the datastar dataset registry［J］. D-lib magazine, 2013, (7–8): 37–49.

［18］ LANIECE M, MIRIAM B, MELANIE S. Evaluation of the Assessing Institutional Digital Assets (AIDA) Toolkit［J］. Science & Technology Libraries, 2012, (1): 92–99.

［19］ PARSONS T. Creating a research data management service［J］. International journal of digital curation, 2013,（2）:146-156.

［20］ 刘霞,饶艳. 高校图书馆科学数据管理与服务初探——武汉大学图书馆案例分析［J］. 图书情报工作, 2013,57（6）:33-38.

［21］ 张计龙,殷沈琴,张用,等. 社会科学数据的共享与服务——以复旦大学社会科学数据共享平台为例［J］. 大学图书馆学报, 2015,（1）:74-79.

［22］ 洪程,钱鹏. 高校研究生科学数据需求与利用行为调查分析——以东南大学为例［J］. 国家图书馆学刊, 2014,（1）: 16-21.

［23］ 胡永生,刘颖. 基于用户调查的高校科学数据管理需求分析［J］. 图书情报工作, 2013,57（6）: 28-32,78.

［24］ Results of the 2012 University of Oxford research data management survey［EB/OL］. ［2016-05-05］. https://blogs. it. ox. ac. uk/damaro/2013/01/03/university-of-oxford-re-search-data-management-survey-2012-the-results/.

［25］ RICE R. Research data management initiatives at University of Edinburgh［J］. International journal of digital curation, 2011,（2）: 232-244.

［26］ PARSONS T,GRIMSHAW S,WILLIAMSON L. ADMIRe survey results and analysis 2013［EB/OL］. ［2016-05-05］. http://admire. jiscinvolve. org/wp/files/2013/02/ADMIRe-Survey-Results-and-Analysis-2013. pdf.

［27］ 迟玉琢,王延飞. 国外高校科研数据服务需求识别模型特点与启示［J］. 图书情报工作, 2016,60（4）:37-43.

［28］ AIDA［EB/OL］. ［2016-05-05］. http://aoda. da. ulcc. ac. uk/wiki/index. php/the_aida_toolkit/.

［29］ CARDIO［EB/OL］. ［2016-05-05］. http://cardio. dcc. ac. uk/.

［30］ JONES S, BALL A, EKMEKCIOGLU Ç. The data audit fraework: a first step in the data management challenge［J］. International journal of digital curation, 2008,（2）: 112-120.

［31］ DAF: a toolkit to identify research assets and improve data management［EB/OL］. ［2016-05-05］. http://www. data-audit. eu/docs/DAF_iPRES_paper. pdf.

［32］ Data Asset Framework［EB/OL］. ［2016-05-05］. http://www. data-audit. eu/.

［33］ Data Audit Framework Methodology［EB/OL］. ［2016-05-05］. http://www. data-audit. eu/DAF_Methodology. pdf.

［34］ 卫军朝,蔚海燕. "数据资产框架（DAF）"视角下的机构数据资产审计调研与分析［J］. 图书情报工作, 2016,60（8）:59-67,92.

［35］ Data curation profile［EB/OL］. ［2016-05-05］. http:// www. datacurationprofiles. org/.

［36］ SARAH J, WENDY A K, DIANNE D, et al. Using data curation profiles to design the datastar dataset registry［EB/OL］. ［2016-05-05］. http:// www. dlib. org/dlib/july13/wright/07wright. html/.

276

作者简介

　　蔚海燕：负责提纲拟定、文章撰写；

　　卫军朝：负责问卷设计、数据统计、文章撰写；

　　张春芳：负责问卷的发放与回收。

基于用户调查的高校科学
数据管理需求分析*

科学数据是科技活动或通过其他方式所获取的反映客观世界的本质、特征、变化规律等的原始基本数据以及根据不同科技活动需要，进行系统加工整理的各类数据集[1]。现今科学研究中常常产生大量的科学数据，而科研的继承性需要借鉴和使用已有的数据，由此带来了数据的保存和管理问题。科学数据管理正受到越来越多科研管理机构和信息服务机构的重视。美国国家科学基金会（NSF）要求自 2011 年起，所有申请 NSF 资助的项目计划要以两页补充文件形式提交研究项目的数据管理计划[2]。伊利诺伊大学信息学院则设立了第一个正式的数据监管方向硕士学位，侧重于研究信息收集与管理、知识表述、电子归档、数据标准及相关规则[3]。

高校图书馆开展科学数据管理，需要了解师生有关科学数据的观念、数据管理行为及对管理服务的期望。因此，笔者开展了科学数据管理需求调查，期望对高校图书馆开展科学数据管理服务有所启迪。

1 用户调查的基本情况

1.1 调查表的设计原则

调查表结合中国高校科学研究实际情况，除用户个人资料外，涉及以下4 个方面的内容：用户产生的科学数据特征、用户对科学数据的认知与观念、管理科学数据的行为、对科学数据管理服务的期望。为便于被调查者答题，节省其时间，调查采取选择答题的方式。

1.2 调查方法

考虑到科学数据主要产生于科学研究活动中，2011 年 11 月～2012 年 3月，选择 11 所研究型大学进行调查，即武汉大学、华中科技大学、武汉理工

＊ 本文系 CALIS 三期预研项目"高校科学数据管理机制及管理平台研究"（项目编号：03-3304）研究成果之一。

278

大学、华中师范大学、中南财经政法大学、华中农业大学、中国地质大学、中南民族大学、湖北大学、武汉科技大学和武汉体育学院。调查对象为这些高校中从事研究工作的教师和研究生，并按教师和研究生 3∶7 的比例发放调查问卷。

调查问卷采用以下三种方式发放：当场发送纸本调查问卷、通过 Email 发送电子调查问卷、在专业调查网站（调查派）上发布调查问卷。

1.3 调查问卷回收情况

本次调查共发放问卷 1 200 份，回收有效问卷 902 份，回收率为 75.2%。

从参加调查的用户年龄看，属于 35 岁以下年龄段者最多，人数为 715 人，占 79.2%；其次为 30~35 岁年龄段者，占 17.1%。从受访者学历分布来看，硕士学历人数最多，占 65.8%，博士学历比例占 20.4%，本科学历占 13.8%。受访者中，教授、副教授、讲师和助教均有一定比例，副教授以上人员占教师总人数的 60.7%。在学科分布方面，考虑到理工科和社会科学领域产生的数据多于人文科学领域，所以本次调查中社会科学、理科和工科人数较多，人文科学人数偏少。

2 用户产生的科学数据特征调查与分析

科学数据的基本特征，包括其来源、数据量分布、产生频率等，对数据格式、数据处理难度及后期使用均会产生一定的影响。调查显示：理工科和文科用户的数据来源区别较大；科研项目不同，数据量也大小不一，大数据量保存难度更大、设备要求更高；因科学数据不断更新，故需要对数据变化进行不断的跟踪。

2.1 科学数据的来源

科学数据的产生有多种途径，调查结果表明（见图 1），高校科学数据的来源主要是实验和网络采集。其中，选择实验采集的用户主要来自理工科，如农学、医药学、理学、信息科学和工学。而选择网络采集来源的用户大都来自社会科学领域和人文科学领域。购买或同行提供数据的比例较低，这与数据共享程度低、数据定价机制不完善有关。

2.2 科学数据的数据量

由表 1 可知，数据量在 1–100MB 间的项目最多（占 33.8%），其次是在 100MB~1GB 间（占 26.1%）。也就是说，大部分科学数据的数据量在 1MB~

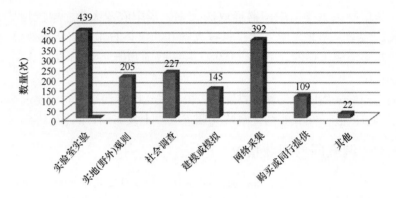

图 1　科学数据来源分布

1GB 范围内（占据 69.0% 以上）。有 19.6% 的用户表示其数据量不确定，依赖于项目的大小。科学数据的数据量会影响保存和管理的难度，数据量越大，越难管理。用户在长期研究中，会不断积累科学数据，最终形成庞大的数据量，导致其保存难度增加。

表 1　研究课题或项目的数据量

数据大小	1MB 以下	1-100MB	100MB-1GB	1GB-1TB	不确定	其他	合计
人数	82	305	235	86	177	17	902
比例（%）	9.1	33.8	26.1	9.5	19.6	1.9	100

2.3　科学数据产生频率

由表 2 可知，大部分用户产生科学数据的频率较高，每日产生的占 14.2%，每周产生的占 35.8%，每月产生的占 25.7%。科学数据产生越快，表明数据更新越快，越需要加强管理。大部分用户的数据是不断更新的，并且更新频率很高，因此如何管理并跟踪数据的变化就显得尤为重要。

表 2　用户产生科学数据的频率

频率	每日	每周	每月	每季度	其他	合计
人数	128	323	232	131	88	902
比例（%）	14.2	35.8	25.7	14.5	9.8	100

3 用户对科学数据的认知和观念调查与分析

对科学数据的认知和观念，决定了用户是否愿意共享数据，这也是图书馆能否成功开展科学数据管理合作项目的重要因素。

3.1 用户对科学数据作用的认知

用户产生科学数据后，通常首先在公开刊物上发表成果。此外，科学数据还能发挥其他作用。从表3可知，大多数用户意识到了科学数据在数据共享和科学普及方面的作用，这为科学数据管理的开展奠定了较好的基础。但也有一些用户表示不知道科学数据除了发表成果外还有其他作用。这表明仍需要继续推进科学数据管理素养教育，从深度和广度上增强我国高校用户的科学数据管理意识。

表3 用户对科学数据作用（除发表成果外）的认知

作用认知	数据共享	科学普及	不知道	其他	合计
人数	486	360	34	22	902
比例（%）	53.9	39.9	3.8	2.4	100

3.2 用户的科学数据共享观念

数据共享是有效促进科学研究的途径之一，对我国高校用户数据共享观念的调查能够为下一步促进科学数据共享提供基础。由表4可知，47.7%的用户无偿向其他人提供过数据，12.4%的用户曾经有偿提供数据，仅有8.8%的用户拒绝提供科学数据（包括涉密数据、过程数据等）。

表4 用户过去向他人提供数据情况

向他人提供数据情况	人数	比例（%）
曾经无偿提供	430	47.7
其他研究人员无此需求	266	29.5
曾经有偿提供	112	12.4
曾有人索取，但拒绝	79	8.8
其他	15	1.6
合计	902	100

表 5 反映了用户未来共享数据的意愿：49.6%的用户愿意无偿共享数据，32.9%的用户愿意有偿共享数据。这一结果表明研究人员在数据共享方面已有一定的共识，有利于打破"信息壁垒"，实施数据共享。

表 5　用户未来共享数据的意愿

未来共享数据意愿	人数	比例（%）
愿意无偿共享	447	49.6
愿意有偿共享	297	32.9
不愿意共享	85	9.4
不能共享	40	4.4
其他	33	3.7
合计	902	100

4　用户管理科学数据的行为调查与分析

用户管理科学数据的行为和习惯，关系到数据是否能安全便利地存储、维护和利用。分析用户管理科学数据的行为并进行系统性的研究，是图书馆为用户提供满意、完整、可靠的数据管理解决方案的前提。

4.1　用户对科学数据组织标准的选择

由图 2 可知，用户主要依据学科层面的标准或研究团队自行制定的科学数据组织标准，而信息组织的要求或标准并不是用户用于描述科学数据的主要标准。科学数据组织得当，才能使未来的管理和使用更容易。因此，图书馆在进行科学数据元数据标准设置时，应考虑使用学科层通用的元数据标准对科学数据进行描述和组织，以适应用户的使用习惯。此外，大量用户使用研究团队确定的描述标准，也就是说可能存在着许多不同的描述标准，在建设科学数据管理平台时要充分考虑这些问题，以免造成科研团队个体数据与平台对接的困难。

4.2　用户对科学数据背景信息的保存情况

根据表 6 可知，13.9%的用户表示其收集数据的背景信息（如实验条件、数据采集时间和地点）无法被获取，42.6%的用户表示其收集的背景信息有所记载但不能检索或获取，只有约 26.9%的用户表示其收集数据的背景信息

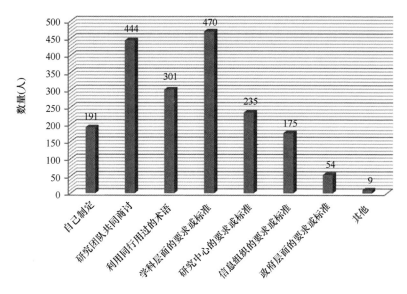

图 2　用户对科学数据组织标准的选择

不但被记载而且可以提供使用。科学数据不仅限于结果数据，还必须记载并保留收集数据时的条件、环境等背景信息以备将来检索使用，这些信息对于了解数据来源和验证数据的科学性、真实性都有重要意义。调查结果提示图书馆在帮助用户改善背景信息的保存方面大有可为。

表 6　用户对科学数据背景信息的保存情况

背景信息保存情况	人数	比例（%）
背景信息有记载并可被检索和获取	243	26.9
背景信息未记载，也不能被检索或获取	125	13.9
背景信息有记载，但不能被检索或获取	384	42.6
不知道背景信息保存情况	130	14.4
其他	20	2.2
合计	902	100

4.3　用户记录原始数据的工具

用户使用自己的个人电脑记录原始数据的最多，其次是使用机构电脑和

283

纸质笔记本来记录原始数据（见图3）。这表明用户不太重视数据的集中管理，大量数据分散在研究团队成员各自的电脑中。图书馆在参与数据管理的过程中，首先需要将分散于个人电脑中的数据集中，完成信息的完整存储再进行管理。

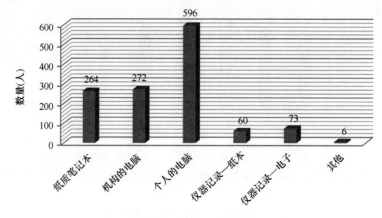

图3 用户记录原始数据的工具

4.4 用户保存原始数据的工具

由图4可知，为便于将来获取和使用数据，多数用户选择计算机和移动设备作为存储原始数据的工具，而这两种介质的安全性和可靠性容易受到环境的影响。作为影响数据长期保存的重要因素，数据的保存工具或介质值得引起重视。

4.5 用户对科学数据的保存期限

根据表7可知，48.2%的用户只对数据做中短期（一周至两年间）的保存；48.4%的用户认为他们对数据进行了永久保存，表明他们有永久保存数据的愿望，但从他们记录和保存数据的工具与方法来看，还达不到永久保存的水平。这些因素都会造成科学数据资源的流失。科学数据具有积累性，数据长期保存对揭示科学奥秘、发现科学规律有着重要的意义。图书馆作为保存人类精神产品的社会机构，尤其要重视与研究人员合作，实现对数据资源的长期保存。

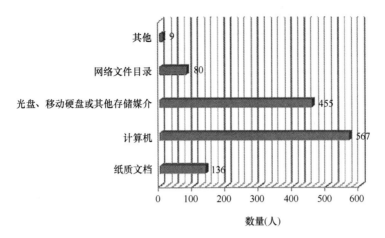

图4 用户保存原始数据的工具

表7 用户对科学数据的保存期限

保存时长	人数	比例（%）
一周	10	1.1
一月	22	2.5
三月	44	4.9
半年	52	5.8
一年	138	15.3
二年	168	18.6
永久保存	437	48.4
其他	31	3.4
合计	902	100

4.6 用户对数据的保管方式与人员情况

由表8可知，用户的数据主要是进行集中管理，由项目负责人、参与课题的教师或研究生负责，比例达到80%以上。保管数据的方式和人员影响数据管理的安全性。数据保管需要有固定人员集中保管，数据越分散，管理难度也越大。而研究生因为流动性较大，无论是集中管理还是分散管理，都可能造成数据丢失。

表 8　科学数据保存的方式与人员情况

科学数据保存方式	人数	比例（%）
项目负责人集中管理	380	42.1
参与课题的教师集中管理	276	30.6
参与课题的研究生集中管理	219	24.3
项目组参与人员分散管理	172	19.1
其他	29	3.2
合计	1 076	119.3

注：表中科学数据保存方式可多选，故总人数超过 902 人。

4.7　用户数据丢失情况

通过调查结果（见表 9）可知，未妥善保管数据而导致科学数据丢失的情况比较普遍，62.7% 的用户表示偶尔会丢失数据。用户的科学数据往往是长期实验或观测的结果，一旦丢失，科研工作就得重新开始，这对科研工作的发展是极大的障碍。故此，加强高校的科学数据安全教育和管理势在必行。

表 9　未妥善保管数据导致科学数据丢失的情况

频率	经常发生	偶尔发生	从未发生	其他	合计
人数	22	566	296	18	902
比例（%）	2.4	62.7	32.8	2.1	100

4.8　用户对现有数据管理方法的满意度

53.0% 的用户对现有数据存储、维护方法表示满意，但也有 24.1% 的用户表示不满意。22.3% 的用户表示不确定是否满意（见表 10）。对数据管理不满意及不确定是否满意的用户是图书馆普及数据管理知识和提供数据管理服务的重点潜在用户。

表10　用户对数据存储、维护方法的满意度

满意度	满意	不满意	不确定	其他	合计
人数	478	217	201	6	902
比例（%）	53.0	24.1	22.3	0.6	100

5　用户对科学数据管理服务的期望调查与分析

图书馆要开展科学数据管理服务，需要了解用户对服务类型和管理平台的期望，再开展针对性服务，达到双赢。调查结果显示，用户对各类型数据管理服务的需求旺盛，表明图书馆在开展科学数据服务方面具有很好的前景；另一方面，用户对数据管理平台功能也有很高的要求，图书馆需要不断提升在数据管理方面的能力。

5.1　用户期望的数据管理服务类型

用户对图书馆开发管理平台提供数据的存储、发布和使用最感兴趣。用户感兴趣的服务还包括数据管理咨询服务、开发能存放本人研究数据的数据存储库及帮助管理数据产品（见图5）。可见用户对科学数据服务有很大的需求空间。

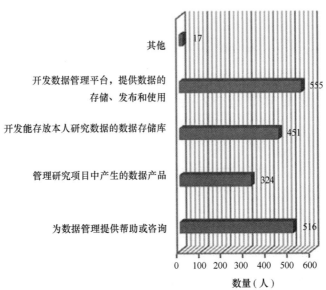

图5　用户对图书馆科学数据服务类型的期望

287

5.2 用户期望数据管理平台具有的功能

用户对于数据浏览、检索和下载功能的需求最为突出。其他需求较大的功能包括对数据背景信息的长期保存、实现数据的分级管理和访问控制、实现数据和研究成果的关联（见图6）。这说明用户对数据管理平台的功能需求是多样化的，作为图书馆而言，可以先开发平台，实现数据的浏览、检索和下载功能，再逐步实现其他功能。

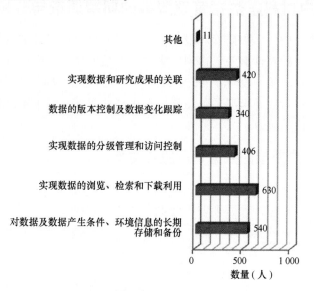

图6　用户对科学数据管理平台功能的期望

6 高校图书馆进行科学数据管理的对策

用户科学数据管理需求的研究是高校图书馆开展科学数据管理的基础，图书馆可将科学数据管理作为一个新的服务领域，通过为科研项目提供数据监护和管理服务，成为知识发布、储存、利用和管理的重要阵地。

● 加大科学数据管理的宣传力度，增强科研管理部门及用户的科学数据管理意识，为推行科学数据管理奠定基础。调查显示，高校科学数据主要源自实验和网络采集获得的第一手数据，这些数据非常有价值，需要妥善保存和管理。科研人员具有科学数据管理的强烈需求，但在记录、保存、维护数据方面仍存在不足，包括：发生数据丢失现象，未进行数据集中保管，未进行数据的永久保存，或有永久保存数据的愿望，但永久保存存在困难等。因此，图书馆应双管齐下，同时对科研管理部门和科研人员开展有针对性的宣传。对科研管理部门的宣传应重在说明科学数据管理的必要性和重要意义；对科研人员的宣传则可以突出科学数据管理的实际作用，即可以解决其数据保存和使用中的问题，并提高其数据被发现和共享的机会。通过访谈、培训、讲座、开设课程等多种手段，宣传科学数据管理的重要性，获得科研管理部门和科研人员的认同，提高整个学校对科学数据的管理的认识。

● 探索适宜的科学数据合作模式。科学数据管理工作是一项复杂而巨大的工程，需要多部门共同合作才能完成。从调查来看，高校用户具备了一定的科学数据素养，一部分用户对科学数据的作用、共享等有一定认知，这为科学数据合作奠定了一定的基础。但要推动科学数据的全面共享，需要学校的科研管理部门共同参与。而要满足用户对科学数据管理的较高的期望，也需要图书馆与计算机专家等通力合作。美国一些研究型图书馆，如康奈尔大学、普渡大学、麻省理工学院、明尼苏达大学的图书馆，开始建立校园范围的 E-Science 项目或中心，或者与计算机专家、学校 IT 部门建立数据监管合作关系[4]。根据中国高校现状，高校图书馆也需要与科研管理部门和 IT 部门建立合作关系，共同推动科学数据管理的发展。

● 邀请用户全程参与科学数据管理项目，充分了解用户对科学数据管理的需求，提供真正符合用户需要的数据管理服务。在项目实施中，首先可开展普遍性的用户调查，一方面了解用户数据管理中存在的问题，发现潜在用户和重点用户，为项目宣传推广找到方向；另一方面了解科学数据的特征和用户的服务期望，作为确定服务类型和平台功能的依据。随后，可面向重点用户开展深入的访谈，争取合作机会，并详细了解用户具体需求。在系统开发完成后，还需要随时了解用户使用意见和建议，不断完善服务功能，从而使科学数据管理项目真正因用户需求而产生，并满足用户需求进而不断推广和发展。

● 尽快培养优秀的科学数据管理人才。由用户对科学数据管理服务的期望可知，开发数据管理平台和获得数据管理咨询是研究人员当前最迫切需要的数据服务内容，而对数据管理平台的功能需求也呈现出多样化特点，并不仅仅限于对数据进行浏览、下载和检索。这对参与科学数据管理的人员都提出了很高的要求。图书馆要积极培训科学数据管理人才，这种人才不仅需要掌握科学数据、标准和工具方面的专业技能，而且也要有能力进行软件、数据和信息设计方面的咨询[5]，同时需要具备与科研人员合作和沟通的技巧。图书馆应该争取尽快开始探索性实践，推荐优秀图书馆员加入运作中的科研团队并承担"数据监护员"的角色，通过实践为科研团队提供数据监护操作技能及策略[6]。

参考文献：

[1] 国家科学数据共享工程技术标准[EB/OL]. [2012-08-12]. http://www. scienceda-ta. cn/pdf/21. pdf.

[2] NSF Data management plan requirements[EB/OL]. [2012-08-10]. http://www. nsf. gov/eng/general/dmp. jsp.

[3] Master of science：Specialization in data curation[EB/OL]. [2012-08-08]. http://www. lis. illinois. edu/academics/programs/ms/datacuration.

[4] Gold A. Data curation and libraries：Short-term developments，long-term prospects[EB/OL]. [2012-08-12]. http://digitalcommons. calpoly. edu/cgi/viewcontent. cgi? article =1027&context.

[5] Lynch C. The institutional challenges of cyberinfrastructure and e-research[J]. Educause Review，2008，43(6):74-88.

[6] 程莲娟. 美国高校图书馆数据监护的实践及其启示[J]. 图书馆杂志，2012，31(1): 76-78.

作者简介

胡永生，武汉大学图书馆副研究馆员；

刘颖，武汉大学图书馆副研究馆员。

高校图书馆科学数据管理与服务初探*

——武汉大学图书馆案例分析

近年来，科学数据管理与共享得到了国际组织和各国政府的广泛重视。高校作为科学研究的重要阵地之一，其科学活动所产生的研究数据，虽然在数量级别上远低于某些专门研究机构，但在学科覆盖面和零散程度方面则更为广泛和复杂。如何充分利用已有的数据收集、组织及开发利用相关成果，将之应用于高校科学数据管理，是一个值得探索和思考的问题[1]。2011 年，武汉大学图书馆尝试在校内开展科学数据管理服务：确定试点院系，搭建共享平台，并开始面向全校提供数据存储和共享服务。笔者对这一实践过程进行总结和思考，以期为其他高校开展相关服务提供参考。

1 工作思路与做法

为了有效搭建符合学科需要的科学数据管理服务平台，面向研究人员开展数据管理服务，武汉大学图书馆在学校范围内成立了项目组，由图书馆馆长牵头，小组成员包括学校自然科学和人文社会科学两个科研管理部门的副院长、信息管理学院的教授以及图书馆相关部门的专业人员，还邀请了一位从事科学数据管理研究的美国教授作为特聘专家，参与项目建设，提供专业指导。从整个工作流程来看，科学数据管理平台构建和服务开展经历了 4 个阶段：

1.1 国内外调研

分为文献调研和用户需求调查两个部分。文献调研涉及图书馆及互联网上的各类资源，并重点考察了国外高校科学数据共享项目和平台网站，以掌握当前数据管理的最新进展，了解国外数据共享平台的管理与运行机制、软件系统的选型及功能、数据管理相关政策和制度等。正是基于前期的文献调

* 本文系 CALIS 三期预研项目"高校科学数据管理机制及管理平台研究"（项目编号：03-3304）研究成果之一。

研和后期的构建实践，项目组制定了《高校科学数据管理标准规范》，从数据的提交、组织、保存、共享和使用 5 个方面对数据管理工作进行规定，为数据管理平台的搭建和服务的开展提供了依据。

在文献调研的同时，项目组对武汉地区 11 所大学的教师及研究生进行了问卷调查。调查内容涉及科学数据的产生情况、科学数据的现有管理方式、科学数据的利用需求以及对数据管理平台的功能需求等。共计发放调查问卷 1 200 份，回收有效问卷 902 份。通过调查发现，高校科学数据规模较小，学科分布广泛，数据类型多样，又因项目特点存在着数据生命周期短、延续性差的问题，因此成为数据管理的盲区。图书馆作为一个长期稳定的信息机构，有责任、有义务、也有可能通过数据管理服务，为高校的"小科学"提供一整套可靠的数据交流、发布和保存方案[2]。

1.2　试点学科的确定

结合前期的调研，项目组与学校科研管理部门进行了座谈，掌握了各院系的科研状况，并确定了试点学科的选择策略：从数据产生频率较高、数据管理需求相对迫切的院系或学科入手；已经建有国际性或全国性的学科数据共享平台，或者保密性较强的学科领域，不列入试点范围；优先考虑需求更为旺盛的年轻科研团队。

根据上述原则，项目组筛选了部分潜在院系和科研团队，联合学科馆员逐一走访，深入了解相关学科对数据管理的态度和需求，并据此确定从生命科学学院、社会学系、信息管理学院各选择一个项目组进行试点，同时，将图书馆自身产生的调查数据也纳入管理的范畴。

1.3　试点平台的构建

1.3.1　用户需求分析　包括建库目标及数据内容分析、系统功能需求分析两个方面。从各试点团队的反馈来看，不同学科对平台的建设目标和总体功能需求基本一致，即根据数据（集）的学科特点进行描述和标引；能实现数据的有效存储、管理和发布；对数据（集）的元数据和数字对象能进行分级管理和访问控制；能基于网络提供 24 * 7 式浏览、检索和数据下载服务等。

但因学科之间的差异性，各课题组需要管理的数据（集）类型、数量、大小、格式等各不相同，对系统功能的具体要求也有所差异。例如，生命科学学院的蝎资源课题组除需实现对蝎子的物种资源、遗传基因资源、遗传蛋白资源等数据的管理外，还要求系统能嵌入 BLAST 开源程序，以实现蛋白质序列及核苷酸序列的对比。

1.3.2 元数据设计 元数据方案的确定是科学数据管理信息系统设计的关键环节之一。好的元数据方案应具有一定的独立性、完整性、前瞻性和可操作性。科学数据类型多样，格式各异，关联复杂，所以在确定元数据方案时应充分考虑各种因素，合理设计。

第一步，针对各试点单位，梳理其可能涉及的数据类型。例如，上述蝎资源课题就包括了图片数据（蝎物种的图片资料）、序列数据（蝎蛋白及蝎核酸序列测定数据）和文本数据（相关文献及项目研究成果）三种数据类型。

第二步，针对各试点课题进行元数据结构设计。基本思路是按照课题组织数据，同一课题下的数据根据需求进行关联。数据类型多的学科数据之间的关系也较复杂，需要逐一厘清并通过元数据实现数据之间的链接。

第三步，制定各类具体的元数据标准。科学数据管理平台的内容包括数据集合和数据内容两个层次。不同的数据集合既包含各类实验数据、观测数据、调查数据等不同科研项目专有数据，也包括对研究课题的描述、参考文献等通用内容。项目组除制定了集合元数据标准以外，还将元数据区分为通用型元数据和专用型元数据两大类型。其中，课题元数据、文献元数据等为通用型元数据，项目组以 DC 核心元数据为基础设计了《高校科学数据管理通用元数据标准》；社会调查数据、物种数据和序列数据等元数据为专用型数据，尽量借鉴或参考业界已经形成的元数据规范。如生命科学学科已形成国际比较通用的数据和元数据标准与标引体系，包括美国国立生物技术信息中心（NCBI）建立和维护的 GenBank、欧洲生物信息学研究所（EBI）维护的 EMBL 核酸序列数据库等。蝎资源课题组的部分数据已上传至 GenBank，为实现其后期数据的可用性和开放性，项目组采用 GenBank 的元数据及标引模式来描述基因和蛋白等序列数据，并在分析现有多个物种元数据的基础上，确定专用的物种元数据描述方法，此元数据可用于描述各类型物种数据，具有较强的适用性。

1.3.3 功能设计和系统选择 将科学数据管理服务平台设计为两级分布式架构——各学科的数据管理平台和科学数据共享门户系统。各学科的数据管理平台包括数据展示界面、数据管理后台和用户管理三大模块。数据展示界面能实现数据的浏览、检索、下载等功能，并且要充分考虑不同学科的特殊检索要求；数据管理后台供课题组成员提交数据和管理数据；用户管理模块则实现数据分级管理与用户分级管理。

科学数据共享门户系统的主要功能是实现对各学科数据管理平台的集中揭示和统一检索，以促进高校内部科研数据的充分共享和学科间的交叉融合。系统通过元数据收割或直接在下级建立学科的方式将各学科的元数据汇集共享门户中，对于全文和数字对象则直接从相应的学科数据管理平台中获取。

功能需求明确之后，就进入到系统选择阶段。考虑到高校学科分散，各院系需求各异，专门为某个学院或研究团队开发数据管理平台在当前看来尚不具备可操作性和可推广性，因此图书馆需要寻找一个具备多样性、灵活性特点且可以拥有较大自主控制权的系统。经前期多方考察和调研，项目组最终决定以开源系统 Dspace 为基础平台，在此基础上根据试点单位的实际需求进行本地化配置和二次开发。其中，中文语种支持、数据提交界面和流程、中文检索支持、元数据管理等功能根据具体需求修改系统参数进行本地配置；界面的个性化设计、特殊数据的提交处理、数据检索与结果显示、统一认证等功能的实现则根据需要进行二次开发。

1.3.4　用户评价及反馈　得益于以上三个步骤中与教师们的多次充分沟通，试点平台搭建完成之后，几个试点学科的教师们对平台界面和功能均表示满意。他们普遍认为数据管理平台有效地解决了目前科研项目管理中存在的数据分散保管、研究人员变动导致数据流失、数据存储缺乏安全保障机制的问题。集中、公开的数据发布检索平台，既有利于其他科研人员对科学数据的有效复用，减少科研中的某些低水平重复工作，更有利于快速传播科研人员的研究成果，吸引国内及国际相同领域研究人员的兴趣，促进广泛的学术交流与合作。

但几个试点平台均存在后续发展和服务问题。蝎资源数据库是一个基于专业数据的管理平台，所有数据需要课题组成员逐条整理入库，前期数据处理工作量较大，比较耗费科研人员的时间；其他几个试点学科均是对数据集进行管理，相对较为简单，但目前均只开放元数据，且因学校缺乏相应的数据共享机制，研究人员缺乏主动上传数据的动力。

1.4　数据管理服务的开展

项目启动伊始，数据管理服务也随之启动。项目组组织了多次科学数据管理公开讲座；通过院系走访、重点用户访谈等多种方式向科研人员宣传数据管理的重要性；试点平台搭建之后，又联合学校科研管理部门组织了两次教师座谈会，推广数据管理平台，并听取反馈意见。根据前期调研和试点情况，项目组确定了现阶段图书馆可以开展的数据管理服务范畴：为研究者提供数据管理咨询服务和技术培训；搭建学科数据管理平台，负责日常维护及技术更新；协助研究人员管理数据，包括设计元数据、代为提交、发布数据等；尝试开展数据的中长期保存服务。

同时，图书馆将数据管理从项目建设转为日常工作，由系统部负责整体平台的监管和技术支持，资源组织部负责元数据的设计和数据质量的检查，各学科服务部门负责数据管理的宣传、推广、咨询和辅助服务。

2 经验与体会

2.1 顶层设计和团队建设至关重要

牛津大学在实施数据管理项目时遵循的两条基本原则之一就是校内相关服务部门必须合作[3]。武汉大学图书馆的经验是，在学校尚未形成工作制度的情况下，不妨主动出击，立项之初即进行顶层设计，将未来有助于推动项目建设和服务开展的关键人员邀请为项目组成员。因此，武汉大学图书馆的项目团队联合了国外专家、学校科研管理部门负责人、学科领域专家以及图书馆各方面的力量。事实证明，这一团队的组建比较成功。国外专家两次到访，不仅指导项目建设，开设多场专题讲座，还参与院系科研人员座谈，取得了非常好的效果。两位科研管理部门的负责人对科学数据管理平台的建设非常支持，无论是前期的院系走访、试点学科选择，还是后期的服务推广座谈会的组织，均在职责范围内给予最充分的支持。图书馆的科研团队则是项目建设的主力，一方面，抽调相关部门的骨干，组织了跨部门的项目团队，另一方面又将项目建设与日常工作紧密结合，随时按需调整和扩充项目团队，保证了项目的顺利实施。

2.2 科学定位，树立有限目标，逐步推行

启动一项崭新的服务，首先必须进行前期规划，明确目标，科学定位。康奈尔大学图书馆启动其校内数据管理项目时就明确将其定位为一个面向本校学者的数据阶段型存储库（Data Staging Repository，DataStaR），其建设目标是一个过渡性数据监护平台和一套完整服务方案[2]。同时，其网站上明确表明这是一个试验性项目，随时都有可能改变或者中断。果然，2012年，该项目的目标已转变成为一个数据集注册系统[4]。DataStaR的发展历程提供了两个启示：一是要立足实际，树立有限目标，二是要将项目性质明确告知用户，避免因为后续的不可持续而误导用户。

正因如此，武汉大学图书馆的数据管理服务定位为试点项目，在试点单

位的选择、软件系统的选型、服务项目的设计方面均确定了有限目标，在院系走访、教师座谈和服务推广时均明确表明了项目的特点，并在实施过程中根据用户的反馈不断调整。

2.3 利用开源软件，注重平台的通用性

目前全球一些大型的数据共享平台大部分是针对特定学科范围的全球性或全国性数据中心，此类平台开发投入大，针对性强，但通用性和可移植性差，并不适用于高校的"小科学"数据管理。从境外高校的实施情况来看，图书馆自主开展的数据管理项目大多选择开源系统，例如香港普遍将科学数据纳入机构库的范畴，使用 Dspace、Eprints 等开源软件构建平台[5-7]；DataStaR 系统则主要基于开源的 Fedora 系统[2]。实际上，这些开源软件技术成熟，已经得到广泛应用，应该能够满足图书馆低成本投入、高通用性的需求。

武汉大学图书馆最终选择 Dspace 进行系统的构建，采用开源的 Lucene 作为检索引擎，采用庖丁解牛分词系统实现中文的检索。通过相关的定制和二次开发，对数据集的管理可以在各学科无缝实施；对记录型数据的管理可以通过结合具体的元数据标准，进行相关的配置，很容易实施。

通用性平台的最大优势是以最小成本最快速度搭建各学科的数据管理系统，并且能够方便地实现校内及校际之间的共享，但也确实存在无法满足某些学科特定需求的缺点。对此，今后可视学科及经费情况，单独开发管理系统，实现针对性、个性化的服务。

2.4 数据服务是个性化学科服务的体现

从实施情况来看，图书馆提供的数据管理服务充分体现了个性化学科服务的特点。服务对象是学科研究人员，管理对象是学科研究数据，数据管理服务理所当然是学科服务的一种。但数据和文献不同，不同学科之间差异很大，同一学科不同研究方向的研究数据也不尽相同。因此，要有效地做好数据管理服务，学科化和个性化是基本要求。无论是前期的数据管理咨询和培训，还是学科元数据的设计，或者是系统平台的功能设计和配置，均体现了很强的学科化和个性化特点。另外，数据管理的需求差异也要求数据服务按需提供。不同年龄、不同数据管理素养的用户，对图书馆员的依赖程度各不相同；不同阶段的数据（成果数据或过程数据），用户希望提供不同的服务支持；即便是同为成果数据，在共享范围、方式等方面的要求也会因人而异。武汉大学图书馆的做法是在系统选型时尽可能地考虑周到，并通过二次开发

使系统更加灵活、简单，同时加强对学科馆员和用户的培训，通过双方共同的努力实现数据的有效管理。

3 问题与思考

3.1 管理与共享机制亟须建立

科学数据管理与共享机制包括协同建设机制、持久运行机制、管理监督机制和基本保障机制等诸多内容[8]。从国内外的成功案例来看，良好的运行管理机制是科学数据共享项目成功的关键。高校学科分布广泛，数据来源复杂，管理和服务机构众多，科学数据的有效管理需要科研人员、科研管理部门和科研服务部门等各方力量的协同合作。而多部门的协调运作，一套完善的管理运作机制必不可少。从武汉大学图书馆的实践来看，虽然立足顶层设计，多部门联合共建，但更多的是项目层面的合作，科学数据的有效管理尚未被列入科研管理部门的工作计划，更没有在校级层面获得政策上的支持。因此，数据提交缺乏有效的控制力，部门合作缺乏长期维系的动力，系统的可持续发展也缺少资金和制度的保障。为此，需要从学校层面进行整体规划和设计，明确数据管理流程，落实各相关部门的职责，以保障数据管理的正常运行和可持续发展，并最终促进科学研究的交融和发展。

在这方面，复旦大学先行一步。该校于 2011 年成立了人文社会科学数据中心，通过这一跨部门、多学科联合机构的设立，该校人文社会科学数据资源能够实现集中建设、整体规划、统一管理和充分共享。当然，这种模式不易复制，但借鉴许多高校校内出版物呈缴制度的构建方式，由图书馆或科研管理部门牵头，联合多个单位，形成一个规范数据管理的校行文件，对科学数据管理所涉及的各方的责权利进行规范和明确，应该是可行的。

3.2 用户需求需进一步培育和激发

根据问卷调查，高校中超过 60%的科研人员发生过数据丢失现象；65%的数据由项目团队分散存储和管理，超过 50%的科研人员不对数据永久保存。但即便如此，仍有超过 50%的科研人员对现有的数据管理手段表示满意；就数据共享而言，研究者虽然原则上都赞成数据共享，但实际操作时却有点勉强[9]。

就科研人员而言，在科研任务繁重的前提下，主动存储和共享数据主要还是源于其自身的需求：研究工作的需要和发表成果的需要。关于数据管理对于科学研究的促进作用，用户调查表明，超过 40%的研究者没有明确的认识，故还需要较长的时间对其进行需求的培育和激发。而随着科学研究的国际化，在发表国际论文的同时，同步发布相关数据作为支撑材料，已经逐渐成为一种新的趋势。从支持出版的角度切入服务，应该能够受到研究者的欢迎。

机构库的建设实践表明，障碍不只是技术，更多地在于科研人员的认知和态度[1]。从项目组进行的几次教师座谈会来看，多数教师还处于一个"概念扫盲"、"需求模糊"的阶段。因此，图书馆需要考虑如何深入接触和联系科研人员，以嵌入与合作的方式介入科研活动，从而构建了解数据、获取数据、提供数据服务的完整方案。在如何和研究者有效沟通方面，英国 Incremental 项目做了专门研究，其结论是，在沟通方法和技巧上，学科之间并没有差别，最重要的几点就是尽可能用通俗、便于理解的语言描述数据管理的过程、任务和责任，避免使用"数据监护"、"元数据"、"数据仓储"等专业术语；尽早介入并开始数据管理——无论是研究的生命周期，还是研究者的职业生涯；尽可能提供个性化服务，帮助研究者在需要的时候能够获得相关支持[9]。

在如何培育和激发用户需求方面，澳大利亚莫纳什大学图书馆构建了一套完整的数据管理培训体系[10]。不仅对研究生设置了专门的讲座，还从数据管理、知识产权、学术交流的新形式等几个层面为导师准备了相关的 PPT 和培训课程，并将之纳入学校的导师认证体系。这种系统的培训设计有助于全校师生数据管理理念的快速提升。

3.3　系统功能需要持续改进

备份、长期保存、可持续性是任何一个数据管理系统都必须考虑的问题[11]。除此之外，如何能够面向全校的科研人员提供个性化数据服务？这是系统功能持续改进的内在动力。为此，DataStaR 做了很好的尝试。该系统除了利用 Fedora 构建了数据集存储库外，还集成了基于 Vitro 的语义元数据存储库、用于对文件格式进行批量自动识别的开源工具——数字记录目标识别程序（DROID）、用于向外部永久存储库传输文件的内容转移协议——面向存储的简单网络服务协议（SWORD）[2]，其主要目的是尽量减少人工操作，实现半自动的元数据标引，实现不同平台之间数据的自动或半自动传输等。

通过座谈发现，除了基本的数据存储和检索服务外，大数据的上传和备份、数据存储和在线计算的整合、数据的深入挖掘和知识抽取等逐渐引起了研究者的关注。因此，用户需求的变化，是系统功能持续改进和完善的外在动力。对于这些需求，一方面，图书馆需要仔细分析，将主要精力集中于需求更为普遍且力所能及的功能提升上；另一方面，只有和相关院系、信息技术部门通力合作，才能解决数据存储、数据分析、高性能计算的整合等问题，从而构建出便于用户管理和利用数据的研究环境。

3.4　服务能力需要尽快提升

从研究者的角度来看，理想的科学数据管理服务，应该是基于数据生命周期的数据服务，它包括了数据初次加工（数据存储、长期保存、发现及获取、管理咨询等），数据再加工（数据的可视化、和文献的互链、数据注释等）以及知识抽取（数据挖掘、数据分析等）三个层次[12]。显然，要实现这样多层次、立体化、个性化的服务，图书馆员的服务能力需要尽快提升。

一方面，以上服务的开展和提供，需要图书馆各相关部门的通力合作，因此要提升图书馆整体服务能力；另一方面，作为最直接与研究者沟通的学科馆员，其咨询和服务能力的强弱往往直接决定了研究者对图书馆数据管理的信赖程度，因此，学科馆员在了解学科数据特点的基础上还需要对数据管理的整个流程有着清晰的认识，这也对学科馆员提出了更高的要求。

为了适应数据服务所带来的新要求，国外高校图书馆在启动该项服务时一般会招聘相关专业人员，或者通过机构重组成立相关的部门[13]；与此同时，在专业教育方面也形成了从本科到硕士、博士以及在职进修的课程体系[14]。国内的专业教育相对滞后，因此在职培训就显得更为急迫。借鉴CALIS三期学科馆员培训经验，由教育部高校图工委或CALIS管理中心牵头，聘请相关专家，开办数据管理服务系列培训班，应该是快速提升高校数据服务能力的有效方式。

参考文献：

［1］　钱鹏,郑建明. 高校科学数据组织与服务初探［J］. 情报理论与实践, 2011,（2）：27 -29.

［2］　杨鹤林. 从数据监护看美国高校图书馆的机构库建设新思路——来自 DataStaR 的启示［J］. 大学图书馆学报, 2012(2)：23-28.

［3］　Wilson J A J, Martinez-Uribe L, Fraser M A, et al. An institutional approach to developing research data management infrastructure［J］. The International Journal of Digital Curation, 2011, 6(2)：274-287.

［4］　Cornell University Library. DATASTAR［EB/OL］.［2012-07-21］. http://datastar. mannlib. cornell. edu/about? home = 1&login=none.

［5］　HKUST. Institutional repository［EB/OL］.［2012-07-25］. http://repository. ust. hk/

dspace/.

[6]　PolyU. PolyU Institutional Repository[EB/OL]. [2012 - 08 - 01]. http://repository. lib. polyu. edu. hk/jspui/.

[7]　HKBU. HKBU Institutional Repository[EB/OL]. [2012 - 08 - 03]. http://eprints. hk-bu. edu. hk/.

[8]　陈军,王春卿. 关于科学数据共享机制的思考[J]. 中国基础科学, 2003,(1):40-43.

[9]　Ward C, Freiman L, Jones S, et al. Making sense:Talking data management with research-ers[J]. The International Journal of Digital Curation, 2011, 6(2): 265-273.

[10]　Monash University Library. Research data skills development[EB/OL]. [2013-02-25]. http://www. monash. edu. au/library/researchdata/skills/.

[11]　Peer L, Green A. Building an open data repository for a specialized research community: Process,challenges and lessons[J]. The International Journal of Digital Curation, 2012, 7 (1): 151-162.

[12]　师荣华,刘细文. 基于数据生命周期的图书馆科学数据服务研究[J]. 图书情报工作, 2011,55(1): 39-42.

[13]　李晓辉. 图书馆科研数据管理与服务模式探讨[J]. 中国图书馆学报, 2011,(5): 46 -52.

[14]　吴敏琦. Digital Curation:图书情报学的一个新兴研究领域[J]. 图书馆杂志, 2012, (3): 8-12.

作者简介

刘霞，武汉大学图书馆副研究馆员，副馆长，博士；

饶艳，武汉大学图书馆副研究馆员，馆长助理，硕士。

面向科研数据管理的高校
学科馆员能力建设研究[*]

1 引言

科研数据是指科研工作者在科学研究的实践中经过一系列调查、实验所产生的具有研究和利用价值的文本、数字、语音、图像及视频等资源。随着互联网信息技术的飞速发展，E-Science、E-Research 等新型科研环境已初步形成[1]，科研模式将发生重大变革，处理海量的数据逐步成为科研工作的重要内容，图书馆的角色正逐步从数据生命周期的下游（出版后）延伸到上游（出版前）[2]。在这一背景下，西方图书馆界开始探索科研数据管理的相关服务，他们将馆员嵌入科研环境，对科研数据进行收集、整理、挖掘并分类存储，然后将经过处理后的高价值数据共享给科研工作者，提供贯穿整个数据生命周期的个性化信息与咨询服务[3]。随着各国对数据管理的重视程度不断提高，越来越多的学者认为图书馆将会在这一领域扮演更加重要的角色[4]。美国研究图书馆协会（ARL）指出，科研数据管理将成为下一代图书馆员必须具备的能力之一。

国外部分高校开始设置数据馆员（data librarian）岗位，专门针对用户的数据管理需求，提供相应服务。早在 1997 年，美国学者 J. Liscouski 就指出图书馆员应做好职责转变，做好解决大数据管理相关问题的准备[5]。此后，很多学者开始探讨馆员在科研数据管理中的角色定位问题。英国学者 A. Swan 和 S. Brown 归纳了馆员在科研数据服务中的 4 种角色，分别是数据创造者（data creator）、数据科学家（data scientist）、数据主管（data manager）、数据馆员（data librarian），并指出数据馆员是图书馆的岗位设置首选[6]。近年来，国外学者侧重于研究如何将数据馆员嵌入整个科研生命周期开展数据管理服务以及数据馆员的服务实践。如 A. Cremer 等调查了新英格兰地区 141 个健康科学

　　[*] 本文系黑龙江省高校图工委科研课题"MOOC 环境下高校图书馆的服务创新研究"（项目编号：2015-B-016）和东北石油大学培育基金项目"面向高校科技成果转化的情报需求分析及知识服务研究"（项目编号：XN2014016）研究成果之一。

馆员与科学技术馆员的工作内容和所需技能，总结出 20 项数据馆员的技能，包括数据保存与评估、数据监管工具使用、数据服务宣传与营销以及数据监管标准制定等[7]。H. Thomas 等认为数据馆员应具备与其维护元数据、开发和应用元数据标准、利用数据分析工具支持服务等职责相对应的各项技能[8]。

国内对科研数据管理中与馆员相关的研究尚处于起步阶段，文献数量较少，多以介绍国外数据馆员角色或职责定位为主：①部分研究以国外高校图书馆对数据馆员的任职要求或招聘条件为切入点，如孟祥保等以国外 25 条数据馆员岗位招聘信息为研究对象，从岗位职责和胜任条件分析该岗位特征[9]；高珊等通过对国外数据馆员职位职能以及招聘条件进行调查分析，提出高校图书馆数据馆员的技能需求，认为数据馆员是需要掌握数据采集、挖掘、分析、存储、开发、安全等相关技能以及数据版权、隐私、法规、伦理等相关常识、具备优秀的团队合作能力与沟通能力的高素质综合性人才[10]。②还有部分研究以国外高校图书馆科研数据管理服务的现状为切入点，如马建玲等介绍了美国高校图书馆参与研究数据管理服务情况，认为图书馆员应培养新型研究数据收集和组织的技能，并要进一步加强协作能力[11]；魏来等通过对国外数据馆员设置机制的研究，提出我国高校数据馆员的角色定位[12]。③也有部分学者结合国内外科研数据管理的服务现状，指出了馆员在科研数据管理过程中应担任的角色或具备的技能。如宋姬芳论述了国内外学科馆员学科知识服务能力研究的现状，结合学科知识服务工作实践，提出学科馆员开展学科知识服务所需的 22 项知识和技能，并通过调研实证了这些能力要求的合理性和必要性[13]；穆向阳等以科研数据整个生命周期为主线，逐个环节地探讨了学科馆员涉及的工作内容及方式，定位学科馆员在其中的工作角色[14]；毛玉容等选取 2016 年 U. S. News 全球大学综合排名前 100 的高校中已开展科学数据服务的高校图书馆作为调研对象，从科学数据馆员的职位名称、服务方式、服务内容、能力要求、培训和考核等方面对这些高校图书馆科学数据馆员制度的现状进行了分析和总结[15]。④还有部分学者结合大数据背景，重点阐述了馆员应具备的数据素养，如陈雁认为大数据环境下，馆员需具备认识、获取、组织、管理、分配、共享、利用和主动推送数据的能力，并通过数据挖掘与分析，嵌入学术研究过程，提供精准服务，成为研究者的学术伙伴[16]；李艳坤认为，大数据环境下学科馆员必须具备的能力是如何在信息知识管理与服务的过程中实现信息知识的创造[17]；徐刘靖等认为，作为科研数据服务的提供者和内容的保存者，高校图书馆员数据素养的提高迫在眉睫，指出馆员数据素养的内涵包括数据意识、数据知识、数据技能和数据伦理[18]。以上这些研究对于我们借鉴国外先进经验、了解馆员在开展科研数据管理服务中的角色具有重要帮助。但是对于馆员应该具备什么样的素质或能力，还没能形成一个清晰或系统全面的认识，并且对馆员面向科研数据管理的服务能力如何提高这一问题，尚没有学者开展相应研究。

2014 年 10 月，"中国高校图书馆科研数据管理推进工作组"在上海成立，标志着我国高校图书馆将在这一领域发挥更大的作用。由于暂不具备设置专门数据馆员岗位的环境，我国目前尚未对数据馆员这一岗位做出明确界定，但很多高校已经建立了学科馆员队伍，可以在这一岗位的基础上开展相应服务作为向数据馆员的过渡。科研数据管理服务作为高校图书馆的一种新型业务，从服务模式到服务内容都与传统的文献服务和信息服务有很大不同，将对学科馆员的专业素质和服务能力提出更高的要求。本文将在其他学者研究的基础上，以分析国内外高校图书馆开展科研数据管理服务的内容为突破点，深入分析科研数据管理服务中的学科馆员角色，进一步系统地阐述科研数据管理对学科馆员的能力要求，并提出面向科研数据管理服务的学科馆员能力建设策略，以期为开展科研数据管理服务的国内高校图书馆有针对性地培养学科馆员提供参考。

2 高校科研数据管理的服务内容

国内图书馆科研数据管理服务的研究刚刚起步，目前研究多为对国外先进经验的介绍和对此项工作的认知以及重要性探讨等；在实践层面，仅有北京大学、复旦大学、武汉大学和厦门大学等少数高校正在探索性地开展与科研数据管理服务相关或类似的工作。相比之下，美国、英国、澳大利亚、加拿大等国外高校图书馆开展的服务形式多样、内容丰富、技术含量高[19-20]。对国内外高校科研数据管理服务的内容进行归纳，有助于我们了解馆员在面向科研数据管理服务中的角色定位，为梳理能力需求提供依据。

2.1 科研数据管理推介

图书馆开展科研数据管理推介活动的主要目的是帮助科研工作者了解科研数据管理的基础知识，意识到科研数据管理的意义，树立数据管理理念。在这方面，澳大利亚高校的图书馆做了很多工作，他们主要在图书馆网站上设置专门的数据管理服务板块，或印制宣传资料，分门别类地向读者介绍什么是科研数据、科研数据管理的意义以及数据管理的相关概念。如墨尔本大学图书馆网站分别从 Why、How、Benefits 等方面详细地对科研数据管理进行了阐述，点击率非常高[21]。

2.2　科研数据管理计划指导

科研数据管理计划最早起源于美国。2010 年，美国国家科学基金会（NSF）开始要求所有的基金申请者必须在申请材料中一并提交对该项目开展数据管理的计划（data management plan，DMP），以实现对基金研究成果的共享与传播[22]。这一政策的出台，对于当时大部分研究人员来说是一个很大挑战，于是很多人开始向图书馆员咨询并寻求帮助。美国图书馆界顺势而为，深入推进此方面的研究，积极开展数据管理计划指导，编制科研数据管理指南和模板，为科研工作者解决了现实困难[23]。目前，美国除了国家科学基金会外，国立卫生研究院（NIH）和国家航空航天局（NASA）等许多基金研究机构都陆续对科研数据管理尤其是 DMP 提出了明确的要求，美国高校的图书馆也将 DMP 指导作为数据管理服务工作的重点[24]，提供的服务包括 DMP 清单模板、文件命名规则、数据类型与格式说明、数据的所有权归属、数据的相关伦理与版权许可、数据存储与共享要求等[25]。英美等国图书馆还开发了 DMP 的在线生成工具，如英国的 DMPonline 和美国的 DMPTool 等，用户使用量都很大[26]。

2.3　科研数据的存储

长期保存有价值的科研数据是科研活动的一项基本内容，可为今后开展相关研究积累基础资料。图书馆在资源保存方面有非常丰富的经验，可以通过扩展自建的机构知识库功能或与学校相关机构及科研院所合作建设存储平台，为科研数据存储提供先进的技术服务平台和良好的硬件环境[27]。国外很多高校存储平台都做得很好，比如麻省理工学院图书馆的 DSpace、普林斯顿大学图书馆的 DataSpace、康奈尔大学的 Date Star、普渡大学图书馆的 E-Date、哈佛大学和麻省理工学院合作的 HMDC 等都可为科研工作者提供科研数据的存储和共享服务[28-29]，有的机构也称之为数据监管（data curation）服务；牛津大学建立了数据管理两层存储体系[30-31]，既满足了研究人员对本地数据管理的需求，又为科研机构对数据的管理和维护提供了方便；澳大利亚高校的数据存储设施一般由校方建设并管理，多数图书馆只负责为用户提供存储指导服务，主要指导科研工作者申请存储空间、选择适合自身需求的存储方式以及如何进行数据版本控制和保证数据安全等；2014 年，我国复旦大学与哈佛大学 Dataverse Network 合作，建立了复旦大学社会科学数据平台，这是我国首个高校社会科学数据平台，可为高校、研究机构和政府部门提供科研数据的存储、发布、交换、共享与在线分析等功能[32]；由武汉大学图书馆承担的CALIS 三期预研项目成果之一的"高校科学数据共享平台"也正处于试运行阶段，它以开源软件 DSpace 为平台基础，已基本建立了数据提交、组织、保存、共享与使用等规范[33]。

2.4 科研数据的开发与共享

科研数据的存储是为它的开发与共享服务的。对保存的数据开展分析、整理与评价，挖掘这些数据与其他相关信息的关联，进行二次开发，实现数据增值，并通过一定的共享渠道，让更多的科研工作者方便地使用这些有价值的数据才是科研数据管理的最终目的[34]。在数据实现共享之前，与这些数据相匹配的元数据的编写、数据导航、版权保护等一系列问题也需要图书馆协助解决。例如，将某一数据与其支撑的文献关联起来，可以使科研工作者检索到这篇文献时，能够同时看到它所依据的数据；同理，当检索到数据时，也能看到该数据支持过哪些研究，产生了哪些文献。哈佛大学通过对存储的科研数据展开分析，生成 SPSS 和 STATA 分析的数据表，然后通过检索平台分享给科研工作者，可直接作为引用数据[35]；德国国家科技图书馆（TIB）为存储的每项数据都分配一个数字对象标识符，使科研数据与馆藏文献实现有效链接，大大方便了科研工作者的信息获取；塔斯马尼亚大学图书馆开展的数据发现服务非常到位，他们定期通过 National Metadata Store 等平台发布本校科研工作者提交的元数据信息，使其他用户可以很方便地通过 Google 等网络搜索引擎检索并下载。2014 年，我国的国家自然科学基金委和中国科学院开始要求基金资助的研究成果存入知识库，并实现开放获取，中国科学院文献情报中心提供的跨界集成检索服务目前可以面向非文献型数据资源进行检索。

2.5 科研数据参考咨询

参考咨询是一种个性化的深度服务，也是学科馆员的核心工作内容之一。开展面向科研数据的参考咨询服务，馆员可嵌入到科研团队工作中，以图书馆大量的信息数据源为基础，围绕数据分类、上传、存储、维护和共享获取等环节，主动了解科研工作者的数据管理需求[36]，解答他们在数据管理过程中遇到的各种问题，为他们提供贯穿整个科研数据生命周期的针对性服务[37-38]。澳大利亚部分高校专门设置了研究数据馆员（research data librarian），在学科服务的基础上，通过 FAQ、E-mail 和在线咨询等形式为科研工作者提供数据参考咨询；美国马里兰大学图书馆的馆员参与到学校科研项目的开发和设计过程中，根据他们已经完成的数据管理咨询问题，为项目组提供可持续发展的研究建议，减少研究工作的重复性[39]。也有高校为研究人员提供预约数据管理咨询服务[40-41]，研究人员可以在线或电话预约某个馆员，通过会面交谈，馆员在了解其数据管理问题后，与他们一起分析探讨，进一步提出研究或管理建议。

2.6　科研数据管理培训

对于科研工作者来说，数据管理毕竟还是一种新生事物，当他们意识到自身数据管理能力的不足后，一般会寻求专业人士的指导和培训，这也为科研数据管理服务提供了新的契机[42]。图书馆可以通过培训会、座谈会、资料传送、工作组研讨以及 MOOC 等形式，面向科研工作者开展培训，使他们具备数据管理的基本能力，掌握数据管理方法，学会使用常用的信息系统工具等。如莫纳什大学图书馆利用各种方式，满足不同学科背景、不同职业生涯阶段的科研工作者提高数据管理技能的需求，既为他们提供独立的培训课程，也提供嵌入式培训服务；塔斯马尼亚大学图书馆开发了多模块的在线辅导课程，全面地介绍科研数据管理基础知识和 SPSS、NVIVO 等数据管理软件的使用技巧。此外，还可以开展元数据格式、描述标准方面的培训，帮助研究人员提高数据的检索效率，扩大数据共享面。

随着科研数据管理的深入发展，图书馆参与科研数据管理服务的领域会进一步拓展，内容也会更加丰富。如参与机构数据管理政策的制定、元数据标准规范建设、数据挖掘与分析工具开发以及数据灾备与恢复服务[43]等。

3　科研数据管理服务对学科馆员的能力要求

结合上文对科研数据管理服务内容的阐述，笔者认为，面向科研数据管理的高校学科馆员应是一种综合性的高素质人才，除了要具有图书情报、资源建设和学科服务等方面的知识以及热情的服务态度和良好的沟通协调能力等基本素质外，还要有以下几个方面的能力：

3.1　超前的数据管理服务意识

学科馆员是高校图书馆向广大师生特别是科研工作者展现服务水平的一个重要窗口。如果没有超前的数据管理服务意识，在提供服务时就只能机械地停留于为用户提供简单的文献和信息检索服务而非嵌入式的个性化服务[44]。在数据管理过程中，科研工作者的需求可能千变万化，面临的问题可能也五花八门，所以学科馆员必须能主动发现并掌握用户所需数据及数据源，善于识别数据资源的真伪及价值，对于用户显性需求，能准确理解，及时满足；对于用户隐性需求，能主动深入发掘，通过各种途径将其显性化。这要求学科馆员具有敏感的职业触觉，善于从不同角度对数据予以分析和加工，发掘其潜在价值，实现增值。部分研究数据可能还涉及研究对象的隐私，这就需要学科馆员具备更高的自律意识，从法律、伦理角度来管理研究数据，保证其在许可的范围内传播。衡量馆员科研数据管理服务的标准，不应仅仅局限于为用户检索或提供了多少数量的数据，而更应重视其如何帮助科研工作者发现、管理和利用好这些宝贵的数据资源，推动科研工作的良性发展。

3.2　整合数据与馆藏资源能力

作为一名学科馆员，对馆藏资源熟谙于心是其开展学科服务的基本条件。面向科研数据管理服务，学科馆员首先应具备对数据资源进行整合的能力，即通过数据格式或媒介的转换、数据清理、聚类和关联等一系列的数据整合和抽取机制，将多个逻辑上不统一的数据源整合成一个逻辑统一体，使用户不再需要访问多个数据源就能获取科研工作所需的大量数据。其次，学科馆员在数据整合的过程中，应积极将掌握的科研数据与馆藏资源实现关联，揭示其与相关科学文献的关系，针对科研团队的研究进展，及时推送相应馆藏资源，为新的数据创造提供帮助，从而使科研工作者创造更多有价值的关联数据[45]。同时，还应具备较强的数据鉴别能力，去伪存真、去粗取精，鉴别出有价值的数据和核心数据，使其成为永久馆藏，为更多的用户所用。此外，还要求学科馆员拥有良好的团队合作与交流能力，这样才能把全馆的数据资源整合在一起，为科研工作者提供更好的创新服务。

3.3　数据分析与数据挖掘能力

面向科研数据管理服务的学科馆员应具备较强数据分析与数据挖掘能力。要掌握一定的数学、统计学、计算机基础，通过分析和发掘与用户有关的数据信息，更好地把握用户需求，并调整自身工作方法和服务策略，为不同用户提供有针对性的个性化服务。从本质上看，科研数据本身可能并没有太大的价值，只有基于对大数据的处理和分析，才可能产生巨大的增值价值[46]。数据馆员要能够在大量的数据中选择有效数据并通过数学建模的方式表达出来，这一过程可以获得有效数据，并将数据中蕴含的信息揭示为显性信息，用于指导科学决策。这就需要学科馆员能熟练使用常用的数据分析处理软件，如 SPSS、STATA 等，能够胜任对数据进行系统化、综合化的深入分析、抽取、对比、归纳、总结、推论等工作，能够评价数据可信度、完整性、权威性，对数据所揭示的内在规律和趋势进行深度解读，将数据分析结果用多种方式呈现出来，及时提供给研究人员使用。要有数据可视化分析的能力，能利用可视化工具制作数据分析表格和图表，方便科研工作者开展数据实证方面的研究。

3.4 熟练应用数据平台的能力

图书馆要开展科研数据管理服务，学科馆员所掌握的图书馆传统技能和检索工具已难以应对海量数据信息的规模性和复杂性，数据管理工具和平台是必不可少的。目前，国内高校大多采用开源软件如 DSpace、EPrints、Fedora 等为基础来开发建设数据管理平台，学科馆员必须具备熟练应用这些平台的能力，能及时解决用户在数据资源提交、上传、保存、存储、管理、发现、分析等各个环节中可能遇到的问题。同时，要能胜任利用平台开展数据的采集、筛选和分析等工作，并能对平台的发展完善提出合理化建议。

3.5 数据管理咨询与指导能力

参考咨询是学科馆员的一项基本职责。面向科研数据管理的咨询服务主要包括围绕数据生命周期的数据管理计划制定、政策解读、数据处理工具技术、数据监管和发布流程等方面的咨询，这要求学科馆员对科学研究和数据管理流程要有充分的了解，还要熟悉学校的科研管理和数据管理政策，掌握一定的知识产权和数据法律知识，能够对用户提出的问题进行详细的分析，提出满意的解决方案[47]。除了要具备图书馆学、情报学的专业知识和计算机、互联网知识外，还必须要牢固掌握所服务相关学科的基础知识，了解学科发展趋势和前沿理论，关注热点研究问题，努力提升自己知识的广度与深度[48]。为了提高用户的数据素养，学科馆员还要针对具体的科研活动，举办各种数据分析培训，这要求他们具备一定的教学和实践指导能力，明确教学目标，能有效地让用户数据素养得到提升。此外，随着科研国际化的发展，高校许多科研项目已经与国际水平接轨，学科馆员可能面临着对大量的外文数据或文献进行处理、加工、鉴别、分类的工作，这对他们的外语水平也提出了较高的要求。在数据的共享与获取过程中，可能涉及知识产权和版权保护的问题，学科馆员对相关法律法规的了解也是必需的[49]。

3.6 逐步提升科研素养的能力

科研素养是指人们在开展科研活动过程中必须具备的素质和能力。学科馆员要想嵌入科研团队，为他们提供优质的数据管理服务，就必须具备基本的科研素养，培育科研意识和科研精神，懂得一定的科研方法。要有严谨的学术态度和求实创新的学术精神，要了解科研的基本程序，懂得科研数据产生的基本过程，要具备捕捉科研问题、发现科研价值和规划研究思路的能力，还应具备良好的书面表达能力。图书馆员身处知识的殿堂，开展科学研究有着许多得天独厚的优势和条件，教育部 2015 年新修订的《普通高等学校图书馆规程》也提出，高等学校应支持图书馆有计划地开展学术研究，鼓励馆员申报各级各类科研项目。但从目前的状况来看，与高校专业科研人员相比，图书馆员的科研水平和科研素养还普遍相对较低，这对他们真正融入科研团队、提供针对性的数据管理服务将是个很大的挑战，所以必须在此方面有所改善，逐步提升队伍的整体科研素养。

4 面向科研数据管理服务的学科馆员能力建设策略

目前，我国学科馆员在知识、技能和素质等方面的不足是高校图书馆拓展科研数据管理服务的最大障碍。高校应采取积极引进与全面培养相结合的方针，积极探索馆员资质认证，加强管理机制和激励机制创新，通过多培训、多交流、多学习的方式，不断优化馆员的专业和学历结构，逐步提升科研数据管理服务能力与水平，力争早日实现由学科馆员向数据馆员的升级。

4.1 适时开展学科馆员资质认证

由于从事科研数据管理服务要求学科馆员必须具备一定的学科背景和专业技能，为保证服务质量，带动学科馆员整体素质提升，各级政府部门应根据图书馆事业的发展状况，合理借鉴其他国家的成功经验，以点带面，稳步地推行专业图书馆员职业准入或资格认证制度。按照政府或各级图书馆学会制定的职业技能标准和任职资格条件，通过政府主管部门认定的考核机构，对图书馆从业者的技能水平和任职资格条件进行考核与鉴定，对考核合格者颁发相应的证书，准许其从事相应的岗位服务[50]。根据从事科研数据管理服务的学科馆员能力要求，在资质认定中既需考核图书情报专业知识和所服务的学科知识，也要考核其科研素养和数据素养，更要对数据管理工具和平台的实践操作能力进行考核，并在面试环节增加管理、沟通、协调等基础能力的考核。

4.2 开展针对性的教育与培训

高校图书馆应通过在职培训、学历进修或馆际交流等渠道，有针对性地提高馆员的数据管理服务能力。培训可以由图书馆、行业协会、平台服务商、社会数据服务机构等组织开展。从培训形式来看，可以选择课程培训、专家讲座、会议讨论或在线学习等方式。其中，依靠图书馆学会等组织，开办数据管理服务系列专题培训班是快速提升馆员服务能力的有效方式，还有目前正流行的大型开放式网络课程（MOOC）也非常适合馆员利用空闲时间进行学习。从培训内容来看，应结合馆员的知识结构和学科背景，依托馆藏数据资源和拟采用的数据管理平台，注重理论学习与技术实践相结合，具体应在制定数据管理计划、数据分析工具的使用、文献计量、数据挖掘、数据发现、开放获取与数据共享等专业技能以及团队合作、沟通协调、嵌入服务等软技能等方面做出努力。应注意把对学科馆员的培训与对科研工作者的培训区别开来，侧重培养馆员跳出思维定式，形成多维化视角。要密切关注国内外科研数据管理研究的最新进展与发展趋势，针对该领域的新知识、新技术、新理论开展持续学习，注重加强科研数据管理服务的馆际交流，共享专业技能与服务经验。要鼓励馆员考取信息分析师、数据分析师等专业技术证书，实现职业生涯与个人成长的有机结合。学科馆员也应在日常工作中注重积累，在专业技能与知识之外，多学习人文与管理知识，不断改善知识结构，拓宽知识面，多学习沟通和营销技巧，提升组织协调与管理能力，使自身的专业理论水平和实践工作能力不断更新和加强。

4.3　实行追求卓越的标杆化管理

标杆管理是上世纪 90 年代以来国际上最具影响力的管理方法之一，它主要依靠识别并引进行业佼佼者或设定在某一领域的最佳实践为学习对象，通过彼此对比，寻找差距，然后持续地改善自身不足，以此提高绩效或服务水平，通俗地说，就是一种"比、学、赶、超"的管理创新过程。高校图书馆可以引入这种管理方法，开展标杆化管理，以国内外某个高校图书馆的先进科研数据管理服务实践为标杆，学习他们先进的服务理念、服务模式和服务流程，使学科馆员在服务实践中自觉提升各方面能力。学科馆员个人可以行业内或团队内先进分子为标杆，学习他们的服务模式、先进技能和沟通协调能力，不断提升专业技能，发挥创造力。要将学科馆员的个人发展与图书馆事业特别是科研数据管理事业的发展紧地结合在一起，为每个馆员都设定一条通过努力可以达到的目标和道路，充分发挥他们的潜力，鼓励他们自我超越，从而在整个馆内形成一种追求卓越的文化，促进个人的、专业的和组织的不断成长。

4.4 完善激励与考核评价机制

科学的激励与考核评价机制是促进学科馆员不断提高自身能力和数据管理服务质量的重要保障。首先，高校图书馆应完善激励机制，从物质激励、情感激励和文化激励等多方面着手，充分调动馆员参与服务的积极性与主观能动性[51]。科研数据管理服务是一种附加值较高的创造性劳动，而且学科馆员深入科研团队，需要经常加班加点，所以应当结合他们的工作情况，适当给予劳动补贴或奖金，对于馆员主动学习相关知识或考取与数据管理相关专业技术证书的情况，馆里应在资金允许的情况下给予一定的资助或报销一定比例的费用；要关心学科馆员的成长和能力发展，尊重他们的探索性工作，积极为他们营造和谐的成长环境，为他们的创新服务和潜能开发提供更多平台，在情感上给予他们无形的激励。其次，高校图书馆应完善考核和评价机制，注重对馆员能力发展和服务质量的引导，对于面向科研数据管理服务的学科馆员考核应区别于馆内其他人员，对他们工作业绩的考核既要重视"量"，更要重视"质"，应以用户为中心，把学科馆员服务的科研团队成员和有业务往来的其他部门人员评价作为重要参考。应把学科馆员数据管理相关专业技能的考核作为硬指标，引入竞争机制，实行末尾淘汰。对于综合考核不合格的学科馆员，应坚决进行岗位调整；对于考核优秀的馆员，应在绩效奖金、职称晋升、干部选拔、进修机会等方面适当倾斜，从而达到激励他们自觉发挥自身优势、提升综合素质的目的。

5 结语

面向科研数据管理的高校学科馆员应是一种综合性的高素质人才，除了要具有学科服务基础知识以及热情的服务态度和良好的沟通协调能力等普通学科馆员的基本能力或素质外，还要有较高的数据素养和数据管理服务技能，要有超前的数据管理服务意识，具备整合数据与馆藏资源能力、数据分析与数据挖掘能力、熟练应用数据平台的能力以及数据管理咨询与指导能力，此外还要有一定的科研素养。实现这些能力的提升需要高校与学科馆员共同努力，高校应采取积极引进与全面培养相结合的方针，积极探索馆员资质认证，加强管理机制和激励机制创新，通过多培训、多交流、多学习的方式，为馆员的成长成才提供条件。科研数据管理即将开辟高校图书馆知识服务的崭新领域，服务效果如何，关键在于学科馆员的能力水平，高校图书馆只有重视和加强对馆员面向科研数据管理服务能力的建设，才能真正参与好科研数据管理工作，实现从文献服务向知识服务的重要转型。

致谢：本文中部分数据资料的收集与整理得到"EPS 数据"的大力支持，谨致谢意。

参考文献：

［1］ 孙继周. E-Science 环境下高校图书馆开展科学数据管理与共享的路径研究［J］. 图书馆, 2016,（5）：66-71.

［2］ 张凯勇. 数据密集型科学环境下的高校图书馆科学数据服务［J］. 图书馆学研究, 2014,（3）：69-72,96.

［3］ 徐坤,曹锦丹. 高校图书馆参与科学数据管理研究［J］. 图书馆论坛,2014,34（5）:92-98.

［4］ 黄如花,周志峰. 近十五年来科学数据管理领域国际组织实践研究［J］. 国家图书馆学刊, 2016,25（3）：15-27.

［5］ LISCOUSKI J. The data librarian:introducing the data librarian ［J］. Journal of automatic chemistry,1997,19（6）:199-204.

［6］ SWAN A, BROWN S. The skills, role and career structure of data scientists and curators: an assessment of current practice and future needs［EB/OL］.［2016-02-12］. http://www. jisc. ac. uk/whatwedo/programmes/digitalrepositories2007/dataskillscareers. aspx.

［7］ CREMER A, MORALES M, CRESPO J, et al. An assessment of needed competencies to promote the data curation and management librarianship of health sciences and science and technology librarians in new England ［J］. Journal of e-science librarianship,2012,1（1）:18-26.

［8］ Davenport H, PATIL D J. Data scientist: the sexiest job of the 21st century［J］. Harvard business review,2012,（10）:70-76.

［9］ 孟祥保,钱鹏. 国外高校图书馆数据馆员岗位设置与管理机制［J］. 图书与情报, 2013,（4）：12-17.

［10］ 高珊,卢志国. 国外数据馆员的能力需求与职业教育研究［J］. 图书馆, 2015,（2）：65-69,75.

［11］ 马建玲,祝忠明,王楠,等. 美国高校图书馆参与研究数据管理服务研究［J］. 图书情报工作,2012,56（21）:77-82,142.

［12］ 魏来,高希然. 大数据背景下高校数据馆员的角色定位［J］. 情报资料工作,2015,（5）:90-94.

［13］ 宋姬芳. 学科馆员学科知识服务能力的建构与实证［J］. 大学图书馆学报, 2015,33（3）：68-76.

［14］ 穆向阳,洪跃. 学科馆员在科研数据管理中的角色分析［J］. 新世纪图书馆,2015,（8）:17-21.

［15］ 毛玉容,许春漫. E-science 环境下高校图书馆科学数据馆员制度建设研究［J］. 图书馆学研究, 2016,（16）：85-95,10.

［16］ 陈雁．大数据环境下学术图书馆的功能及馆员素质探究［J］．河南图书馆学刊，2016,36(5)：116-118．

［17］ 李艳坤．大数据环境下学科馆员能力塑造研究［J］．图书馆学刊，2016,38(4)：35-37,42．

［18］ 徐刘靖,沈婷婷．高校图书馆员数据素养内涵及培养机制研究［J］．图书馆建设，2016,(5)：89-94．

［19］ 尹春晓,鄢小燕．研究型图书馆在科学数据管理中的角色问题研究［J］．图书馆学研究,2014,(15)：48-52,64．

［20］ 赵美玲,秦卫平．国际科研数据管理研究热点探析［J］．科技管理研究,2016,36(13)：170-175．

［21］ 蒋丽丽,陈幼华,陈琛．国外高校图书馆数据馆员服务模式研究［J］．图书情报工作，2015,59(17)：56-61．

［22］ NSF. Dissemination and sharing of research results［EB/OL］．［2016-01-26］. http://www.nsf.gov/bfa/dias/policy/dmp.jsp.

［23］ 马建玲,曹月珍．研究数据管理工具发展研究［J］．图书馆学研究, 2014,(15)：40-47．

［24］ 张莎莎,黄国彬,邸弘阳．美国高校图书馆科研数据管理服务研究［J］．图书馆杂志，2016,35(7)：59-66．

［25］ WikiPedia. Data management plan［EB/OL］．［2015-12-08］. http://en.wikipedia.org/wiki/Data_management_plan.asp.

［26］ University of California Curation Center. DMPTooL［EB/OL］．［2015-11-02］. https://dmptool.org.

［27］ 熊文龙,李瑞婻．基于科学数据管理的图书馆数据服务研究［J］．图书情报工作，2014,58(22)：48-53．

［28］ 孟祥保,钱鹏．高校社会科学数据管理的国际经验及其借鉴——以 UKDA 和 ICPSR 为例［J］．情报资料工作,2013,(2)：77-80．

［29］ Cornell University Library. Toward 2015：Cornell University Library strategic plan,2011-2015［EB/OL］．［2014-08-25］. http://www.library.cornell.edu /sites/default/files/CUL_Strategic_Plan_2011-2015(re-numbered)_1.pdf.

［30］ Developing infrastructure for research data management at the University of Oxford.［EB/OL］．［2015-12-31］. http://www.ariadne.ac.uk/issue65/wilson-et-al.

［31］ 武琳,林明春．牛津大学科学数据管理经验与启示［J］．图书馆学研究,2015,(24)：48-53．

［32］ 殷沈琴,张计龙,张莹,等．社会科学数据管理服务平台系统选型研究——以复旦大学社会科学数据平台为例［J］．图书情报工作,2013,57(19)：92-96．

［33］ 刘霞,饶艳．高校图书馆科学数据管理与服务初探——武汉大学图书馆案例分析［J］．图书情报工作,2013,57(6)：33-38．

［34］ 黄如花,邱春艳.图书馆参与科学数据管理中的元数据应用实践研究[J].图书与情报,2014,(5):65-69.

［35］ 鄂丽君.国外大学图书馆的科研数据管理教育[J].情报资料工作,2014(1):101-105.

［36］ 初景利,孔青青,栾冠楠.嵌入式学科服务研究进展[J].图书情报工作,2013,57(22):11-17.

［37］ 黄红华,韩秋明.英国大学科研数据的管理[J].情报资料工作,2015,(3):103-108.

［38］ 史艳芬,刘玉红.基于科学数据管理生命周期的高校图书馆服务角色定位研究[J].新世纪图书馆,2016,(4):35-39.

［39］ 穆卫国,史艳芬.高校图书馆开展社会科学数据管理的对策研究[J].图书馆,2015,(7):55-60.

［40］ PINFIELD S, COX A M, SMITH J. Research data management and libraries:relationships, activities, drivers and influences[J]. PloSone,2014,9(12):e114734.

［41］ University of Edinburgh library. Research data MANTRA project [EB/OL].[2015-12-29]. http://www. ed. ac. uk/school-departments/information-services/about/organisation/ed/data-library-projects/mantra.

［42］ 詹洁.英国高校图书馆员研究数据管理培训项目探析[J].大学图书情报学刊,2015,33(1):122-125.

［43］ 林静,伊雷,陈珊珊,等.大数据时代高校图书馆开展学科服务研究——学科馆员工作案例解析[J].现代情报,2015,35(12):65-69.

［44］ 沈婷婷.数据素养及其对科学数据管理的影响[J].图书馆论坛,2015,35(1):68-73.

［45］ 黄孝群.转型变革期高校图书馆馆员能力建设策略[J].图书情报工作,2014,58(9):51-56.

［46］ 邱庆东.大数据环境下的图书馆员角色定位与创新服务研究[J].图书与情报,2015,(6):119-121.

［47］ 黄燕华.面向科技创新团队的"学科馆员+科研管理人员"信息服务模式研究[J].图书馆学研究,2014,(12):98-101.

［48］ 初景利.学科馆员对嵌入式学科服务的认知与解析[J].图书情报研究,2012,5(3):1-8,33.

［49］ 柯平,刘莉.虚拟图书馆员——Lib3.O 环境下的新型馆员[J].大学图书馆学报,2012,30(3):24-29.

［50］ 郭晶.高校图书馆学科馆员能力标准与资质认证规范研究[J].图书情报工作,2014,58(11):48-53.

［51］ 赵功群,都平平.高校学科馆员能力素质模型构建研究[J].图书馆研究,2015,45(3):99-103.

作者简介

胡绍君（ORCID：0000-0002-1057-9787），副研究馆员，硕士。

社会科学数据管理服务平台
系统选型研究[*]

——以复旦大学社会科学数据平台为例

1 研究背景

1.1 社会科学数据

社会科学数据主要集中在社会、经济领域，主要包括两类数据：①国家统计部门发布的统计数据；②为社会科学研究和政策制定而专门进行的调查的数据。社会科学的研究成果很大程度上影响着政府关于教育、工资、健康和养老金的政策[1]，而每一项研究成果均一定程度上依赖于研究人员所采集的大集合、高质量的数据[2]。高校社会科学数据主要包括学者研究实践过程中的统计数据、实验数据、派生或汇编数据、专项调查数据及报告、论文、衍生出版物等。

早期社会科学数据存在于少数国家机构和研究者手中，在小范围内分散使用。近年来，国内外一些机构和高校均认识到构建数据平台集中管理和共享社会科学数据的重要性，并逐步开展这方面的实践[3]。社会科学数据管理服务平台（以下简称"社会科学数据平台"）对于切实改变传统的科学数据私有观念，打破信息壁垒，实现科学数据的合理流通和最大限度的共享有着举足轻重的作用。

1.2 复旦大学社会科学数据研究

复旦大学社会科学数据研究中心成立于 2011 年 11 月，是"985 工程"三期重点建设项目。中心的使命是收集、整理和开发中国社会经济发展数据，为学者提供更具竞争力的研究条件和数据服务，为学生提供更加坚实的社会科学调查方法和应用训练，鼓励跨学科的研究，为复旦大学履行传承记录文

---

* 本文系复旦大学 985 项目"复旦大学社会科学数据研究中心数据共享平台"（项目编号：EZH4302101）研究成果之一。

明的职责，成为"国家智库"提供重要的、基础性的支撑[4]。

为了构建复旦大学社会科学数据平台，研究中心成立了项目组。历时一年有余，项目组完成了对国内外多家社会科学研究机构和著名大学社会科学数据平台的调研，开展了基本需求分析、元数据规范、标准和设计方案的制定、系统选型工作。本文将着重介绍系统选型过程。

1.3 国内外社会科学数据平台现状

项目组前期针对欧美主流的社会科学数据研究机构进行了调研，发现主流的社会科学研究机构均构建了社会科学数据平台，重点在系统功能、元数据、业务模式、服务模式和科研政策等方面进行管理和提供服务，如美国密歇根大学的高校校际政治和社会研究联盟（ICPSR）、英国国家数据资料库（UKDA）、欧洲社会科学数据存档委员会（CESSDA）等。国内外主流的社会科学数据平台包括以下几种类型：①高校自行开发的平台，如 ICPSR 自 20 世纪 90 年代起就构建平台，此后不断进行新版本的开发和升级。②采纳开源软件进行二次开发的平台，目前主要的开源软件包括美国麻省理工学院的DSpace[5]、美国康乃尔大学的 Fedora Commons[6]、哈佛大学和麻省理工学院合作开发的 Dataverse[7]；近年来香港科技大学、英国爱丁堡大学数据共享中心采用 Dspace 来构建数据平台，美国康奈尔大学 DataStaR、美国约翰霍普金斯大学 DataConservancy、英国牛津大学嵌入式机构数据监管服务（EIDCSR）等采用 Fedora 来构建数据共享平台；Dataverse 在社会科学领域也有着广泛的应用，全球已公开的有 20 多家用户。③商业软件，如挪威社会科学数据服务中心（NSD）开发的商业软件 Nesstar[8]，在全球有 100 多家公共机构和学术机构用户，知名用户有 UKDA、芝加哥大学的全国民意调研中心（NORC）等；中国台湾"中央研究院"的学术调查研究资料库 SRDA 也采纳了 Nesstar。④商业开发的在线分析软件，如加州大学伯克利分校开发的在线分析软件SDA 在全球的社会科学数据研究中心有很多用户。

我国近 10 年来对科学数据开展了一些研究和实践，在国家和地方层面设立了系列的科学数据共享平台建设项目，包括科技部的科学数据共享工程，中国科学院的科学数据库及省（市）科技厅或下属机构的科学数据共享相关网站等[9]。高校和研究机构层面，一些学者进行了数据监护和科学数据管理的研究[10-12]，中国科学院构建了针对自然科学的国际科学数据管理平台，武汉大学图书馆进行了高校科学数据管理平台的研究与实践[13]等。

由于不同学科间的差异，科学数据管理平台的功能针对具体的学科领域应有所不同。就社会科学而言，我国高校的社会科学数据长期未得到应有重视，国际交流历史较短，对社会科学领域的数据管理服务平台没有针对性地研究，调查统计数据主要分散在政府和科研人员手中，共享意识亟待提高。目前大陆地区仅有中国人民大学自建平台将中国综合社会调查（CGSS）的数据予以公布，但功能远不够完善。我国亟须对社会科学数据进行管理，构建专业社会科学数据平台开展应用研究，将数据分散保存变为集中存储、公开发布，提供创新服务。

2　平台功能需求

2.1　基本功能

经过项目组前期的需求调研、梳理和厘定，社会科学数据平台主要面向复旦大学的研究机构、项目组、课题组、研究者个人，提供的资源包括三类：①科学数据；②复旦大学的研究机构、实验室、课题组内部的成员基于科学数据发表的研究成果；③研究机构、实验室、课题组之外的成员通过访问平台公开获取科学数据和研究成果，基于科学数据和研究成果发表的衍生出版物。

复旦大学的社会科学数据平台集中展示复旦大学的社会科学数据及其研究成果，必须具有以下基本功能：①数据管理，包括：科学数据和基于科学数据的研究成果、衍生出版物的上传、审核、处理、发布；科学数据的长期保存；科学数据的更新。②数据服务，涵盖：科学数据和基于科学数据的研究成果、衍生出版物的检索、浏览和下载；资源导航、搜索引擎；数据论坛。③数据交换，基于一定的数据标准协议如 OMI-PMH 协议、Nesstar 格式协议等与国内外的其他管理服务平台进行数据收割和交换。比如复旦大学社会科学数据平台和哈佛大学、密歇根大学等社会科学数据重镇建立联系，相互之间交换和定期收割数据。④数据共享，采用一定的技术手段，实现数据分类分级共享。根据数据处理程度和应用目的将科学数据资源划分为三类：课题组内部、复旦大学内部、复旦大学外部，不同的用户人群具有不同的使用权限。

2.2　进阶功能

复旦大学的社会科学数据具有以下主要特点：①连续性：大量长期跟踪调查，历经数年，每年均采集新数据；②复杂多样性：不同学科类型的数据，包括经济管理类数据、人口普查数据、历史地理数据、长期跟踪调查数据等；调查数据具有非常多的属性，包括数据采用的编码、数据地理覆盖范围、地理信息单元、数据类型、数据收集的范围、抽样过程、数据权重、数据清洗等信息；③共享性：数据能够被不同的用户使用，并能在公开出版物中引用；④数据集的体量巨大；⑤交换性：遵循一定标准，能和复旦大学的合作单位进行数据的交互收割；⑥能够同时揭示与数据相关联的公开出版物和相关资料。

针对数据的上述特点，除了前述的基本功能外，平台还需要能够实现以下进阶功能：①数据的版本管理：对数据的定期更新施行不同版本的持续管理；②数据标引：采用合适的元数据规范定义数据，充分诠释数据的属性；③数据模板：可以根据不同学科的数据，自定义元数据的必备元素和非必备元素；④数据引证：数据往往是进行决策的依据，也是各类公开出版物的基础，实现数据能够被唯一标识并能被直接引用；⑤在线分析：数据量非常大，用户无需下载整个数据，能够抽取数据集中的部分字段进行重新编码，实现数据在线统计分析；⑥数据的长期可用性：能够自动转换数据格式，确保数据格式长期有效并能被使用；⑦数据的灵活分类归组：根据需要，同一数据可以同时链接在不同的数据集之下，可以在课题组不同成员的名下，也可以在课题组名下，也可以归在院系、学科之下，便于数据的分类导航和揭示。

2.3 整体功能框架

平台的整体功能框架分为前台功能和后台功能两部分。如表 1 所示：

表 1 整体功能

	中心介绍	中心概况、最新消息、机构与会员
前台功能	数据资源管理	资源导航、搜索引擎、检索、浏览、下载、在线分析、用户评论、资源发布、创建收藏、在线分析、数据可视化、数据集管理、版本管理、数据引证、数据标引、数据模板
	衍生出版物	检索、浏览、下载、提交、审核、发布
	研究成果管理	检索、浏览、下载、提交、审核、发布、在线阅读
	教育教学	课程信息、在线资源
	帮助	FAQ、在线咨询
	用户管理	注册登录、注销、修改个人信息、修改密码

后台功能	用户管理	增删改用户、修改用户信息、冻结用户
	权限管理	用户权限管理、用户组权限管理
	数据分类管理	数据集管理、分类管理
	站点管理	系统设置、条款设置、网站信息管理、友情链接管理、使用工具、在线分析
	收割管理	数据集收割管理
	研究成果管理	审核、发布、设置
	衍生出版物管理	审核、发布、设置
	日志与统计	日志、统计

3　系统选型

3.1　系统平台功能比较

为了在几款平台间进行正确的选择评估，找到最为契合复旦大学社会科学数据平台需求的基础软件，项目组对前文提及的几款系统平台软件 DSpace、Fedora Commons、Dataverse、Nesstar 进行了部署，上传了大量的实际数据用于测试，对各个平台的功能和在线分析软件 SDA 的功能进行了测试。其中进阶功能是需要特别考察的地方，详细比较评估项如表 2 所示：

表 2　系统进阶功能比较

功能	DSpace	Fedora Commons	Dataverse	Nesstar
数据版本管理	不可以	不可以	可以	不可以
元数据标准	DC	DC	DDI	DDI
在线分析	不可以	不可以	可以	可以
用户评论	不可以	不可以	可以	不可以
数据引证	不可以	不可以	可以	不可以
数据格式自动转换	不可以	不可以	可以	不可以
数据可视化	不可以	不可以	可以	可以
数据灵活分类归组	不可以	不可以	可以	不可以
数据模板定制	不可以	不可以	可以	不可以
数据和文献相融合	不可以	不可以	可以	可以

下文着重从元数据标准和在线功能方面进行比较。

3.2 元数据标准比较

DSpace 和 Fedora Commons 采纳了 Dublin Core 元数据基本框架，并支持扩展元数据集。Dataverse 和 Nesstar 采纳了国际通行的社会科学元数据标准 DDI（Data Documentation Initiative）。

Dublin Core 有 15 个核心元素集，DC 元素依据其所描述内容的类别和范围可分为三组，包括：①对资源内容的描述；②对知识产权的描述；③对外部属性的描述。DDI 有 101 个元素，按照社会科学研究资源的共性，把对每个资源集合的描述分成课题的引用信息、摘要和范围、数据收集和方法、数据可用性、使用条款、其他信息和文件描述，每个部分分别从不同的角度描述资源对象[14]。

Dublin Core 和 DDI 的应用领域不同，Dublin Core 强调个性化、简单化、易于应用，缺点是对著录对象的描述深度不够，不能进行专指度较高的检索；DDI 很大程度上是面向专业的科学研究领域，完整性、兼容性和可扩展性较高，能够描述宏观数据，并深入到数据的微观层面[15]。

复旦大学社会科学数据平台拥有不同学科和类型的数据，根据数据所属的学科和类型来决定采用简单著录还是复杂著录。特别需要指出的是，平台存储的大量调查数据，属性非常多，比如长三角变迁调查，拥有数据采用的编码、数据地理覆盖范围、地理信息单元、数据类型、数据收集的范围、抽样过程、数据权重、数据清洗、问卷回收率、抽样误差估算等，并且需要链接文件，说明数据的使用条款，这些对于发现和揭示数据非常重要，需要复杂著录，把拥有的独特属性展示出来。除了数据本身之外，还需要揭示同一课题内的数据相关的原始文献、衍生出版物、相关资料、相关课题，DDI 提供了这些课题引用信息的描述。

通过比较发现，Nesstar 和 Dataverse 的 DDI 元数据标准更符合社会科学数据领域的数据需求。

3.3 数据在线分析功能比较

社会科学数据含有大量调查数据，这部分数据通常可以进行在线分析，在线分析功能在考察环节中占据重要的地位，项目组对 Dataverse、Nesstar 以及在线分析软件 SDA 的分析功能进行了测试和分析，见表 3。

以"人口与消费对碳排放影响的分析模型与实证"的统计数据为例，Dataverse 可以采用时间序列分析，展示 1980—2006 年碳排放量、碳排放强度、人均消费的变化。Nesstar 和 SDA 则不提供类似功能。

　　Nesstar 的特点在于查看快捷，统计功能简单，容易上手使用，非常适合想要进行二手资料分析的用户；缺点在于，统计功能可能不能满足较高的要求。SDA 在功能上最为全面，分析结果最为复杂，统计专业性强，能够满足大多数用户的需求；缺点在于易用性不足，查看变量不方便，分析结果过于复杂，且分析的数据必须上传到加州大学伯克利分校的服务器上，不利于数据的管理。Dataverse 的优势在于数据文件的分享、数据格式的自动转换和高级统计、数据可视化功能比其他两个软件快捷方便。

表 3　在线分析功能比较

	Nesstar	SDA	Dataverse
数据上传与下载	需要通过后台 Nesstar Publisher 进行数据文件的上传，接受多种数据格式	需要收费才可安装自己的数据集。任何浏览网页的人均可进行数据下载，用户也可自行定制想要下载的数据集	注册用户可以添加任意格式的文件和数据，只有 Text、R Data、S plus、SPSS 和 Stata 这几种格式的文件可以被转化为 .tab 格式进行在线分析
支持数据格式	SPSS、Stata Nesstar Publisher、NSDstat、DIF、DBase、Textfile、Delimited、SAS	SAS、SPSS、STATA、DDI（XML）、SDA（DDL）	Text、R Data、S plus、SPSS、Stata
在线分析	统计描述、列联表、相关分析和回归分析。分析结果可以以表格、条形图等多种方式展现。还可以设置权重和数据集。结果可以以 EXCEL 或 PDF 格式下载、打印，作为其他研究的链接等	主要包括频数与交互列表、均值比较、相关矩阵、相关性检验、多元回归、Logit/Probit 回归、单独个案的列表值展示。分析结果会以单独跳出的浏览器窗口的形式展示	可以对数据进行重新编码和重新分组（Case - subset），可以进行描述性分析和高级统计分析。分析结果在浏览器窗口显示
数据可视化	表格、条形图、直方图、饼形图、折线图	表格、条形图、直方图、饼形图、折线图	表格、条形图、直方图、饼形图、折线图、时间序列分析、GraphML

3.4 选型结论

项目组历时半年，对 4 个系统平台进行了两轮比较和筛选，在第一轮比较中，DSpace 和 Fedora Commons 属于通用的机构库平台软件，能够满足一般的上传、发布、存储、展示等功能，但并非针对社会科学数据平台研发，对于研究成果和社会科学数据的元数据描述信息比较简单，没有专门针对社会科学数据的在线分析、数据可视化和评论功能，不能满足进阶功能需求，首先予以剔除。

第二轮在 Dataverse 和 Nesstar 之间进行选择评估。功能上，Nesstar 仅限后台管理员统一发布数据，不方便开放给全校师生提交数据，不支持数据引证、数据格式、自动转换、数据模板定制等功能；其次，Nesstar 是商业软件，源代码不开放，不能根据复旦大学的要求进行二次开发。

由上可见，4 款系统软件评估比较结果说明，作为开源软件，Dataverse 更符合复旦社会科学数据管理服务平台的建设目标。Dataverse 与其他系统的不同之处在于：①专门为社会科学数据的长期保存管理服务与共享而制定，能够满足复旦大学社会科学数据平台的基本功能和进阶功能需求；②为开源软件，支持二次开发，可以根据需求定制开发；③兼具机构库的功能，能够保存机构的学术成果；④具有很大的灵活性，能够同时针对研究机构、课题组、研究者个人设置不同的资源管理。

复旦大学社会科学数据研究中心最后确定了以 Dataverse 系统为原型，同时参考密歇根大学的功能需求及元数据规范，进行系统汉化、功能定制开发的策略。目前社会科学数据平台已经上线运行，域名为 http://dvn.fudan.edu.cn。该平台兼具系统数据资源管理和在线分析功能，可为研究人员提供数据的访问、保管、传播共享以及研究方法学习交流的功能，从而有利于实现数据共享，并可以重现别人的研究过程，让研究者能够创建、提交、监护和传播研究数据。

4 思考和建议

通过复旦大学社会科学数据平台项目组的前期调研、部署测试、评估与选型过程，项目组有如下思考和建议：

选择构建科学数据管理平台的软件，首先必须明确目标定位和功能需求。一般不建议直接采纳机构库软件作为科学数据的平台，因为它们对于科学数据本身的描述、发现、计算、分析均比较困难。

综合考虑需求、经费、人力、经费成本和学科领域等因素，选择合适的软件和开发方式来构建科学数据平台。特别是不同学科领域的元数据标准不一样，资源的描述和揭示程度均有所不同。可以引进国外成熟的数据共享平台软件产品或借鉴其主要功能，在此基础上结合自身需求进行定制开发。

国内外的研究与实践表明，欧美主要的社会科学数据平台较为完善，在数据规范与数据监护、组织管理、版权保护、系统软件、服务模式、实现保障等方面均建立了成熟的流程与规范，我国与欧美有较大差距，但国内外的科学管理政策不同，不能将国外的平台和措施直接移植，国内高校必须在借鉴欧美经验的基础上，于发展有中国特色的社会科学数据平台，将创新管理贯穿整个平台的构建过程，推进业务和技术模式创新，进行数据监护、创新服务、运行实施保障等应用研究。

参考文献：

［1］ 蒋颖. 欧洲社会科学数据的服务与共享［J］. 国外社会科学，2008，（5）：84-90.

［2］ Social data revolution［EB/OL］. ［2013-03-11］. http://en. wikipedia. org/wiki/Social_data_revolution.

［3］ 孟祥保，钱鹏. 高校社会科学数据管理的国际经验及其借鉴——以 UKDA 和 ICPSR 为例［J］. 情报资料工作，2013，（2）：77-80.

［4］ 复旦大学社会科学数据研究中心［EB/OL］. ［2013-06-01］. http://fisr. fudan. edu. cn/.

［5］ Smith M K, Barton M, Bass M, et al. DSpace：An open source dynamic digital repository［J］D-Lib Magazine,2003,9(1):10-17.

［6］ Sefton P,Lucido O. The Fascinator:A lightweight, modular contribution to the Fedora-com-mons world［C/OL］. ［2013-07-10］. http://eprints. usq. edlu. au/5259/.

［7］ King G. An introduction to the Dataverse Network as an infrastructure for data sharing［J］. Sociological Methods & Research，2007，36(2):173-199.

［8］ Assini P. NESSTAR：A Semantic Web application for statistical data and metadata［C/OL］. ［2013 – 06 – 01］. http://citeseerx. ist. psu. edu. viewdoc/versionsjsessionid = F33467336650DE73CB8CF74F003A4? doi = 10. 1. 11133. 876.

［9］ 刘润达. 中国科学数据共享网站评价［EB/OL］. ［2013-07-07］. http://news. scien-cenet. cn/sbhtmlnews/2013/6/274215. shtm? id = 274215.

［10］ 杨鹤林. 数据监护：美国高校图书馆的新探索［J］. 大学图书馆学报,2011,(2):18-21,41.

［11］ 张智雄，刘建华，谢靖，等. Profiling science & innovation policy by object-based computing［EB/OL］. ［2013-06-01］. http://www. irgrid. ac. cn/handle/147x1/294235/browse? type = dateissued.

［12］ 刘润达，彭洁. 我国科学数据共享政策法规建设现状与展望［J］. 科技管理研究，

2010,(13):40-43.

[13] 洪正国,项英.基于Dspace构建高校科学数据管理平台——以蝎物种与毒素数据库为例[J].图书情报工作,2013,57(6):39-42.

[14] DDI-Data Documentation Initiative[EB/OL].[2013-03-11].http://www.ddialliance.org/.

[15] 杨波,胡立耘.用于社会科学信息组织的元数据标准——DDI[J].现代图书情报技术,2005,(8):7-12.

作者简介

殷沈琴,复旦大学图书馆馆员,硕士研究生;

张计龙,复旦大学图书馆副研究馆员,副馆长,通讯作者;

张莹,复旦大学图书馆硕士研究生;

郭耀东,复旦大学图书馆硕士研究生。

农业科学数据监管平台构建研究

1 引言

目前，科学数据监管平台建设已经成为国内外科学数据监管研究的重要内容之一，平台是科学数据监管过程中连接数据监管主体与服务对象之间的一个桥梁，通过平台架构，实现农业科学数据监管生命周期内科学数据的采集、流转、存储、发布与创新。目前国内外主要的科学数据监管平台的构建有 3 种模式：专业数据监管平台、利用开源的数字资源管理软件构建平台、自开发系统[1]。出于经济和软件流行度角度考虑，本文选择了自开发软件 ThinkPHP 进行农业科学数据监管平台的构建。ThinkPHP 是常用的一个轻量级国产 PHP 开发框架，可以从网上免费下载；同时，框架结构简单，很容易掌握，馆员或数据服务人员可以很容易上手；再者，当前很多学者们都在使用 ThinkPHP，为解决未来数据兼容的问题打下良好的基础[2]。本文基于 ThinkPHP 实现西甜瓜分子育种数据监管平台的构建，探索利用新工具提高农业科学数据监管效率的有效路径。

2 国内外农业科学数据监管平台理论与实践述评

2.1 国外现状

本文通过高级检索，输入关键词"data curation platform"and"agriculture"检索 Emland、Web of Science、SienceDirect 等外文数据库分别得到文献 14 篇、2 篇及 139 篇（检索日期为 2017 年 3 月 19 日），学者们的研究主要有：L. Dou 等指出利用实用的软件工具包 Kurator，通过工作流的自动化建设，促进农业数据监管调度和管理[3]。C. F. Saarnak 等在对科学数据进行收集、验证、数据共享和传播过程中，通过对比，指出有效的研究伙伴关系是至关重要的[4]。R. Lokers 等利用大数据分析技术在农业科学中的应用，指出农业科学中最持久的问题是多样性和准确性[5]。S. Rosemary 等提出作物本体交叉引用的一个最大特点是与作物数据库特征 ID 以及它们的植物本体和特征本体息息相关[6]。从检索到的文献中可以发现，国外的学者研究平台更加具体，突出农业科技特色，强调软件工具的重要作用，引入了大数据的分析技术。在实践方面，国外农业大数据服务开展得比较好，美国农业部建立了一个门户网站，该网站能链接到 348 个农业数据集[7]。还有很多与农业科学数据有关的农业科学数据平台，如：全球生物多样性数据共享平台（Global Biodiversity Information Facility，GBIF）[8]；世界土壤信息中心（International Soil Reference Information Center，ISRIC）[9]；联合国环境规划署环境发展数据中心（United Nations Environment Programme，UNEP）[10]等，这些平台的建设为农业科技创新和科研发现做出了很大贡献。此外，国外高水平农业大学也建设了许多科学数据监管平台：加州大学伯克利分校的 DMPTool Webinars 学科交流平台、Data Lab 数据监管平台[11]；瓦赫宁根大学的 Data management support hub 服务平台[12]；根特大学的 Expertise database of the Ghent Africa Platform 等[13]。

2.2 国内现状

国内学术研究方面，通过检索中文核心期刊数据库 CNKI，检索式以主题为检索途径，以"数据平台" and "农业"为关键词，获得 97 篇文献（检索日期为 2017 年 3 月 19 日），又以任意词为检索途径，以"农业科学数据监管平台"为关键词检索维普数据库，得到文献 329 篇文献（检索日期为 2017 年 3 月 20 日），发现我国关于农业科学数据监管平台的研究主要有：柳平增论述了农业大数据平台在智慧农业中的应用，强调提高采集数据质量和数量[14]；刘汉元指出建立农业大数据平台，加快我国智慧农业发展，农业大数据平台应该是一个高度"智能挖掘"与高度"傻瓜应用"相集成的农业智能综合信息平台，可实现农业信息服务从产前、产中、产后的"一站式"信息服务与全程指导[15]；邓仲华等指出面向数据密集型科学研究的数据资源云平台构建，能够帮助科研人员解决数据密集型科学研究中的科学大数据问题，有利于促进数据共享和知识创新[16]；石恒等基于大数据的中国种业信息监管平台建设现状及前景展望中指出构建大数据平台有利于加强种子行业管理，推动种子行业数据共享[17]；赵璐莹等基于物联网的有机蔬菜溯源系统，强调了物联网在构建农业科学数据监管平台中的重要作用[18]。此外，我国也有很多在建的农业科学数据监管平台：如国家水产种质资源平台、国家微生物菌种资源平台建设项目、国家实验细胞资源共享平台、国家家养动物资源平台、中国农业大学系列科研平台、南京农业大学的学校科研平台、西北农业科技大学的地球系统科学数据共享平台[19]等等。这些平台的构建模式是我们建设新平台可参考的案例典型。

国内外农业科学数据监管平台应用实践表明，农业科学数据监管平台建设已经取得了阶段性的研究成果，以往的农业科学数据平台建设理论实践为本文开展相关平台建设带来了以下启示：建设农业科学数据监管平台要以用户需求为中心，以科学数据及科学数据集为研究对象，注重平台功能的专业性、实用性、针对性，同时，应该建立平台的长效运营机制，实现农业科学数据的重复利用。

3 农业科学数据监管平台功能

近年来，东北农业大学西甜瓜分子育种团队成员多年来共收集、筛选并鉴定国内外西甜瓜种质资源 1 000 余份，开发 SNP 标记 100 万个，转化 CAPS 标记 17 000 余个；建立了我国甜瓜主栽 1 035 份品种及育种材料核酸指纹库。随着科研进程的推进，积累了大量的农业科学数据，产生了构建西甜瓜分子育种数据库平台的需求。开发西甜瓜分子育种数据监管平台对于辅助种植人员进行关键时期决策、实现西甜瓜高产稳产的目标和互动教学等方面具有非常重要的应用价值。经过同相关专家的多次探讨，设计了平台的四大功能模块：①基础档案数据管理模块，该模块主要是对平台的基础性文件信息、人员设备情况进行建档登记；②基础数据采集模块，该模块主要为系统的分析决策提供基础数据和验证数据，从而保证该平台决策的正确性；③分析决策模块，该模块是系统的主要功能模块，以适当的方式为用户提供田间管理方案的信息提示，该模块也是农业科学数据监管的主要工作重点；④后台管理模块，该模块对整个平台的专家知识、苗情数据以及不同用户的权限进行管理，使专家知识可以更新，苗情数据可以导出及分析，用户的权限可以修改和分配。详情见图 1。

4 农业科学数据监管平台功能实现

本文通过农业科学数据监管需求分析、系统设计、前端系统、后台管理与模板库设计，以农业科学数据为驱动，建立西甜瓜分子育种的相关数据集，注重西甜瓜生物学特性，以西甜瓜的生长发育周期为主进行数据生命周期的监管，通过已有的科学数据分析，以改良品种和提高栽培技术，提升西甜瓜分子育种科研的效率[20]，同时以生长周期链条为主体，构建农业科学数据监管服务链。平台采用的主要模式是用户协同创新的模式，聚集的不仅是跨领

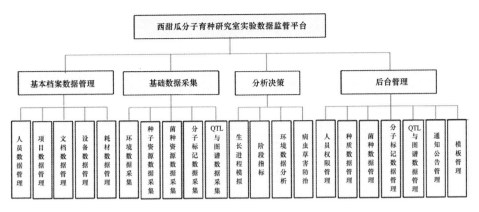

图 1 农业科学数据监管平台功能

域的资源，还有群体的智慧[21]。平台搭建好之后，主要由学科的用户进行数据的录入、存储、使用和维护，图书馆员负责协调各个用户使用平台中出现的各种内外矛盾，并进行数据分析，辅助科学数据决策。

4.1 平台开发

ThinkPHP 基于 MVC（Model-View-Controller，模型–视图–控制器）模式，支持多层（multi-Layer）设计[22]。平台开发包括前端开发与后台管理。前端开发主要实现用户注册、登录、通知公告信息展示以及数据检索等功能。后台管理部分主要包括人员权限管理、种质数据管理、菌种数据管理、分子标记数据管理、QTL 与图谱数据管理、通知公告、模板管理等。人员权限管理是对所有系统使用者的人员信息以及人员权限的管理。针对不同的人员身份分配不同的数据管理权限，除平台系统管理员外还可以有更多的管理员，不同的用户拥有对平台系统功能使用的不同权限。苗情数据部分重要栏目为"序号""ID""名称""物种""分类""拉丁名""来源地""获取机构""典型照片""性状描述"和"保存情况"等栏目。

4.1.1 平台系统配置　本平台系统用的是 PHP 的集成安装环境 xampp，其中服务器是 apache，数据库是 mysql，语言是 PHP，操作系统是 windows。项目的搭建过程是：将 ThinkPHP 从官网上下载下来解压到 xampp 的 htdocs 目录下。之后是 apache 的配置问题，操作如下：

（1）修改 apache 的基本配置文件，打开虚拟域名设置，如图 2 所示；

（2）打开虚拟域名配置文件，将项目的路径与虚拟域名绑定，见图 3。

4.1.2 平台前端系统设计与实现　平台前端采用 Dreamweaver 编译环

charset.conv	2015/12/9 18:18	CONV 文件	2
httpd.conf	2016/8/13 9:30	CONF 文件	21
magic	2015/12/9 18:18	文件	14
mime.types	2016/6/28 16:21	TYPES 文件	52

图 2　平台基本配置文件

| httpd-userdir.conf | 2016/8/13 9:30 | CONF 文件 | 1 KB |
| httpd-vhosts.conf | 2016/11/27 21:32 | CONF 文件 | 2 KB |

图 3　虚拟域名配置

境，语言采用 HTML5、CSS3 和 jQuery 框架进行页面设计，首先利用<div>标记，根据事先画好的页面设计图确定页面的组成部分和格局，页面顶端有浮动标题栏用来显示系统名称、LOGO、登陆用户信息和登录注册链接等。下方有检索快捷入口，用户可将检索 ID 填入表单或上传二维码图片进行快速查询，根据用户所在用户组的不同权限，以表的形式返回对应的查询结果。点击表头某一属性，对查询结果进行升序或降序排列。页面左侧设有导航栏，用来链接各项功能对应的子页面，页面右侧分为两部分，表型与分子数据管理系统和通知公告，通知公告由多张滚动图片组成，图片可设置超链接，页脚部分显示系统的版权信息和相关链接等，页面右下角设置浮动元素用来快速返回页面顶端。

　　用户在注册账户后可以点击右上方导航栏链接进行登录，根据所在用户组的权限进行相应的操作。为了系统的安全性考虑，每个后台模块的控制器都必须继承一个公共的父类控制器，在这个控制器里，进行了 session 中存储的用户信息的判断，假如用户没登录（或者登录信息失效），那么想要通过浏览器的回退功能是无法进入后台系统的。另外，页面为了提升与旧版本 IE 浏览器的兼容性，在<header>标记中加入了适应旧版本 IE 的 JS 脚本和 CSS 的引用。

　　4.1.3　后台管理与模板库设计与实现　　管理员成功登录平台系统后，进入后台管理页面（见图 4）。在页面左侧呈现了后台功能：系统设置、班级管理、模板管理、人员管理、研究成果、通知公告、科研资料、耗材管理、设备管理、项目管理、文件管理等。通过这些管理功能，管理员可以实现用户与数据的管理。模板库是通过"模板管理"实现管理，是后台管理的重点。"模板管理"功能可对现有的模板列表进行新增、编辑、删除等操作，管理员可以编辑每个育种环节的实验数据集，还可以编辑模板的各种文档。平台应

330

用及测试系统调试后在校园网服务器上呈现，在网校内任意一个电脑均可使用育种平台系统。

图 4　管理员后台管理页面

4.2　平台监管流程及应用

本平台的农业科学数据监管流程设计参考了英国数据监护中心的数据监管生命周期模型[23]，考虑到农业科学数据生命周期更加明显的特性，在西甜瓜生长发育的各个阶段融合数据监管工具与手段，进行无缝式监管，馆员们尽可能多地参与数据收集、整理、分析、存储等流程，由于农业科学数据获取周期长，又要考虑到现实生长发育情况，需要很长一段时间才能记载完全，本平台的后续数据收集工作将会持续几年的时间。如图 5 所示：

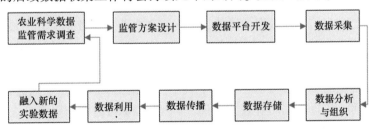

图 5　以生命周期理论为基础的农业科学数据监管流程[24]

农业科学数据监管平台的应用包括充分介入前端程序（如需求调研、意见征集、方案设计等）、中期建设（通过应用软件设计平台框架、数据采集、数据分析与组织、数据存储等）、后期完善（包括数据传播、数据利用、数据融合、评估、完善）等所有过程，同时经过一轮数据监管后得到的农业科学数据集通过新的融合，产生增值的数据，对增值的数据再进行监管，监管工作是不断升华与持续进行的。

4.2.1 前期监管应用 在前期准备过程中，图书馆员对用户进行监管需求分析，整理系统功能，进行专家意见征集，进行整体方案设计。学校科研管理部门对相关人员（图书馆员、用户、专家）进行具体工作统筹安排，建立工作小组。用户将西甜瓜分子育种实验室前期的需求分析、调研报告，按照平台分类上传到基础档案数据管理模块（包括人员数据、项目数据、文档数据、设备数据、耗材数据等），通过平台实现与同一研究小组的其他具有相关权限的用户进行文件共享，并对文件进行随时下载、编辑与上传，平台会记录每次文档的修改时间和操作者，达到对前期准备进行监管的目的。

4.2.2 中期监管应用 在中期建设过程中，平台构建了完善的数据库系统，供用户对研究数据进行存储、修改、关联和检索。图书馆员进行平台框架设计，网站设计；用户将农业科学数据导入基础数据采集模块，并通过平台对数据进行检索、对比和分析，通过网络平台实现对数据的即时操作与监管，需要采集的数据有：环境数据、种子资源数据、菌种资源数据、分子标记数据、QTL 与图谱数据等；用户对农业科学数据进行分析与决策，判断数据的真实性与价值，包括：生长进程模拟、阶段指标、环境数据分析、病虫害防治等；对数据分析后，再进行存储，用户必须提供 URL 或安装说明，关于解决方案的一些信息，以及谁是进一步询问的联系人。

4.2.3 后期监管应用 后期监管工作包括数据传播、数据利用、数据融合、评估、完善，还包括对平台的后台管理。数据被未来的用户及图书馆员所传播、利用，实现数据的增值，最终实现农业科学数据监管的最终目的。用户可使用平台随时对前期、中期流程进行方案的改进、数据结构的重新规划或人员器材的增减，使用户便于对项目进行整体把控和总结完善，掌握数据融合与评估的工具与方法，完善平台不足的地方，循环往复地进行农业科学数据监管，进行数据的替旧、更新，实现数据的可持续利用。

5 思考与建议

本文通过 ThinkPHP 框架揭示农业科学数据监管流程，设计合理，功能强大，是农业科学数据监管机构在农业科学数据监管实践过程中首选的框架结构，该结构开放性大，容易修改和设计，能够满足科学数据生命周期内采集、提交、存储及发布的监管需求，在农业科学进行大数量数据处理时优势明显，能够完成广大用户的使用需求。在平台构建过程中，发现具体细节的工作有很多需要计算机技术与农业科学技术的辅助，以及农业科学数据监管规范的流程指导，学校内部不同部门间和学校之间的协同合作显得尤为重要。此外，还需要对馆员进行基本的 ThinkPHP 框架设计知识的培训，在短时间内促使他们迅速掌握软件的精髓。最大限度地发挥平台易添加内容的特色作用，为人们获取农业科学数据，发现与利用农业大数据为科研决策提供服务方面发挥应有的效用。

5.1 平台的构建应以用户需求为中心，提高用户参与度

西甜瓜分子育种数据监管平台的建立初衷是基于实验室的迫切需求，实验室的科研人员主动向图书馆提出诉求，图书馆根据用户需求展开分析，参考目前农业科学数据监管平台的现有案例，针对本实验室的数据特点，又参考计算机工具软件的流行情况，经过比较、甄选，最后选择了 ThinkPHP 框架。以此监管平台为案例，我们可以积累构建平台的经验，开展农业重点学科的科学数据监管平台的构建，采取积极主动、嵌入式的服务[25]，满足广大科研工作者对农业科学数据监管的需求。提高用户参与度就是要提倡建设用户添加的农业科学数据监管平台，每年平台大量录入的各种农业科学数据绝大多数都来自平台用户的积累，有的是来自系统采集的实验数据，有的来自于用户的经验数据，经过用户的数据分析，数据被别分门别类的录入平台，在使用过程中发现农业科学实验数据时效性非常重要，周期性更加明显，每年都会对产生的数据进行非结构化与结构化的分析，选择对改良品种和提高栽培技术有用的数据进行存储，数据的重要性与有用性都是由经验丰富的专家学者进行判断。没有用户的参与，数据的质量没办法保证，平台运行将成为不可能。

5.2 平台的保密级别设置

由于科学数据的保密性级别要求比较高，数据存储时需要对数据进行保密级别设置，哪些人可以访问哪些数据，必须注重数据的安全，即使是平台的构建者，将来也未必是数据的使用者，核心数据掌握在核心用户手中是提高数据珍稀价值度的必要措施。在数据实效性递减的情况下，经过一定生命周期循环后，对无用数据进行定期清理，保障平台运行的时效性。

5.3 平台必须建立长效运营机制

平台的可持续发展是一个衡量平台建设水平的重要指标之一，只有建立

长效的运营机制，才能避免雷声大，雨点小的建设情况。在农业科学数据监管工作中，有很多平台建立之初，数据科学家或馆员们以及学科专家都有很大的热情，平台建设得也很好，但随着项目或课题的完成，平台后期就没有资金支持或者工作人员有所懈怠，造成平台的"短命"。要避免这个问题就必须建立长效的运营机制，制定平台可持续发展的总体规划，研究农业科学数据平台的未来走向，定期对平台运行进行监管，保证平台运行的资金支持，建立成果鼓励机制。目前的研究成果多集中于软件的部署和应用，缺乏对数据监管平台的具体实现技术的研究及模块间的数据交互，多模块的有机整合等问题，所以，今后的工作重点将是研究如何开展数据监管平台的后续扩展和个性化定制工作[26]。

5.4　从图书馆角度来看平台构建的意义

图书馆开展农业科学数据监管平台建设项目，是对学科服务工作的创新尝试，在新时期开展科学数据监管服务，以平台构建模式进行服务推广，使得图书馆的服务工作具体化，不再停留在理论与学习阶段。可以说，图书馆已经深度参与到数据监管的实践中，虽然在此过程中遇到许多技术上和人际关系上的困难，但是，在实践中都给予了很好的解决。同时，协同合作和数据的质量控制是图书馆今后在构建农业科学数据监管平台中需要重点考虑的问题[27]。

5.5　农业大数据环境下平台的发展趋势

农业大数据方法的应用丰富了现有的农业科学数据的监管方法，农业大数据强调的是科学数据相关关系的处理，不再是传统的因果关系。在农业大数据技术的应用下，人们科学数据监管水平与能力上升到一个全新的阶段，农业科学数据监管将是对农业科学大数据的监管，需要借助于大数据的方法。即在大数据环境下，农业科学数据监管平台应由政府牵头，科研机构和地方组织广泛参与，建立起自上而下，全国性与地方性相结合的云平台体系，建立统一的元数据标准模式，主要解决非结构化数据的处理，对现有国家级农业科学数据平台及地方农业科学数据平台进行效用评价，对不合格的地方进行整改，避免重复建设和无专业特色建设，突出农业科学数据各自的专业特点，建设特色平台，大规模数据处理平台，大规模存储云平台等。

参考文献：

［1］　洪正国,项英．基于 Dspace 构建高效科学数据管理平台［J］．图书情报工作,2013,57

（3）：39-42.

［2］　雷勒索,贝克,史夫利特,等.PHP 实战［M］.张颖,等译.北京:人民邮电出版
社,2010.

［3］　DOU L, CAO G, MORRIS P J,et al. Kurator: a Kepler Package for data curation workflows
［J］. Procedia computer science,2012,9（4）:1614-1619.

［4］　SAARNAK C F, UTZINGER J, KRISTENSEN T K. Collection, verification, sharing and
dissemination of data: the CONTRAST experience［J］. Acta tropica, 2013, 128（2）: 407
-411.

［5］　LOKERS R, KNAPEN R, JANSSEN S,et al. Analysis of big data technologies for use in
agro-environmental science［J］. Environmental modelling & software, 2016, 84（11）: 494
-504.

［6］　ROSEMARY S,LUCA M,MILKO S,et al. Bridging the phenotypic and genetic data useful
for integrated breeding through a data annotation using the crop ontology developed by the
crop communities of practice［J］. Frontiers in physiology,2012,3（3）:326.

［7］　看国外如何做农业大数据［EB/OL］.［2016-12-13］. http://blog. sina. com. cn/s/blog_
d98a10310102wpu4. html.

［8］　Global Biodiversity Information Facility［EB/OL］.［2016-12-13］. http://www. gbif. org/.

［9］　ISRIC - World Soil Information. ［EB/OL］.［2016-12-13］. http://www. isric. org/.

［10］　United Nations Environment Programme environment for development ［EB/OL］.［2016-
12-13］. http://geodata. grid. unep. ch/.

［11］　加州大学伯克利分校图书馆［EB/OL］.［2017-03-14］. http://www. lib. berkeley.
edu/.

［12］　瓦赫宁根大学图书馆［EB/OL］.［2017-03-14］. http://www. wageningenur. nl/en/Ex-
pertise-Services/Facilities/Library. htm.

［13］　根特大学图书馆［EB/OL］.［2017-03-14］. http://www. ugent. be/en/.

［14］　柳平增.农业大数据平台在智慧农业中的应用——以渤海粮仓科技示范工程大数据
平台为例［J］.高科技与产业化,2015,（5）:68-71.

［15］　刘汉元.建立农业大数据平台加快我国智慧农业发展［J］.中国合作经济,2016,
（3）:12-13.

［16］　邓仲华,王鹏,李立睿.面向数据密集型科学研究的数据资源云平台构建［J］.图书
馆学研究,2015,（10）:42-47.

［17］　石恒,孔繁涛,吴建寨,等.基于大数据的中国种业信息监管平台建设现状及前景展
望［J］.农业展望,2016,（9）:52-56.

［18］　赵璐莹,任振辉,王娟.基于物联网的有机蔬菜溯源系统［J］.江苏农业科学,2016,
（2）:427-429,433.

［19］　国家农业科学数据共享中心［EB/OL］.［2016-11-18］. http://www. agridata. cn/.

［20］　栾非时,王学征,高美玲,等.西瓜甜瓜育种与生物技术［M］.北京:科学出版

社,2013.

[21]　夏翠娟.图书馆目录平台化的技术实现方案研究[J].图书馆杂志,2015,(9)19-22.

[22]　黄攀攀,陈旭,钱婷婷,等.基于 ThinkPHP 框架的西甜瓜高产栽培专家系统设计与实现[J].上海农业学报,2016,32(2):94-97.

[23]　杨鹤林.英国数据监护研究成果及其在高校图书馆的应用[J].图书馆杂志,2014,(3):84-90.

[24]　徐芳.高校图书馆科研数据协同监管模式构建研究[J].情报理论与实践,2017,(3):14-19.

[25]　初景利.嵌入式图书馆服务的理论突破[J].大学图书馆学报,2013,(6):5-9.

[26]　周宇,欧石燕.国内数据监护平台研究热点与进展探析[J].图书情报工作,2016,60(11):116-125.

[27]　张静蓓,任树怀.国外科研数据知识库数据质量控制研究[J].图书馆杂志,2016,(11):38-44.

作者简介

陆丽娜：文献搜集,论文撰写、修改与润色；

王萍：论文思路框架设计,指导论文写作；

于啸：提出论文修改建议。

基于 Dspace 构建高校科学数据管理平台[*]

——以蝎物种与毒素数据库为例

1 引 言

随着科学技术和实验设备的发展进步，科研和教育环境正逐渐走向数据密集型，可能需要花费更多精力来组织、管理、保存和共享数据，传统的数据管理方式已不能适应科学研究的需要，迫切需要功能完备的管理平台进行数据管理，提高数据资源的利用价值。

武汉大学生命与科学学院"中国蝎类及其毒素基因资源的调查与鉴定"项目（简称"蝎资源项目"）为 2008 年国家科技部重点平台项目，主要进行中国地域内的蝎子物种发现、蝎子毒素蛋白、毒素核酸的测序工作。该课题研究过程中会产生比较典型的科学数据，包括蛋白质序列以及核苷酸序列数据、蝎物种特征多样性及其图片数据、相关研究论文与报告。其中序列数据必须符合 National Center for Biotechnology Information（NCBI）基因数据库的规范，为了科学管理这些数据需要开发一套数据发布与管理系统。根据需求，笔者采用 Dspace 构建了"蝎物种与毒素数据管理平台"。

2 系统需求与分析

2.1 软件平台分析与选择

通过调研发现，国内外目前主要的科学数据管理平台构建方式有以下三种：

2.1.1 专业数据管理平台 主要是一些大型数据机构或科研机构为某个领域研究开发的系统，如气象、地球物理、生物领域等。这些系统往往面向特定学科的数据处理需求，不能应用于其他学科，如 NuGenesis 科学数据管

* 本文系 CALIS 三期预研项目"高校科学数据管理机制及管理平台研究"（项目编号：03-3043）研究成果之一。

理系统[1]（主要用于医院、生物技术方面）、Nesstar 系统[2]（主要用于社会调查领域）等。

2.1.2 自开发系统　主要是利用 asp、java、php 等语言开发的适合本单位应用的数据管理系统。如中国社会调查开放数据库[3]（Chinese Social Survey Open Database，CSSOD）就是以 Linux + Apache + MySQL 构建的社会调查数据管理平台。

2.1.3 利用开源的数字资源管理软件构建的平台　主要是利用开源软件构建的数据管理平台，这在国内外的高校中应用比较普遍，如美国康奈尔大学图书馆的 DataStaR 项目[4]和美国约翰霍普金斯大学的 Data Conservancy 项目[5]均采用 Fedora 构建，香港科技大学机构仓储库项目[6]采用 Dspace 构建。

经广泛调研和比较分析，Dspace 系统进入了我们的视野。Dspace 最初由美国麻省理工学院（MIT）和美国惠普公司合作开发，是以内容管理发布为目标的数字资源存储系统，可实现对各种格式数字资源的收集、存储、索引和发布。Dspace 具有完善的用户界面，可定制性强，易于实施；同时也具有较好的扩展性，提供了二次开发的可能。目前 Dspace 已广泛地应用于全球各地的数字资源系统，拥有众多用户和成功案例。

在综合比较了各种开源软件在系统结构、用户界面、二次开发等方面的特点，后鉴于 Dspace 具有用户界面成熟、用户多、易于二次开发等优势，故笔者决定利用 Dspace 来构建蝎物种与毒素数据管理平台。

2.2 系统目标与功能

本系统开发的目标是确保蝎资源项目组成员可以随时向数据库添加相关数据及相关文献，并发布和管理蝎子毒素领域的最新研究成果；通过权限控制，使中国蝎子毒素研究人员获取相关信息，实现数据共享。

蝎物种与毒素数据管理平台下建有 4 个科学数据库，分别是：蝎物种资源数据库、蝎遗传基因核酸数据库、蝎遗传蛋白数据库、蝎资源文献数据库。系统的主要用户为蝎资源项目组成员及业界同行。系统界面力求简洁并符合生命科学研究者的阅读习惯；页面语言以英文为主，对适用于科学普及的蝎物种数据库，则设置中英文两种语言界面；数据库需提供检索和浏览功能，且能嵌入序列数据比较工具（BLAST），实现序列对比功能。

2.3 数据分析

2.3.1 数据类型分析　根据需求，平台需要管理的数据包括文献数据

（蝎资源相关文献及项目研究成果）、物种数据（蝎物种的图片采集资料）和序列数据（蝎蛋白及蝎核酸序列测定数据）三种。文献数据，主要指与课题相关的文献资源，如结题报告、论文、专著等。蝎物种数据，主要是描述于蝎物种特征及其图片。该数据由两部分构成：①物种图片，格式包括 bmp、jpg、gif、png、tif 等；②与该物种有关的元数据信息。序列数据包括核酸和蛋白质两类，以核苷酸碱基顺序或氨基酸残基顺序为基本内容，并附有注释信息。在蝎资源项目中主要是蝎物种遗传基因和蝎物种遗传蛋白测序数据。蝎物种遗传基因资源数据形式如图 1 所示：

```
>BmP 05
atgaagttcc tctacggaat cgtttttcatt gcactttttc taactgtaat gttcggtaag
tgattgccaa tatttatgtt aaagaattta aaatcaataa tatgaaatta atttttattt
cgtaataaca tattattttc tttctgtagc aactcaaact gatggatgtg ggccttgctt
tacaacggat gctaatatgg caaggaaatg tagggaatgt tgcggaggta ttggaaaatg
ctttggcccaa caatgtctgt gtaaccgtat atga
```

图 1　蝎物种遗传基因资源的数据形式

2.3.2　数据关系分析　数据关系指的是数据间发生引用、包含、被包含、映射等关系，它是提供数据关联检索、构建知识图谱的基础。在科学数据管理中，揭示数据间的关系是其重要功能之一。在本项目中，三种数据类型事实上包含 4 种数据，即文献数据、物种数据、基因测序数据、蛋白测序数据。其中后三种数据存在着包含、相互映射的关系，即物种数据中可能涉及多个基因测序数据，基因测序数据也可能包含多个蛋白测序数据；文献数据则通过引用的方式与这三种数据产生联系。数据间的关系如图 2 所示：

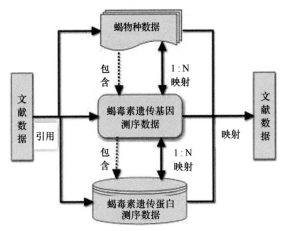

图 2　蝎资源项目数据关系

339

2.4 系统功能设计与分析

系统主要功能是为了实现蝎资源项目组成员日常实验观察中 4 种类型数据的管理，包括数据著录与提交、数据检索、检索结果显示、权限控制、用户界面等。

通过分析，利用 Dspace 构建数据管理平台主要解决以下几方面问题：页面汉化与设计、非 DC 类型的元数据结构处理、检索功能的实现（简单/高级/跨库）、检索结果的显示、不同数据库间数据的参照、序列数据的比较（Basic Local Alignment Search Tool，BLAST）、用户管理（与图书馆用户集成/权限控制）。这些功能有些可以通过 Dspace 实现，有些需通过系统参数配置实现，有些则需要通过二次开发实现。本系统主要功能、Dspace 对应的功能模块以及对应的解决方式如表 1 所示：

表 1 系统主要功能模块及实现方式

功能模块	Dspace 对应的功能模块	实现方式
元数据管理	元数据注册与管理	自有功能实施
数据提交	数据提交	参数设置/二次开发
检索	检索	参数设置/二次开发
检索结果显示	检索结果显示	参数设置/二次开发
权限控制	权限管理	自有功能实施
页面元素与布局	页面布局	二次开发
用户管理	用户管理	二次开发
整合数据分析工具（BLAST）功能	无	二次开发

2.4.1 元数据管理 Dspace 系统缺省采用的是 DC 元数据，而蝎资源库包含有多种非 DC 类型的元数据类型，因此需要对 Dspace 系统的元数据注册与管理模块进行配置和改进。

2.4.2 数据提交 包括元数据著录和对象数据提交，根据元数据类型和数据类型的不同，字段内容、提交的步骤等方面都会有些不同，因此系统应具有不同的提交界面。文献资源数据库提交的主要是文本类型的数据，可以利用 Dspace 的数据提交功能实现；物种和序列数据由于和 DC 差别较大，

340

同时输入方式需要符合蝎资源项目成员的习惯，故需要对 Dspace 进行二次开发，并重写 SubmitStep、SubmitDescript 等相关类来实现。

2.4.3　检索与检索结果显示　提供简单检索和高级检索，检索字段可以根据不同的数据类型定义，同时提供跨多个数据库的检索。检索结果概览和细览显示根据数据类型的不同而显示不同的字段。实现这些功能需要对 Dspace 检索与显示模块进行二次开发。

2.4.4　用户管理与权限控制　用户包括通过邮件注册的用户和使用图书馆集成系统的用户。系统可以对用户访问数据进行多级控制——可以控制到数据库一级，也可以控制到记录一级，还可以控制到对象数据一级。用户管理功能的实现需要对 Dspace 的用户管理模块进行二次开发；权限控制功能利用 Dspace 的权限管理功能基本可以实现。

2.4.5　页面元素与布局　主要涉及页面布局、美工等用户界面。可以通过修改 Dspace 的模板 jsp 文件实现。

2.4.6　序列数据分析工具 BLAST 整合　在序列数据的使用中，经常会用到两个序列数据进行比较，这就是 NCBI 提供的 BLAST 工具。BLAST 工具源代码是公开的，可以通过下载 NCBI 上的 BLAST 代码并进行部分修改，实现本系统的序列数据比较功能。

3　系统实现

Dspace 中二次开发主要有两种：①修改模板文件，这些主要是 jsp 文件，修改后立即生效；②修改 java 源代码文件，这种文件的修改必须经过编译发布才能生效。

Dspace 系统采用多层构架，分为表示层、业务层和存储层，下层提供接口供上层调用。考虑到系统的完整性及升级的方便，源代码修改主要在表示层完成。

Dspace 提供了两种界面：jspui 界面和 manakin 界面。通过分析，笔者采用了更成熟、二次开发更简单的 jspui 界面。

3.1　本地化配置

结合平台的需求，部分功能可以通过参数配置完成，其中涉及的主要参数配置方法如下：

3.1.1　中文语种支持　通过增加 messages_ zh_ CN. properties 文件，实现按钮和标签中文化。

先编写 messages. cn：

metadata. dc. contributor. author = 作者

然后利用 java 的 native2ascii 将上述文件转换成 unicode 格式：

native2ascii -encoding GBK messages. cn messages_ zh_ CN. properties

metadata. dc. contributor. author = \ u4f5c \ u8005

3.1.2 数据提交界面和流程 通过修改 input-forms. xml 和 item-submission. xml 可定制元数据项的输入项和加工流程。其中 item-submission. xml 定义了一个数据集（collection）的数据提交流程；input-forms. xml 定义了一个数据集在每个提交阶段中的元数据输入界面，包括提示、是否必备。

3.1.3 中文检索支持 为了支持中文检索，需要修改 Dspace. cfg 文件中的 lucene 配置部分，指定中文分词程序：

search. analyzer = org. apache. lucene. analysis. cn. ChineseAnalyzer（标准分词系统）或

search. analyzer = net. paoding. analysis. analyzer. PaodingAnalyzer（庖丁解牛分词系统）

在本系统中笔者采用了免费的庖丁解牛分词系统[7]。

3.1.4 元数据管理 Dspace 缺省采用的是 DC 元数据，本项目除了文献资源可以用 DC 描述外，其他三种元数据都无法用 DC 来描述，为了使得系统能处理其他类型的元数据，必须在系统中进行元数据注册。可通过 Dspace 的元数据管理模块完成：先注册元数据名称和 URI 地址，然后逐项添加物种数据、基因数据和蛋白数据等各元数据项及其说明。

3.1.5 Dspace. cfg 文件中其他主要的配置信息

• 索引字段配置：比如核酸库的 Definition 字段需要参与检索，可以在索引配置项增加以下定义：

search. index. 14 = Definition：nucl. Definition

• 检索结果概览字段：以下定义实现了 title、LOCUS、Source、Lineage、contributor 字段在检索概览页面的显示。

webui. itemlist. columns = dc. title，nucl. LOCUS，nucl. Source，ss. Lineage，dc. contributor. *

• 检索结果细览字段：以下设置定义某个库检索细览结果显示的字段。

webui. itemdisplay. nucl = dc. title，nucl. LOCUS，nucl. Definition，nucl. Accesstion，\

nucl. Version，nucl. Keywords，nucl. Source

342

webui. itemdisplay. nucl. collections = 123456789/2，123456789/7

3.2 二次开发

3.2.1 界面元素 由于 Dspace 的界面比较简单，为了符合蝎资源科学数据的风格，需要对 Dspace 的图片、按钮、页面布局等做修改。页面元素的修改主要是通过修改 Dspace 系统中 layout 目录下相关的 jsp 文件来完成。

3.2.2 数据提交 在蝎资源科学数据管理系统中，有些数据具有特定的意义。比如描述序列数据的 LOCUS 字段的内容为 AF242736 391 bp mRNA linear INV 02 – APR – 2001，其内容与其他字段是相关的：AF242736 是 Accesstion 字段的内容；391 是这个序列的长度；mRNA 是序列的类型。为了保证数据的准确性，在数据著录时必须考虑各字段间的关系，自动生成某些字段以及数据的校验。为了实现自动生成某些字段的功能，笔者在 input-forms. xml 中扩展了 input-type 的类型，增加了一种自动从某些字段中提取内容的输入方式，保证了数据的一致性和完整性。

数据提交涉及的二次开发主要是通过修改或重写 SubmissionController、JSPStep、org. dspace. app. webui. submit. step 包中的大部分类来实现。

3.2.3 数据检索及检索结果显示 Dspace 系统主要是为数字化文献资源进行设计的，其检索界面和结果的显示更符合文献检索系统。比如检索字段主要是题名、著者、出版日期等，结果是以表格形式显示的。由于蝎资源数据涉及多种类型的数据，每种类型的数据检索字段各不相同，显示结果也各不相同。

为了实现不同数据类型提供不同的检索字段，需要在 java 的 session 对象中记录当前用户所选择的数据库，来调用不同的 jsp 包含文件。

同时，Dspace 原系统中检索结果概览页面是以表格方式显示的，这样显示字段的数量必定会受到限制，而且没有内容的元数据项也会占据表格空间，故这种形式不利于检索结果概览页面信息的展示。为了实现更多信息的显示和页面的美观，笔者采用了每个元数据项一行的方式；如果该元数据项为空就不显示，以避免出现空行。这样的设计可以方便灵活地显示各种复杂的数据，从而避免了 Dspace 原系统表格方式不能显示太多元数据项的弊端。

数据检索主要涉及 DSQuery、QueryResults；检索结果显示主要涉及 Item-ListTag 和 ItemTag 两个类。其二次开发主要是通过修改或重写以上 4 个 java 类来完成。

3.2.4 用户管理 Dspace 系统使用电子邮件账号作为用户标识，用户可以自己注册成为系统的用户。为了方便学校用户的使用，笔者考虑通过图书馆集成系统账号认证的方式，这样用户不需要注册而直接使用图书馆的账号即可以使用本系统；同时结合武汉大学图书馆的统一认证系统实现统一认证和单点登录。这需要修改 Dspace 源代码中的 MyDspaceServlet 和 Authenticate 相关 java 类来实现。

3.3　第三方数据分析工具（BLAST）集成

BLAST 是一种基于成对局部序列对比的数据库相似性搜索工具。在 NCBI 的网站上提供了 BLAST 源代码下载，通过下载源代码，并参照相关说明修改 wwwblast. cpp 文件，最后编译成 cgi 程序；同时将本系统中的序列数据转化成符合 NCBI blast 规范的数据作为基础数据，在系统中发布以供其他系统调用进行相似性搜索和比较。

为了实现在核酸和蛋白质数据检索细览页面提供 BLAST 工具与本系统中或 NCBI 相关数据库中的序列进行相似性搜索，在系统的检索结果细览页面中，通过提取系列的位置、序列值等数据调用 blast cgi 相关程序，达到核酸或蛋白质序列数据的相似性检索的功能。

4　思考和建议

通过研究和实践，笔者认为 Dspace 设计合理、功能强大，是科研机构和高校在数字资源管理方面的首选系统。虽然科学数据也是数字资源的组成部分，但毕竟 Dspace 系统主要是为了管理电子文献资源而设计的，存在对非 DC 类型数据处理不便的问题，因此将其应用于科学数据的管理，须事先确定其是否能够满足所管理数据对象的需求。

Dsapce 处理大量数据的能力和效率还有待提高，利用 Dspace 构建的数据管理系统比较适合于数据量不大、学科多的高校。如果对特定学科的大量数据进行管理，则可以考虑更专业的科学数据管理平台。

利用 Dspace 构建的系统能够满足科学数据的提交、发布、存储和检索等一般性需求。但如果涉及数据本身的计算、分析等更高要求，Dspace 处理起来就相对比较困难。因此在构建科学数据管理平台时，须先行确定平台的目标和功能——有的放矢方能选择合适的软件系统。

针对 Dspace 系统的扩展和二次开发，建议尽量采用 Dspace 开发文档上推荐的方法，保证系统的三层结构，尽量针对表现层进行修改并调用 Dspace 核心层的 API 实现，以保证版本的升级和系统的兼容。

利用 Dspace 构建的"蝎物种与毒素数据管理系统"基本达到了项目组数

据管理的要求，在页面设计、系统功能、数据检索与显示等方面得到了生命科学学院蝎资源项目专家和老师的肯定，并希望该系统能成为"蝎资源NCBI"（如试用请访问 http：//sdm. lib. whu. edu. cn/jspui/handle/123456789/1？locale＝en）。

当然本系统还存在需要完善之处，如大数据流处理问题，尤其是对大文件（GB以上）的处理和大容量数据（亿级）的处理以及系统内数据的分析和挖掘问题。这些都是科学数据管理中非常重要的内容，有待于后续研究来使之逐渐完善。

参考文献：

[1]　沃特世. NuGenesis[EB/OL].［2012－07－12］. http：//nugenesis-sdms. waters. com/

[2]　蒋颖. 欧洲社会科学数据的服务与共享[J]. 国外社会科学,2008,(5):84－89.

[3]　中国社会调查开放数据库[EB/OL].［2012－08－10］. http：//www. cssod. org/index. php.

[4]　DataStaR[EB/OL].［2012－08－10］. http：//datastar. mannlib. cornell. edu/.

[5]　Data Conservancy[EB/OL].［2012－08－10］. http：//dataconservancy. org/.

[6]　HKUST IR[EB/OL].［2012－08－10］. http：//repository. ust. hk/dspace/.

[7]　庖丁解牛分词系统［EB/OL］.［2012－08－10］. http：//baike. baidu. com/view/7324777. htm.

作者简介

洪正国，武汉大学图书馆馆员，硕士；

项英，武汉大学图书馆馆员，硕士。

国内数据监护平台研究
热点与进展探析[*]

1 引言

e-Science 环境下，数据密集型科学发现成为科学研究的第四范式，科学研究越来越依赖于从科学数据中发现理论与知识[1]。与此同时，随着科学研究的广泛开展，科学数据迅猛增长，出现了大量 PB 级的科学大数据。为此，迫切需要采取一系列方法和措施来支持科学数据的收集、整理、保存和利用。在此背景下，数字保存联盟（Digital Preservation Coalition）与英国国家空间中心（British National Space Centre）于 2001 年联合举办了 "Digital Curation：Digital Archives, Libraries, and e-Science" 国际研讨会，在此会议上首次提出了数据监护（data curation）和数字监护（digital curation）的概念[2]，但是对这两个概念并没有给出明确说明。2003 年，英国联合信息系统委员会（Joint Information Systems Committee, JISC）首次对数据监护给出明确定义："数据监护是为确保数据当前使用目的，并能用于未来再发现及再利用，从数据产生伊始即对其进行管理和完善的活动[3]"。2004 年，英国数据监护中心（Digital Curation Centre, DCC）对数字监护给出了定义："在数字化研究数据的生命周期内开展的维护、保存和价值增值活动[4]。"这里，"数据"主要指数字化的科学研究数据[3,5]。美国国家科学基金会（Natural Science Foundation, NSF）国家科学委员会将科学研究中的数据定义为数字化形式保存的信息，包括文本、数字、图像、音频、视频、软件、算法、方程式、动画、模型、模拟等，这些数据通过各种形式的科学研究手段产生，譬如观察、计算和实验等[6]。中国学者杨鹤林认为，科学数据指科学研究中通过测算、计量、观察、访谈、调查、设计、建模等方法获得的，并能以现代信息技术保存和获取的记录[5]。2008 年，DCC 还对数据监护与数字监护的区别与联系给出了解释：两者都指的是看护数据并增加其价值，但后者还意味着从已有数据中产生新数据从而

　　* 本文系国家社会科学基金重大项目 "面向大数据的数字图书馆移动视觉搜索机制与应用研究"（项目编号：15ZDB126）和 2016 年度江苏高校 "青蓝工程" 项目研究成果之一。

确保其当前和今后的用途[7]。T. Walters 等认为数据监护主要在自然科学、社会科学、工程等领域广泛使用，数字监护则在数字人文与艺术领域使用较多[8]。但大多数学者认为两者之间并无本质区别，在很多时候可以互换使用。在本文中主要使用数据监护一词。

数据监护一经提出即引起学术界、政府机构和信息服务机构的高度关注。大量关于此议题的国际会议召开，如国际数据监护会议（International Digital Curation Centre，IDCC）[9]、科研数据获取与存档会议（Research Data Access & Preservation，RDAP）[10]等，DCC 还创立了以数据监护为主题的国际期刊 *International Journal of Digital Curation*[11]，与数据监护有关的各种政策、标准、论文、工具等不断涌现。

2011 年，杨鹤林首次将数据监护概念引入中国，此后国内对数据监护的研究方兴未艾。本研究回顾数据监护平台在国内的研究历史，总结研究现状，指出不足，为数据监护平台在国内的未来发展提出策略和建议，这对推进国内数据密集型科学发现实践活动，具有重要意义。

2　国内数据监护平台研究概念体系

为了了解国内数据监护平台的研究状况，笔者从 CNKI 中国期刊数据库、CNKI 中国硕博士学位论文库和维普中文科技期刊数据库中采集到 2011 年 1 月至 2016 年 6 月关于数据监护平台的研究论文共 63 篇（其中 CSSCI 来源期刊论文 61 篇，学位论文 2 篇），对这些论文进行详细梳理和调研分析。这 63 篇论文在各年度的分布如表 1 所示：

表 1　2000—2016 年国内数据监护平台相关论文年度分布

年度	2011	2012	2013	2014	2015	2016	合计
篇数	2	5	12	15	19	10	63

表 1 显示，2011 年以后，国内数据监护平台相关研究成果逐年增加。通过对检索结果进行归纳和梳理后发现，这些成果主要集中在数据监护平台理论框架、科学数据组织、科学数据集成、数据监护实践平台 5 个领域。这些研究热点间具有内在的逻辑联系：首先，数据监护平台理论框架从宏观上定义数据监护平台的逻辑模型及其构成要素；其次，数据组织和数据集成是数据监护平台的关键功能模块；再次，各种类型的功能模块通过有机组合，构成并实现数据监护实践平台；最后，数据监护实践平台提供各种数据监护服

务，如数据的检索、分析、存储等。数据监护平台研究热点概念体系（见图1），其中省略号部分表示当前国内缺乏研究但在未来可能成为研究热点的领域。本文将对以上领域相关研究成果进行评述，并针对国内数据监护平台研究的不足提出建议。

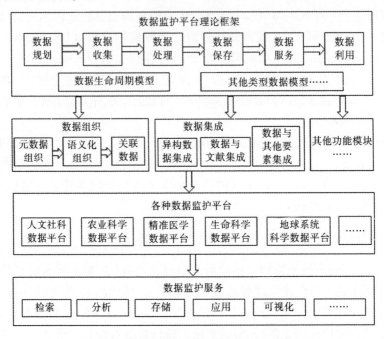

图 1　数据监护平台研究热点概念体系

3　研究热点及主要成果

3.1　数据监护平台理论框架

数据监护平台是包含诸多要素的计算机信息系统，需要系统的知识体系来规划、指导具体的开发工作，且需要持续改进。吴振新等在对牛津大学数据管理与长期保存服务框架、澳大利亚国家数据服务（Australian national data service，ANDS）研究数据管理框架、澳洲 Griffith 大学基于数据生命周期的数据监护框架进行对比分析后，提出数据监护框架应包括 4 个关键部分：政策、基础设施、元数据管理和数据服务。其中，数据服务包含数据存储、数据检索与访问、数据描述、数据分析、数据价值增值、知识产权与道德咨询、数据价值评估和数据保存策略提供等方面[12]。吴金红等认为数据监护框架应包括数据监护范围管理、数据规划管理、数据操作管理和数据质量管理 4 个核心主题，而且按照数据生命周期将各主题串联起来[13]。陈大庆对国外 30 所高校开展的数据监护服务进行调研并在此基础上制定了一个数据监护实施框架体系，包括科研人员数据监护需求评估、数据监护政策和战略制定、数据经营规划制定、数据管理计划制定、数据创建与组织、数据选择与提交、数据存储与安全、数据获取与共享等[14]。有的学者将大数据和云计算技术应用到数据监护框架中。马晓亭提出了一种大数据监护系统组织结构框架，该框架对传统数据监护功能模块进行扩展，譬如将数据存储平台扩展为大数据存储平台，数据处理流程扩展为大数据处理流程等[15]。吴振新等调查和分析了伦敦国王大学科研数据存储平台 Kindura、牛津大学生命科学研究数据管理平台（a data management infrastructure for Research Across the life sciences, ADMIRAL）和南安普敦大学用于记录科研数据的智能研究框架（smart research framework, SRF）中云计算技术的应用特点，发现云计算技术在理想状态下能够有效嵌入到数据管理过程的各个环节，但目前主要的应用仍集中在云存储和应用服务部署两个环节[16]。

综上所述，国内尚未形成统一的数据监护平台理论框架，大部分研究倾向于基于数据生命周期模型，将数据监护平台的核心功能模块分为数据规划、需求评估、数据组织、质量控制、安全控制、数据存储、数据服务 7 个部分，各功能模块分别对应数据生命周期的各个阶段。但不同单位和个人对数据生命周期的阶段划分各不相同，譬如，英国数据监护中心将数据监护生命周期划分为概念化、创造或接收、评估与选择、吸收、保存、储存、访问、使用与重用、转换等 8 个阶段[17]；Griffith 大学将数据生命周期分为数据发现和收集、数据清理和处理、数据分析和计算、数据出版、数据长期保存和再利用 5 个阶段[18]；王芳提出的数据生命周期模型包括 6 个阶段：战略规划、数据收集、数据处理、数据保存、数据利用和数据服务质量评价[19]。

3.2　数据组织

3.2.1　传统元数据组织　科学数据的元数据是对科学数据开展描述、组织、出版等工作的重要工具[20]。在科学数据元数据组织方面，国内有两种不同的发展方向。一方面，大量专业性科学数据平台要求对科学数据进行详尽描述，由于学科的特殊性和小学科的普遍存在，不同学科的科学数据元数据标准必然不同。在此背景下，我国各部门已经制定并颁布了多个学科的科学数据元数据标准，譬如《生态科学数据元数据》（GB/T 20533-2006）、《机械科学数据第 3 部分：元数据》（GB/T 26499.3-2011）、《国土资源信息核心元数据标准》（TD/T 1016-2003）、《气象数据集核心元数据》（QX/T 39-2005）等。另一方面，商业信息服务机构和高校图书馆为了应对海量科学数据的检索和处理需求，要求科学数据元数据标准具有通用性。在此背景下，周波结合高校科学数据特点，提出了高校科学数据的元数据设计原则，在都柏林核心元数据的基础上，设计了一套高校科学数据元数据方案，包括核心元素集、核心元素限制属性和著录规则[21]；刘峰等通过对生物、地球、人文等学科领域广泛采用的科学数据元数据标准进行统计分析，归纳了一种通用科学数据元数据标准[22]。

由于科学数据的动态性（即科学数据在生命周期中会经历多个阶段）和复合性（即科学数据集有不同的类型、粒度和组成要素），对科学数据元数据还需要深入研究并扩展。郭明航等提出应将地球科学数据集划分为关系类型、空间类型和文件类型 3 种基本类型并分别予以组织。此外，他们还提出了数据集粒度大小的划分依据，包括：①数据的逻辑关系：关系密切的数据应被划分到同一个数据集；②数据的存储结构：不同存储结构的数据一般不划分到同一数据集；③数据的引用方式：数据集的粒度确定要能方便数据集的引用，即具有引用的便捷性、数据内容的完整性和系统性[23]。吴彬将郭明航提出的数据集类型划分方法应用于生态科学数据，以《生态科学数据元数据》国家标准为基础，提出了生态数据全局元数据方案和核心元数据方案[24]。耿庆斋等在分析我国水利信息分类与编码研究现状的基础上，依据水利科学数据所具有的特性，构建了由科学属性、获取方法、数据载体和时空定位组成的多维水利科学数据分类体系[25]。

上述研究表明：①由于学科特殊性和小学科的普遍存在，传统的基于元数据的科学数据组织需要对各学科科学数据元数据进行丰富和完善。②科学数据元数据描述方案的制定需要考虑数据的动态性和复合性，但现有研究还比较薄弱。针对数据的动态性，可以考虑采用时间戳来标记数据在生命周期中所处的阶段，针对数据的复合性，除了按照数据集粒度标准进行划分，还需要分析数据集之间、数据集内部不同要素之间的逻辑关系。③传统元数据仅能描述数据集的浅层特征（如名称、主题、创建者、摘要和来源），数据描述粒度较大，且不同元数据标准之间缺乏互操作性。以上因素决定了单纯依靠元数据组织并不能满足科学数据描述的要求，科学数据的语义化组织是未来发展的方向。

3.2.2 语义化组织 当前科学数据的元数据组织存在以下问题：①主

350

要以数据集为描述单元，不能对数据监护平台中任意粒度的数据进行描述；②由于不同学科的科学数据采用不同的元数据描述方案，它们之间难以做到有效交换和互联；③由于缺乏可共享的形式化语义描述，科学数据难以被计算机理解和自动处理。基于本体的科学数据语义化组织能较好地解决以上问题。钱鹏等认为科学数据是动态的、复合的、关联属性较多的数字对象，对科学数据和其他信息资源之间"关系"的描述成为科学数据描述的重要部分，而 MARC 等传统信息描述方式不适用于科学数据组织，推荐采用资源描述与检索（resource description and access，RDA）规则进行描述[26]。在参考美国医学核心元数据（medical core metadata，MCM）[27]和高校科学数据元数据模型[21]的基础上，徐坤针对医学科学数据的特点，构建了医学科学数据本体，并以医学术语和医学实验的完整记录为描述单位，对科学数据进行语义化描述[28]。李丽亚等构建了基于本体的数据共享检索系统，该系统利用哈尔滨工业大学信息检索实验室的语言技术平台（LTP），结合仪表领域本体服务器抽取科学数据集元数据中的语义向量，并建立语义索引。检索时，系统将用户的自然语言查询问句转换为查询语义向量，将其与数据集语义向量进行匹配，输出相关度较高的科学数据集[29]。徐坤等在领域专家的参与下构建中医胃病科学数据本体（包括概念、属性和推理规则），并进行实例描述和关联，证明构建于科学数据本体基础上的检索系统能利用推理功能提高查全率[30]。马雨萌等调查和分析了科学数据组织需要考虑的因素，通过概念分析和本体建模，构建科学数据的语义组织框架以及各组成部分的本体模型，该模型能较好支持科学数据的语义化关联组织[31]。庄倩等构建了植物学基因表达本体，并对相应的实验数据进行语义化描述[32]。上述研究表明，国内一些学者已经认识到科学数据语义化描述的重要意义，并已开发出多个实验性质的科学数据语义检索原型系统，研究成果集中在语义描述框架设计、领域科学数据本体构建、语义描述、语义检索与推理等方面。目前，科学数据语义描述的描述粒度偏大，多以数据集浅层特征描述为主，没有深入到科学数据的内容层面。此外，国内还缺乏通用的、面向全数据的语义标注方法，包括数据实体识别、数据关系识别、自动语义标注等。

3.3　数据集成

科学数据的产生和应用与其他信息资源（如科学文献、科研机构、科研项目、软件工具等）紧密相关，仅通过对科学数据的组织难以实现数据的扩展检索和高效利用，需要将科学数据与其他信息资源进行整合。笔者将科学数据集成定义为将某一范围内的，原本离散的、多元的、异构的、分布的科学数据和相关信息资源通过逻辑的或物理的方式组织为一个有机整体，使之有利于管理、获取和利用。相关信息资源指与科学数据的产生和使用紧密相关的，或者在语义上与其存在相关性的科学数据、科学文献、科研机构、科研项目、软件工具等。科学数据集成的研究主要集中在分布式异构数据的集成和科学数据与科学文献的集成两个方面。

3.3.1　分布式异构数据的集成　白如江等认为科学数据集成就是通过一个中间件将异构数据源信息映射到一个全局的虚拟视图，映射方法包括基于 XML 转换和基于语义模型两种，前者需要将针对全局虚拟视图的查询语句转换为针对各个物理数据库的子查询，再将返回结果合并；后者需要揭示隐藏在资源背后的语义信息[33]。葛敬军等提出了一种基于虚拟数据空间的数据共享模型，通过建立虚拟化的逻辑实体及映射，为用户屏蔽底层异构的物理资源，按照应用主题以及个体需求将分散的科学数据组成与服务相关的动态数据集，再通过服务集成把数据集连接成一个虚拟的数据网络，实现一体化的数据访问、协作、共享和管理[34]。游毅等认为科研数据中蕴含着大量具有丰富空间属性的科学概念与科研实体信息，需要深入挖掘和有效揭示科研数据中各类资源对象的语义内涵与关联关系，进而构建大规模知识化的科研数据网络，可通过在数据集内部与外部创建各种类型的语义链接并发布为关联数据来创建科研数据网络[35]。庄倩等以植物学基因表达本体为基础，首先从CNKI 中检索出与"水稻基因"相关论文，然后利用自行开发的文本抽取工具对基因的应用环境数据进行识别和抽取，继而采用关联数据的形式对数据进行存储和表示，并提供统一的数据访问机制[32]。此外，房小可[36]、司莉[37]等也用类似的方法和工具将科学数据发布为关联数据。上述研究表明，分布式异构数据的集成分为物理层面的集成和逻辑层面的集成，前者需将查询语句分发到各物理数据库，或将元数据集中存储并进行映射。后者将科学数据进行语义化组织并发布为关联数据，逻辑层面的集成是未来分布式异构数据集成的主要方向。

3.3.2　科学数据与科学文献的集成　郭学武将科学数据与科技文献在传统引文框架下的关联总结为 3 种模式，即引文直接关联、同被引关联和引文网络扩展关联，关联方法是采用 DOI 标识科学数据和科学文献，利用参考解析器（reference resolver）解析 DOI 获得 URL 地址，并通过上述关联模式实现科学数据和科学文献的整合[38]。黄筱瑾提出基于元数据的科学数据和科学文献集成模式，主要包括作者关联、学科分类号关联和关键词关联，即通过数据集和科学文献的共同元数据特征来考虑他们之间的相关性[39]。李丹丹认为科学工作流是科学数据与科学文献的重要的生产环境，其中的来源数据、过程数据、结论数据和最后发表的论文需要关联展示，并提出基于科学工作流的研究数据组织关联模型[40]。马建玲等提出了科学数据和学术论文的集成出版模型，建议论文在投稿时将数据作为论文支持文件一并提交，出版时数据存储在适当的数据仓储中，论文中明确标识数据集的访问控制号、链接或 DOI号[41]。与此类似，刘晶晶等认为出版社除了出版学术期刊，还应出版相应的数据期刊和学术期刊的数据说明文件，三者紧密关联[42]。其中，数据期刊是一种以论文形式发表数据的新型出版物，而里面的数据论文（data paper）是指按照学术规范正式出版的，可被检索的元数据文件，用以描述单个或一组可在线访问的数据集[43]；学术期刊的数据说明文件是作者投稿时向期刊编辑和同行评审专家提供相关的科学数据或者可以获得该研究涉及的科学数据的第三方存储库的存取号[42]。上述研究分别从引文、元数据、科学工作流、数据出版 4 个角度提出了科学数据与科学文献集成的方法，具有关联性强、集成度高的优点，但方法仅限于理论层面，目前还没有系统实现。另外，在信息空间中，科学数据与科学文献更多呈现的是一种内容上的相关性，它们不符合上述 4 种情况中的任何一种，可以采用基于内容特征的聚类算法来实现关联。

3.4 数据监护平台构建

3.4.1 *构建技术* 数据监护平台作为科学数据存取和共享的集散地以及数据监护员工作和实训的虚拟平台，其构建尤为重要，它不是传统信息系统的简单复制，而是需要对信息系统的多个功能进行扩展以支持数据监护的整个流程。当前，国内主要研究通过部署和扩展国外开源软件来实现数据监护平台，赖剑菲等认为采用 Dspace、Fedora、Eprints、Plone、Dataverse 等开源软件可以有效节省开发成本[44]。洪正国等介绍利用 Dspace 构建"蝎物种与毒素数据管理平台"，需实现的功能模块包括检索界面、元数据管理、数据集成、数据分析、用户管理，其中大多数功能 Dspace 已经实现，二次开发仅涉及界面元素和字段配置[45]。马建玲等分析了应用于数据监护平台的数据监护工具，涉及数据处理、数据分发和出版、数据存储、数据分析和集成管理等功能，如用于创建元数据的 EME、用于数据存储的 Dryad、用于生物学数据分析的 Mesquite 等[46]。

国内研究成果多集中于数据监护开源软件的部署和应用，缺乏对数据监护平台的具体实现技术的研究，特别是缺乏对各功能模块的原理、实现技术、模块之间的数据交互、多模块的有机整合的研究，不利于数据监护平台的后续扩展和个性化定制。

3.4.2 代表性数据监护平台 目前国外已经有多个知名的数据监护平台在实际运行，譬如美国的 DC（Data Conservancy[47]、荷兰的 DANS（Data Archiving and Networked Service）[48]、澳大利亚数据服务 ANDS（Australian National Data Service）[49]、英国数字保存中心 DCC（Digital Curation Centre）[50]、国际数据管理协会（The Global Data Management Community）[51]等，这些数据监护平台由于创建时间早，由多机构联合创建，资金技术实力雄厚，发展水平处于前列。

近年来，国内许多信息服务机构和研究人员开展了数据监护平台建设方面的研究。在建设基础和理念方面，国内学者普遍认同将数据监护平台归入高校机构知识库范畴，但需要对其进行扩展。杨鹤林分析了康奈尔大学图书馆 "数据阶段性存储库（Data Staging Repository，DataStaR）" 的内容、模型和方法，指出图书馆应构建一种新型态的机构知识库，融入新思想、新方法和新功能，如推出面向科研流程的数据服务、制定富有弹性的存储政策、构建网上社区等[52]。刘婧琢认为高校机构知识库引进数据监护理念可以使高校机构知识库发挥优势，譬如，提供除正式研究成果以外的有价值的数据、创新工作模式、为 "小科学" 学术交流提供渠道，但需要从数据描述、数据提交、用户交流渠道构建三方面扩展传统机构知识库[53]。宋秀芬等认为数据监护是理念、方法、策略，机构知识库是基础设施，是数据，两者结合可产生更高的效能，并论述了基于数据监护的机构知识库在环境构成、属性与责任、数据质量与保存能力等方面不同于传统机构知识库的理论与方法[54]。客观上看，面向数据监护的机构知识库扩展有多项优势：①可充分利用原有成熟的软件系统和积累的数据资产；②科学数据属于机构知识的范畴，方便建立科学数据与科学文献、科研项目、专家学者等机构知识之间的关联；③方便用户一站式访问科学数据和其他机构知识，减少用户心理成本。但目前尚未见到成熟的、实用的、面向数据监护的机构知识库。

国内目前已建成多个数据监护平台，比较有代表性的有：①复旦大学社会科学数据平台：该平台是复旦大学社会科学数据研究中心创建的国内第一个高校社会科学数据监护平台，其目标是为高校、研究机构和政府部门提供科研数据的存储、发布、交换、共享与在线分析等功能[55-56]；②北京大学开放研究数据平台：该平台是由北京大学图书馆创建的一个为该校科研人员提供科研数据存储、管理与出版服务的数据监护平台[57-58]；③高校科学数据共

354

享平台：该平台是中国高等教育文献保障系统（CALIS）的子项目，由武汉大学图书馆主持构建，目标是为各高校科研数据提供长期保存和数据共享服务[59]；④中国国家调查数据库：该平台是由中国人民大学中国调查与数据中心负责构建的跨学科、跨院系的数据共享平台，其目标是全面而广泛的收集在中国大陆所进行的各类抽样调查的原始数据及相关资料，为科学研究和政府决策提供数据支持[60]；⑤中国科学院数据云：该平台是由中国科学院计算机网络信息中心开发的数据监护平台，该平台总体架构自下而上共分为三层：基础设施层、平台层和软件服务层，提供 4 种类型的服务，包括基础设施即服务（IaaS）、数据即服务（DaaS）、平台即服务（PaaS）、软件即服务（SaaS）[61-62]；⑥国家科技基础条件平台：该平台是由国家科技基础条件平台中心开发的国家层面的数据服务平台，目前已相继建成了地球系统科学数据共享平台、农业科学数据共享中心、气象科学数据共享中心等 23 个数据节点[63]。

通过文献调研和网络调查，笔者收集上述数据监护平台有关责任者、数据量、系统功能、资源特色、元数据、平台软件等方面的信息，具体如表 2 所示：

从表 2 可以看出，国内数据监护平台主要集中在高校和科学院系统，基本实现了科学数据的开放共享，但数据服务方式以传统的上传、存储、检索和下载为主，距离数据监护提出的功能要求还有较大差距。而且，这两者发展很不平衡：中国科学院和科技部所属的科学数据系统建设比较早，学科分布广泛，数据量较大，平台功能较多；高校所属的科学数据系统发展比较迟，数据量较少，学科分布比较狭窄，数据来源极为有限，但具有后发优势，主要利用国际成熟的数据管理开源软件和元数据标准，可扩展性强。中国科学院科学数据云建设处于国内领先地位，除了采用具有特色的三层架构的云计算平台，提供云存储和大数据分析服务，具备海量科学数据存储和分析的能力，还实现了科学数据和科学文献的关联检索。国内还未见一站式科学数据统一检索平台，因此，中国科学院和高校数据监护平台之间今后将面临数据资源集成和互联的问题。

表 2 国内主要数据监护平台

序号	名称	责任者	数据量	系统功能	资源特色	元数据	平台软件
1	复旦大学社会科学数据平台	复旦大学社会科学数据研究中心	66个数据集	数据收集、审核和发布，格式转化，数据浏览与检索、下载，在线分析和可视化，访问限制，长期保存	社会、经济、历史等人文社会科学	遵从DDI标准，采用自定义的天文与天体物理、生命科学、冶金等12种元数据方案	Dataverse
2	北京大学开放研究数据平台	北京大学图书馆	79个数据集	数据上传和发布、元数据管理；用户访问控制；使用统计，在线分析和可视化；数据浏览与检索、下载；数据长期保存	医学、生命科学、社会学、计算机科学、地球与环境、法律等	遵从DDI标准，采用自定义的天文与天体物理、生命科学、冶金等12种元数据方案	Dataverse
3	高校科学数据共享平台	武汉大学图书馆	9个数据集	数据浏览、检索与下载；数据上传和管理；数据分级管理和用户分级管理	生命科学、社会学	分为通用型和专用型元数据，前者以都柏林核心集为基础，后者参考各学科规范	DSpace
4	中国国家调查数据库	中国人民大学中国调查与数据中心	44个数据集	数据浏览、检索与下载；数据保存	社会、政治、家庭、教育等	Dublin Core;	Linux+Apache+MySQL
5	中国科学院数据云	中国科学院计算机网络信息中心	13个学科领域，共20个专业数据库	云存储，云归档和云计算，建库、管理、大数据处理，数据分析与可视化；科学数据共享社区	材料、化学、植物、环境、生命、核能、天文、物理、动物等	科学数据库核心元数据标准	三层架构的云计算平台
6	国家科技基础条件平台	国家科技基础条件平台中心	6个科领域约2万余个数据集	数据浏览、检索与下载；数据上传和管理；数据管理、数据分析	地球系统、人口与健康、农业、气象科学	林业科学数据元数据标准，气象数据集核心元数据等	J2EE+Oracle 10g

4　国内数据监护平台研究的不足和发展建议

尽管国内学者对国外数据监护理论、技术和项目进行了大量调研和介绍，但由于数据监护引入国内的时间比较晚，研发人员科学数据的思维认识大多还停留在传统信息资源层面，笔者认为未来国内在数据监护平台方面的研究应注意侧重以下几点：

4.1　数据监护平台理论框架与功能模块

目前国内对数据监护平台生态环境的构成莫衷一是，难以形成统一的理论框架模型。此外，对于数据监护平台理论框架的实现，即数据监护平台的构建，国内研究主要集中在对 Dspace、Fedora、Eprints 等开源软件的介绍上，缺乏对物理层面各功能模块原理及交互机制的研究。因此，应该加强各功能模块的运行机制、与数据生命周期的对应关系、数据接口、开发技术的研究。

4.2　科学数据语义描述

国内虽然制定和颁布了各学科科学数据元数据标准，但缺乏对科学数据语义描述的研究，如果用户不能知道数据项的确切含义，数据又难以被计算机理解和自动处理，那么科学数据是无法得到有效利用的。譬如，数据监护平台与数字科研环境之间普遍缺乏数据互操作性，用户下载的数据无法直接用于科研实践。因此，应加强科学数据尤其是细粒度科学数据的语义描述。细粒度指将科学数据的描述单位分为数据集、数据记录和数据实体 3 个层次。工作流程包括：①复用各学科已有本体和各种通用本体并创建缺失本体；②复用各学科科学数据元数据标准用于浅层数据描述；③参照《书目记录的功能需求》(*Functional Requirements for Authority Records*，FRBR)、《规范数据的功能需求》(*Functional Requirements for Authority Data*，FRAD) 等通用概念模型用于描述数据记录之间、数据实体之间的关系，引入语义出版与参考 (semantic publishing and referencing，SPAR) 本体描述数据集出版和引文情况；④对科学数据进行语义描述并发布为关联数据；⑤在数据监护平台上实现语义搜索和语义推理。科学数据语义描述的目的是：①提高数据搜索的查全率和查准率；②实现数据监护平台与数字科研环境之间的互操作，方便将科学数据集复用到将来的科学实验中；③为更多的基于语义的科学数据服务提供数据基础。

4.3 数据整合与统一检索

目前国内数据监护平台无法实现分布式异构数据的统一检索，原因是数据资源之间尚未整合和互联，建议数据监护平台根据技术实力采用 4 种方案中的一种：①基于 OAI-PMH 协议的元数据收割技术和数字资源对象通用访问地址构造协议，将多个数据监护平台的元数据集中存储并进行索引，譬如基于 EPrints 软件系统的英国数据档案平台（UK Data Archive，UKDA）采用了该方案；②基于 Multi-Agent 的跨库检索技术，统一检索平台将检索命令传输给多个检索代理 Agent，后者从各自监护数据平台中进行检索，最后将检索结果汇总提交到统一检索平台；③对科学数据进行语义描述并集中存储，采用本体映射和匹配技术实现科学数据的集成；④对科学数据进行语义描述并发布为关联数据，如欧盟 LarKC 联合体构建的关联生命数据集（Linked Life Data，LLD）[64]。前两种方案是物理层面的集成，后两种方案是逻辑层面的集成。此外，作为一种特殊的数据整合形式，国内数据监护平台普遍缺乏科学数据之间、科学数据与科学文献之间的相互引用信息，结果造成数据监护人员和用户无法判断科学数据的价值。目前国外已经开始启动这一工作，澳大利亚国家数据服务与 Thomson Reuters 合作，将数据记录元数据及其引文（RIF-CS 格式）转换为与数据引文索引数据库（Data Citation Index，DCI）兼容的格式并提交到 DCI[65]。国内也可以借鉴这一经验，各数据监护平台加强数据引文信息采集并要求科研人员上传数据时提交引文，最后将元数据连同引文信息提交到国内科学数据引文索引库。

4.4 数据服务方式

目前，国内数据监护平台数据服务方式以传统的上传、存储、检索和下载为主，服务渠道单一，服务水平较低，需要积极探索新的数据监护服务方式。数据监护人员可以从以下 3 种途径挖掘新的服务方式：①基于数据监护理论提出的服务要求：譬如让用户自己定义数据管理计划、提供大数据分析服务、提供数据修订与长期保存服务等；②基于科研人员的需求和使用习惯：譬如，将数据监护平台嵌入数字科研环境，让系统实时检测科研应用场景，分析用户操作日志和使用偏好，使科研过程中产生的数据能及时得到采集、处理和保存。③基于数据的组织方式：传统的元数据组织方式仅能支持基于关键词的检索和浅层数据分析，在科学数据语义化组织环境下，数据监护平台可以提供语义检索和推理、知识发现、关联数据、智能推荐等新的服务方式。

5 结论

本文通过对国内数据监护平台相关研究成果进行调研分析对研究热点进行归纳和评述，得出以下结论：①国内目前还未形成统一的数据监护平台理论框架，大部分研究倾向于基于数据生命周期的模型，将平台的核心构成模块分为数据规划、需求评估、数据组织、质量控制、安全控制、数据存储和数据服务7个部分，但不同研究主体对数据生命周期的划分各不相同。②科学数据的组织分为传统的元数据组织和语义化组织两个层次。前者针对静态的数据集进行描述，目前国内各部门已经制定并颁布了多个学科的科学数据元数据标准；后者鉴于科学数据存在动态性、复合性、关联属性较多等特点，基于领域本体科学数据进行语义化描述。科学数据集成的研究主要集中在分布式异构数据的集成和科学数据与科学文献的集成两个方面。③国内目前已建成多个数据监护平台，主要集中在高校和科学院系统，其发展水平与数据监护功能需求相比仍有较大差距，各数据监护平台之间存在数据资源集成和互联的问题。

作为科学数据服务的主要窗口，数据监护平台在功能模块及交互机制、科学数据语义描述和语义集成、新型数据服务方式构建等方面还存在诸多不足。国内信息服务机构尤其是高校图书馆应加强数据监护平台的研究工作，从而为推进数据密集型科学发现实践活动提供数据支撑。

参考文献：

[1] HEY T, TANSLEY S, TOLLE K. The fourth paradigm：date-intensive scientific siscovery[M]. Washington：Microsoft Research，2009：11-31.

[2] BEAGRIE N, POTHEN P. Digital curation：digital archives，libraries and e-science seminar[EB/OL].[2016-03-16]. http://www. ariadne. ac. uk/issue30/digital-curation/.

[3] LORD P, MACDONALD A. E-science curation report：data curation for e-Science in the UK：an audit to establish requirements for future curation and provision[EB/OL].[2016-03-16]. http://webarchive. nationalarchives. gov. uk/20140702233839/http://www. jisc. ac. uk/media/documents/programmes/preservation/e-sciencereportfinal. pdf.

[4] What is digital curation？[EB/OL].[2016-05-09]. http://www. dcc. ac. uk/digital-curation/what-digital-curation.

[5] 杨鹤林. 数据监护：美国高校图书馆的新探索[J]. 大学图书馆学报，2011，29(2)：18-21，41.

[6] National Science Board. Long-lived digital data collections.[EB/OL].[2016-03-16]. http://www. nsf. gov/pubs/2005/nsb0540/nsb0540. pdf.

[7] GIARETTA D. DCC approach to digital curation[EB/OL]. [2016-10-26]. http://twi-ki. dcc. rl. ac. uk/bin/view/OLD/DCCApproachToCuration.

[8] WALTERS T, SKINNER K. New roles for new times:digital curation for preservation[M]. Washington:Association of Research Libraries,2011:16-17.

[9] International digital curation conference (IDCC)[EB/OL]. [2016-11-02]. http://www. dcc. ac. uk/events/international-digital-curation-conference-idcc.

[10] RDAP-research data access & preservation summit[EB/OL]. [2016-11-02]. http://www. asis. org/rdap/.

[11] International journal of digital curation[EB/OL]. [2016-03-16]. http://www. ijdc. net/index. php/ijdc.

[12] 吴振新,李丹丹. 研究数据管理框架研究[J]. 图书馆学研究,2014,(24):47-52,67.

[13] 吴金红,陈勇跃. 面向科研第四范式的科学数据监护体系研究[J]. 图书情报工作,2015,59(16):11-17.

[14] 陈大庆. 国外高校数据管理服务实施框架体系研究[J]. 大学图书馆学报,2013,(6):10-17.

[15] 马晓亭. 图书馆大数据监护系统的构建——以生命周期理论为视角[J]. 图书馆建设,2014,(12):31-33,38.

[16] 吴振新,刘晓敏. 云计算在研究数据管理中的应用研究分析[J]. 图书馆杂志,2014,(10):80-87.

[17] DCC. The DCC Curation Lifecycle Model[EB/OL]. [2016-08-02]. http://www. dcc. ac. uk/docs/publications/DCCLifecycle. pdf.

[18] WOLSKI M P, RICHARDSON J P. A Framework for University Research Data Management [EB/OL]. [2016-08-02]. http://www98. griffith. edu. au/dspace/bitstream/handle/10072/39672/69936_1. pdf.

[19] 王芳,慎金花. 国外数据管护研究与实践进展[J]. 中国图书馆学报,2014,(4):116-128.

[20] 黄如花,邱春艳. 国内外科学数据元数据研究进展[J]. 图书与情报,2014,(6):102-108.

[21] 周波. 高校科学数据元数据方案初探[J]. 图书馆学研究,2012,(1):45-49.

[22] 刘峰,张晓林. 科学数据元数据标准述评及其通用化设计研究[J]. 现代图书情报技术,2015,(12):3-12.

[23] 郭明航,田均良,李军超. 地球科学研究数据的分类与组织研究[J]. 水土保持研究,2009,16(4):203-206.

[24] 吴彬. 生态科学数据元数据及其标准研究[J]. 中南林业科技大学学报,2010,30(12):75-79.

[25] 耿庆斋,张行南,朱星明. 基于多维组合的水利科学数据分类体系及其编码结构[J]. 河海大学学报(自然科学版),2009,37(3):246-250.

[26] 钱鹏,郑建明. 基于资源描述框架的图书馆科学数据组织初探[J]. 情报理论与实践,2012,35(3):100-102,108.

[27] MALET G, MUNOZ F, APPLEYARD R. A model for enhancing internet medical document retrieval with "medical core metadata"[J]. Journal of the American Medical Information Association, 1999, 6(2):163-172.

[28] 徐坤. 基于本体的科学数据监护平台研究——以高校医学科学数据为例[D]. 长春:吉林大学,2014:49-67.

[29] 李丽亚,宋扬,薛中玉,等. 基于 Ontology 的科学数据共享检索体系解析[J]. 情报理论与实践,2009,32(5):81-85.

[30] 徐坤,蔚晓慧,毕强. 基于数据本体的科学数据语义化组织研究[J]. 图书情报工作,2015,59(17):120-126.

[31] 马雨萌,郭进京,王昉. e-Science 环境下科学数据语义组织模型框架研究[J]. 现代图书情报技术,2015,(Z1):48-56.

[32] 庄倩,常颖聪,何琳,等. 基于关联数据的科学数据组织研究[J]. 情报理论与实践,2016,39(5):22-26.

[33] 白如江,冷伏海. "大数据"时代科学数据整合研究[J]. 情报理论与实践,2014,37(1):94-99.

[34] 葛敬军,胡长军,刘歆,等. 面向领域科学数据的虚拟数据空间共享模型[J]. 小型微型计算机系统,2014,35(3):514-519.

[35] 游毅,成全. 基于关联数据的科研数据资源共享[J]. 情报杂志,2012,31(10):146-151.

[36] 房小可. 基于关联数据的高校图书馆科学数据组织研究[J]. 图书馆建设,2013,(10):31-34.

[37] 司莉,李鑫. 基于关联数据的科学数据集成与共享研究——以 Bio2RDF 项目为例[J]. 图书馆学研究,2014(21):51-55.

[38] 郭学武. 基于引文的科学数据与科技文献关联研究[J]. 情报科学,2014,32(4):59-62,125.

[39] 黄筱瑾. 基于元数据的科学数据与科技文献关联研究[J]. 情报理论与实践,2013,36(7):27-30.

[40] 李丹丹. 基于科学工作流的研究数据组织关联模型研究[D]. 北京:中国科学院大学,2013:11-28.

[41] 马建玲,曹月珍,王思丽,等. 学术论文与科学数据集成出版研究[J]. 情报资料工作,2014,(2):82-86.

[42] 刘晶晶,马建华. 论科研数据开放共享的三种途径[J]. 情报杂志,2015,34(10):146-150,96.

[43] PAUL N,PETER C. Data papers-peer reviewed publication of high quality data sets[J]. International journal of robotics research,2009, 28(5):587-587.

[44] 赖剑菲,洪正国. 对高校科学数据管理平台建设的建议[J]. 图书情报工作,2013,57(6):23-27.

[45] 洪正国,项英. 基于 Dspace 构建高校科学数据管理平台——以蝎物种与毒素数据库为例[J]. 图书情报工作,2013,57(6):39-42,84.

[46] 马建玲,曹月珍. 研究数据管理工具发展研究[J]. 图书馆学研究,2014(15):40-47.

[47] Data conservancy[EB/OL]. [2016-03-16]. http://dataconservancy.org/.

[48] Data archiving and networked service [EB/OL]. [2016-03-16]. www.dans.knaw.nl/en/.

[49] ANDS-Australian national data service[EB/OL]. [2016-03-16]. http://ands.org.au/.

[50] Digital curation centre[EB/OL]. [2016-03-16]. http://www.dcc.ac.uk/.

[51] DAMA- the global data management community[EB/OL]. [2016-03-16]. https://www.dama.org/.

[52] 杨鹤林. 从数据监护看美国高校图书馆的机构库建设新思路——来自 DataStaR 的启示[J]. 大学图书馆学报,2012(2):23-28,73.

[53] 刘婧琢. 基于 data curation 的高校机构知识库研究[J]. 图书馆工作与研究,2014,(8):109-112.

[54] 宋秀芬,邓仲华. 基于数据监护的机构知识库研究[J]. 图书馆学研究,2016,(2):44-48,31.

[55] 陈晓华. 复旦大学推出首个中国高校社会科学数据平台[EB/OL]. [2016-03-16]. http://news.fudan.edu.cn/2014/1229/37794.html.

[56] 张计龙,殷沈琴,张用,等. 社会科学数据的共享与服务——以复旦大学社会科学数据共享平台为例[J]. 大学图书馆学报,2015,(1):74-79.

[57] 北京大学开放研究数据平台[EB/OL]. [2016-03-16]. http://opendata.pku.edu.cn/.

[58] 罗鹏程,朱玲,崔海媛,等. 基于 Dataverse 的北京大学开放研究数据平台建设. 图书情报工作,2016,60(3):52-58.

[59] 高校科学数据共享平台[EB/OL]. [2016-03-16]. http://sdm.lib.whu.edu.cn/jspui/.

[60] 中国国家调查数据库[EB/OL]. [2016-03-16]. http://www.cnsda.org/index.php?r=site/aboutus.

[61] 中国科学院数据云[EB/OL]. [2016-03-16]. http://www.csdb.cn/.

[62] 黎建辉,虞路清,张波,等. 中科院科学数据云架构探析[EB/OL]. [2016-03-16]. http://www.media.edu.cn/zcjd/news/201510/t20151013_1325984.shtml.

[63] 国家科技基础条件平台[EB/OL]. [2016-03-16]. http://www.nstic.gov.cn/.

[64] Linked Life Data[EB/OL]. [2016-03-16]. http://linkedlifedata.com/.

[65] Data Citation Index[EB/OL]. [2016-03-16]. http://www.ands.org.au/online-services/research-data-australia/data-citation-index.

作者简介

周宇：提出研究思路，论文撰写与修改；

欧石燕：指出研究方向，论文修改、审阅和定稿。